CAISE TUJIE

XIGUA GAOXIAO ZHONGZHI JISHU

贾文海 刘 伟 乔淑芹 主编

彩色图解西瓜高效种植技术

化学工业出版社

·北京·

图书在版编目（CIP）数据

彩色图解西瓜高效种植技术 / 贾文海，刘伟，乔淑芹主编．—北京：化学工业出版社，2020.1（2024.2 重印）
ISBN 978-7-122-35783-0

Ⅰ．①彩…　Ⅱ．①贾…②刘…③乔…　Ⅲ．①西瓜－瓜果园艺－图解　Ⅳ．①S651-64

中国版本图书馆 CIP 数据核字（2019）第 273447 号

责任编辑：邵桂林　　装帧设计：刘丽华
责任校对：宋　玮

出版发行：化学工业出版社
（北京市东城区青年湖南街13号　邮政编码100011）
印　　装：北京缤索印刷有限公司
850mm×1168mm　1/32　印张$10^3/_4$　字数320千字
2024年2月北京第1版第5次印刷

购书咨询：010-64518888　　售后服务：010-64518899
网　　址：http://www.cip.com.cn
凡购买本书，如有缺损质量问题，本社销售中心负责调换。

定　　价：69.80元

本书编写人员名单

主　　编　贾文海　刘　伟　乔淑芹

副 主 编　贾智超

编写人员（按姓氏笔画为序）

王涵仪　乔淑芹　刘　伟

赵　平　贾文海　贾智超

真梦学

前言

西瓜生产在发展高效农业中具有重要地位。普及西瓜生产知识和推广栽培新技术、新品种又是广大瓜农当前发展西瓜生产的迫切之需。

为适应快速阅读和不同层次读者的需要，本书采用以图为纲、图文并茂的编写方式，主要介绍西瓜栽培模式、覆盖材料和设施、育苗方式方法、西瓜品种、基本栽培技术、病虫害防治、西瓜采收储藏等。笔者将近50年来的关于西瓜种植的学习心得和实践经验用尽量精简的文字、大量的彩色图片，介绍给广大读者。希望让读者能够直观地学习西瓜种植知识，更加快捷和容易地掌握西瓜种植的技能。

参加本书图片拍照的有余江昌、鞠军、李井路、田长升等；昌乐西瓜研究所也提供了部分照片，在此一并致谢！

本书图片丰富、文字简洁，通俗易懂，适合广大西瓜种植户、西瓜栽培技术人员、农技推广人员参考阅读，也是目前新型职业农民的良好职业培训用书。

由于时间较为紧迫，加之水平所限，在书中难免存在不当或不妥之处，敬请同行专家和广大读者批评指正！

贾文海

2020年1月于烟台

目录

第一章 概论

第一节 西瓜栽培模式

一、露地栽培

在没有保护设施的条件下进行栽培，统称为露地栽培。因栽培季节、栽培条件的不同，又可分为春季栽培、秋季栽培、水瓜栽培、旱瓜栽培、直播栽培、育苗栽培、沙地栽培和高原栽培。此外，因不同作畦方式又可分为高畦栽培、平畦栽培和低畦栽培。图1-1和图1-2为露地栽培的两种模式。

■图1-1 露地栽培大田西瓜

■图1-2 露地支架栽培西瓜

二、覆盖栽培

在某种防护或覆盖设施条件下进行的栽培，统称覆盖栽培，也叫保护地栽培，现称设施栽培。因保护设施的不同，又可分为温室栽培、大棚栽培、小拱棚栽培、地膜覆盖栽培、阳畦栽培、风障老沟栽培等。

（一）地膜覆盖栽培

地膜覆盖栽培是最简单的覆盖栽培，见图1-3。

（二）棚室覆盖栽培

棚室覆盖栽培主要有小拱棚覆盖栽培、中拱棚覆盖栽培、塑料大棚和日光温室覆盖栽培等。

1. 小拱棚覆盖栽培

见图1-4。

■ 图1-3　地膜覆盖栽培西瓜

■ 图1-4　小拱棚覆盖连片西瓜田

■ 图1-5　中型拱棚连片覆盖西瓜

2. 中拱棚覆盖栽培

见图1-5。

3. 塑料大棚和日光温室栽培

（1）日光温室栽培　见图1-6。

（2）塑料大棚栽培西瓜　目前有各种形式的塑料大棚，详见图1-7、图1-8、图1-9。

■ 图1-6　冬暖日光温室覆盖西瓜

■ 图1-7　连片大棚覆盖西瓜

■ 图1-8　昌乐县西瓜大棚群

■ 图1-9　寿光西瓜大棚群

4. 各种拱圆大棚栽培西瓜

见图1-10 ～图1-13。

■ 图1-10　多立柱拱圆大棚西瓜

■ 图1-11　双立柱拱圆大棚西瓜

■图1-12　钢架无立柱拱圆大棚西瓜

■图1-13　钢架无立柱拱圆大棚

三、特殊栽培

是指采用某些非传统措施进行的栽培。目前主要有嫁接栽培、支架栽培、再生栽培、扦插栽培、无土栽培、无籽西瓜栽培等。

四、间作套种栽培

间作套种就是西瓜与其他作物间作套种或立体栽培，如瓜菜、瓜粮、瓜棉、瓜油及西瓜与幼龄果树间作等。

（一）瓜菜间作

见图1-14、图1-15。

■图1-14　西瓜与甜椒间作

■图1-15　西瓜与番茄套种

（二）瓜粮间作套种

见图1-16。

（三）瓜果间作

幼龄果树的行间或株间可以间种西瓜。例如在幼龄苹果树的行间（见图1-17）就可以栽培西瓜，充分利用土地，增加经济收入。

■ 图1-16 西瓜套种玉米

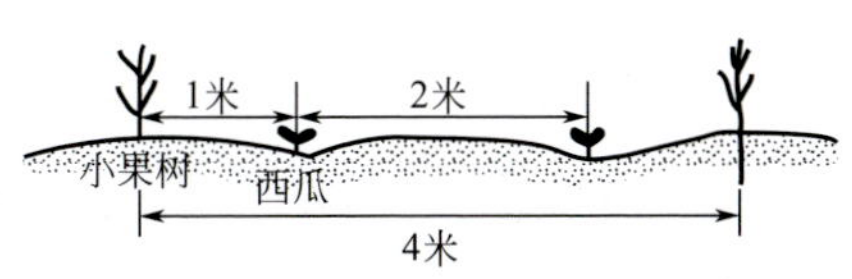

■ 图1-17 幼龄苹果树行间种植两沟西瓜

第二节 栽培设施

一、覆盖物及简易覆盖设施

（一）透明覆盖物

各种塑料薄膜基本都可以做西瓜栽培的透明覆盖物（见图1-18）。

各种塑料薄膜是覆盖保温的主要材料。以下薄膜可用于地面、各种拱棚、温室覆盖。

1.聚乙烯（PE）薄膜

其优点透光性好、易清洗、耐低温，但缺点是保温性较差。主要有以下品种：

（1）普通膜 有较好的透光性，无增塑剂污染，尘污易清洗，耐低温，比重小，红外线透过率高，夜间保温性较好。缺点

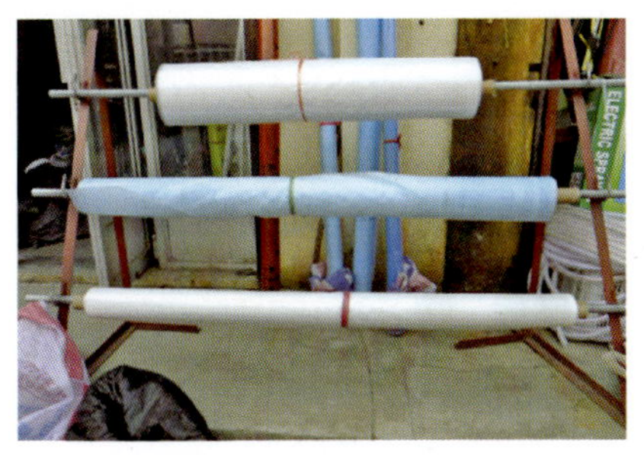

■ 图1-18 各种塑料薄膜

是透湿性差，易集雾滴水，不耐高温和日晒，易老化，使用寿命较短。

（2）长寿膜　耐高温和日晒，抗老化，使用寿命长，可连续使用2年以上。厚度一般为0.12毫米，宽度有1米、2米、3米、3.5米等不同规格。

（3）双防膜　防老化、防水滴，使用寿命1年多，具有流滴性，其他性能与普通膜基本相同。

（4）紫光膜　在双防膜的基础上添加紫色素，可以将0.38纳米以下的短波光转化为0.76纳米以上的长波光，其余性能与双防膜相同。

（5）漫反射膜　在生产聚乙烯普通膜的树脂中加入对太阳光透过率高、反射率低、化学性质稳定的漫反射晶核，使薄膜具有抑制垂直入射光透过的作用，降低中午前后棚室内的光照和温度的峰值，可防止高温伤害。同时，又能随太阳高度角的降低相对增加阳光的透过率，使早晚太阳光尽量多地进入棚室，增加光照，提高温度。这种棚膜保温性较好，但应注意通风，强度不宜过大。

（6）复合多功能膜　在生产聚乙烯普通膜的树脂中加入多种特殊功能的助剂，使薄膜具有多种功能。该膜可集长寿、全光、防病、耐高温、抗低温、保温性强等于一体。复合多功能膜还可根据购买者的具体要求专门定量定向生产。

2.聚氯乙烯（PVC）薄膜

保温效果好，易粘补，但易污染，透光率下降快。

（1）普通膜　透光性好，耐高温和日晒，弹性好，透湿性较强，雾滴较轻。缺点是易污染，不易清洗，红外线透过率转低，比重大、延伸率低。

（2）无滴膜　在生产聚氯乙烯普通膜的原料中加入一定量的增塑剂、耐老化剂和防雾剂，使薄膜的表面张力与水相同或相近，薄膜下面的凝聚水珠在膜面可形成一薄层水膜，沿膜面流入棚室底部土壤，不至于聚集成露滴久留或滴落棚内。该膜抗老化防水滴。

（3）无滴耐老化防尘膜　在生产无滴膜的工艺中，增加一道表面涂抹防尘工艺，这样既具有抗老化、防水滴的功能，又具有减少吸尘、透光率下降较慢、抗水滴、持久等特点。

3.乙烯-醋酸、乙烯（EVA）薄膜

保温性和透光率介于聚乙烯薄膜和聚氯乙烯薄膜之间，但其防雾滴效果更好。目前主要产品有多功能复合膜和光转换膜。

（1）多功能复合膜　生产该膜系采用醋酸乙烯共聚树脂，并使用有机保温剂，从而使中间层和内层的树脂具有一定的极性分子，成为防雾滴的良好载体，流滴性能大大改善，透光性强，在冬暖大棚上应用效果最好。

（2）光转换膜　在生产多功能复合膜的树脂中加入光转换助剂，把太阳光中的紫外光变为光合作用的可见光，促进植物的光合作用。其生产工艺与聚乙烯紫光膜基本相同。图1-19为光转换膜大棚。

图1-19　光转换膜大棚

（二）不透明覆盖物

各种不透明覆盖物见图1-20。

1.草苫

依编织材料分，有稻草苫、蒲草苫和蒲苇苫，均由绳筋编织而成。草苫（图1-21）有较好的保温性，主要用于覆盖温室、大棚和中小棚夜间保温或遮挡风雪。

图1-20　各种不透明覆盖物
（由下而上分别为遮阳网、保温毡、泡沫软片、无纺布等）

图1-21　草苫

2.草帘

分稻草帘和蒲草帘两种。稻草帘即由绳筋将稻草编织成的一薄层；蒲草帘即由绳筋将蒲草编织成的一薄层。草帘比草苫薄，保温性不如草苫好，一般多用来覆盖小拱棚防寒保温。

3.纸被或保温毡

■图1-22　保温毡

纸被是用多层牛皮纸或包装纸制成，一般与草苫配套覆盖。具体使用方法是，先在棚室塑料薄膜上覆盖好纸被，然后再在纸被上覆盖草苫。这样既能提高防寒保温效果，又能减少草苫对棚膜的损伤。目前多用保温毡取代纸被（图1-22和图1-23）。

4.无纺布（不织布）

常用的是涤纶长丝农用不织布，多用于温室、大棚内覆盖保温。可做成不织布保温幕、不织布小棚等。不织布覆盖不但能在夜间提高棚内温度，还能降低棚室内的空气湿度。无纺布覆盖大棚见图1-24。

■图1-23　保温毡

■图1-24　无纺布覆盖大棚

5.聚乙烯泡沫软片

系用聚乙烯作原料，经发泡工艺生产而制成，轻便、多孔、卷曲自如，一般多为白色，其保温性介于草苫和草帘之间。聚乙烯泡沫软片虽然轻便，但由于其厚度较无纺布大，每块面积却较小，所以必须在覆盖前尽早运到大棚（见图1-25）。

6.遮阳网

系由塑料蛇皮丝编织而成。主要用于各种棚室遮荫育苗、防虫隔离和防高温、冰雹、暴雨等（图1-26）。

■图1-25　聚乙烯泡沫棚前备用

■图1-26　遮阳网覆盖大棚

二、阳畦

（一）阳畦的结构和性能

阳畦曾经是我国各地农作物育苗普遍采用的主要设施。由于易建造、成本低，至今在某些地区经改良后，仍然是当地西瓜育苗的主要设施之一。阳畦的防寒保暖性能一方面取决于自身结构和覆盖物的性能，另一方面取决于太阳光照时间和光照强度，而后者又与季节和天气阴晴冷暖密切相关。传统阳畦一般由风障、栽培畦和覆盖物组成，多数采用东西走向、南北排列，每个阳畦都要求背风向阳。

用来育苗的阳畦，应选择地势高燥、背风向阳的地段。畦的大小规格不强求一致，但为便于计算播种量、育苗数及施肥量等，有条件时，可做成长22.2米、宽1.5米的“标准畦”（即每667平方米做20个畦）。育苗畦的结构通常由北墙、东墙、西墙和畦面等构成。有些改良阳畦的外形与土温室或日光温室相似，是接近于日光温室的简易设施，所以其透明和不透明覆盖物，均与日光温室相同，但其温、光、气、湿的调控性能仍不如日光温室。

（二）阳畦的建造

阳畦应选在距栽培地较近、排灌方便、背风向阳的地方。如果在低洼易存水的地方建造阳畦，为防止积水，可使阳畦畦面稍高于地面。

目前阳畦有两种基本形式，一种是拱形阳畦，一种是斜面阳畦。拱形阳畦多数建成南北走向、东西排列；斜面阳畦则全部建成东西走向、南北排列，以便更好地接受阳光和抵御寒风。

阳畦位置和阳畦形式选好后，即可着手建造。在山东、河南北部和河北南部各地，3月中旬以前育苗的，应在前一年封冻前建好阳畦；3月中旬以后育苗的，可在春季土壤解冻以后建造。

无论拱形阳畦还是斜面阳畦，建造工序基本相同，只是规格标准和建成形状不同。

1.挖畦床

建畦时，首先要挖好畦床。挖畦床时先将表面熟土取出，留作配制营养土之用；底层生土挖出后，留作斜面阳畦的北墙和两头斜墙用。拱形阳畦宽100～120厘米，斜面阳畦宽120～150厘米；畦床深（畦床底至原地面高度）拱形阳畦为20厘米、斜面阳畦为25厘米；畦床长可根据育苗的多少确定，但为了便于控制温湿度及通风等管理工作，以8～10米长为宜，最多不超过15米。畦床四周（畦墙）要光滑坚固，防止塌落。拱形阳畦床沿（床口）呈平面状。斜面阳畦北墙高出原地面45厘米（高出床底70厘米），畦两头筑起北高南低的斜坡墙，使床沿和塑料薄膜呈斜面状。畦床底要整平、踩实，并铺放一薄层细沙或草木灰。

2.放置营养土

■ 图1-27　装满营养土的营养纸袋

将盛有营养土的营养钵或营养纸袋逐个依次整齐地排列在畦床上，每个钵（纸袋）之间不可挤得过紧，应留出小的空隙，排完后用沙土充填好空隙，以备播种。如果采用营养土块育苗，床底层除先铺一层细沙或草木灰外，还要填入10～12厘米厚营养土（图1-27）。

3. 插骨架

拱形阳畦需用2米左右长的细竹竿弯曲成弓形，沿阳畦走向每隔50～60厘米横插一根，深度以插牢为准。但整个阳畦拱脊应在一条水平线上。另用直竹竿或树条，分别绑在弓形竹竿的拱脊和拱腰上，并与拱竿呈垂直方向，将每个交叉点用塑料纸绳绑紧（图1-28，阳畦骨架）。斜面阳畦可用1.5～1.8米（根据斜面长确定）细竹竿或直树条，沿阳畦走向每隔60～80厘米横置一根，南北两端用泥土压住。如果竹竿或树条太细，可将两根并作一处放置，或将竹竿树条间距由60～80厘米缩小到40～50厘米，以保持足够的支撑力。

■ 图1-28 阳畦骨架

4. 覆盖薄膜

育苗阳畦应采用0.08～0.1毫米厚的聚乙烯薄膜，幅宽2米左右为宜，如买不到该规格时，可用电熨斗焊接或剪裁。注意不要使用地膜，以免破损后冻伤瓜苗。覆盖薄膜时，最好由3人同时操作，2人分别将裁好的塑料薄膜两边伸直、拉紧，对准阳畦，盖在骨架上，另1人用铁锨铲湿土埋压塑料薄膜的四边。拱形阳畦可将一侧20～30厘米薄膜埋入土中固定封死，将另一侧所余的薄膜暂时封住，以便播种或苗床管理中随时开启。斜面阳畦可将北边20～30厘米宽薄膜用湿泥压住封死，将南边所余的薄膜暂时埋入土中封住，以便开启。在风多风大地区，盖膜后除将薄膜四周压住外，最好再在薄膜上放置1～3条压膜线（用麻绳或塑料绳）以固定薄膜，防止大风吹翻。

各种阳畦的形式见图1-29～图1-32。

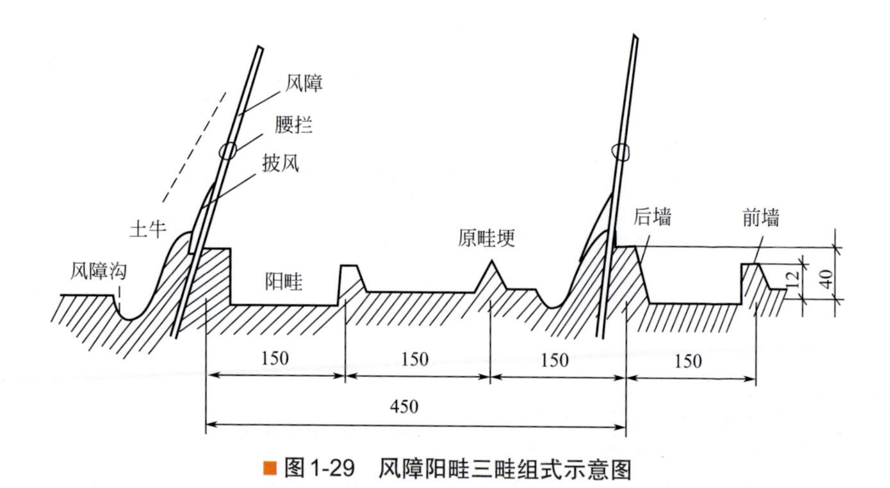

■ 图 1-29　风障阳畦三畦组式示意图

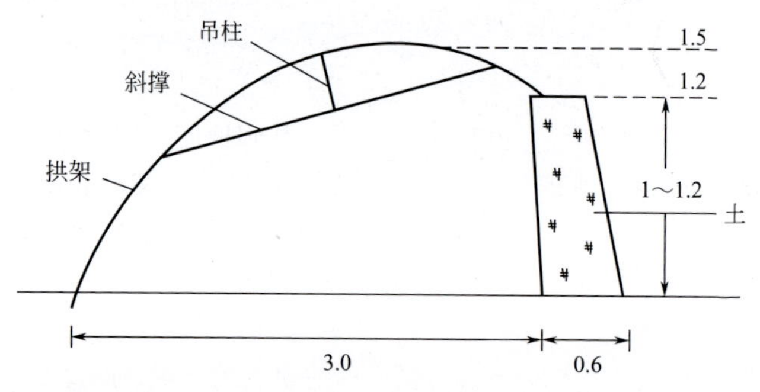

■ 图 1-30　辽宁改良阳畦结构示意图（单位：米）

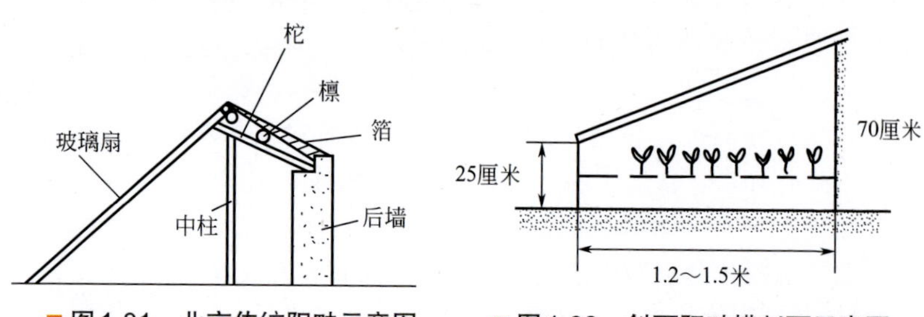

■ 图 1-31　北京传统阳畦示意图　　■ 图 1-32　斜面阳畦横剖面示意图

三、温床

（一）通气酿热温床

通气酿热温床是由酿热温床改进而成。由于它增加了通气道和通气孔，因而其温度比酿热温床提温速度快而平稳，更易掌握和控制，也更便于管理。

1.苗床建造

床址选择与阳畦苗床基本相同。通气酿热温床一般宽1.5米、长10～12米。在选好的床址上，按上述尺寸挖一个深40～50厘米的东西向床池，把挖出的大部分土放在床池北侧。在床池北侧建一宽30～40厘米、高40厘米的墙，南侧建同宽，高10厘米的矮墙，东西两端建一与南北墙自然相接的斜墙。垒墙方法与阳畦床相同。剩余的土可推到北墙外侧，起挡风保温作用。再在墙北侧外埋设风障，高1米左右即可。然后，在床池底上挖4～5条“V”形、深7～9厘米东西向的通气道，两端挖上横的通气道，使道道相同，并在两端分别伸出床外，在距床内壁50～60厘米的地方，升到地面，同时垒上0.5米高的通气孔。用树枝或棉秆将通气道盖好。在床池中部南北两侧的通气道上垒一进气孔，以使通气道中的空气进入酿热物。进气孔可用砖或瓦围起，高10厘米左右。最后，在床池中填入酿热物。

2.酿热物选配与填充

酿热物可用70%的新鲜骡马粪，加入30%的麦秸或稻草（最好先进行粉碎），然后拌入水，将酿热物调湿。一般酿热物含水65%～70%为宜，最好用温水调和，调完后装入床池中，厚度为35厘米左右，在北方地区和气温较低的季节可适当厚一些，反之，应薄一些。

酿热物填完后应将表面整平，铺上5厘米左右厚的土并踏实，最后制钵排到床上，或装上营养土并浇透水，采用营养块时应进行切块。按阳畦苗床的方法搭好支架，盖好薄膜，待床温达到要求时即可播种。

3.酿热温床育苗应注意的问题

（1）所用的酿热物，必须是尚未发酵的，如已发酵的陈马粪不能再产生热量了。

（2）酿热物必须达到一定厚度（20 ～ 45厘米）。如果在冬季所育菜苗为瓜类、茄果类喜温蔬菜，则一般厚度应为30 ～ 50厘米。

（3）所用酿热物应有一定的碳氮比。一般采用新鲜马粪与作物秸秆或树叶等按3 ∶ 1的比例混合均匀即可。

（4）为了增加酿热物中细菌数量和氮素营养，以促进发热，在填入酿热物时，可每填一层，泼一次稀人粪尿水。

（5）酿热物填好后，不要踩、压，要保持疏松状态，覆盖塑料薄膜，夜间加盖草苫，使其有良好的通气和保温条件。

（6）酿热物要保持一定的水分（75%左右），不可过干或过湿。

（7）播种前浇底水时，千万不要大水浇灌。因为大水浇不仅能迅速降低酿热物和床土的温度，而且还会恶化酿热物的通气状况，以致限制甚至破坏细菌活动，停止发热。所以一般多用喷壶喷水。

（二）电热温床

电热温床是现代育苗设施。它装有控温仪，可以实现苗床温度的自动控制，所以，不仅温度均匀，而且还比较稳定，安全可靠，节约用工，育苗效果较好。但育苗成本较高，而且必须有可靠的电源。

1.选择电热线

电热线也叫电加温线。可选用北京电线厂生产的NQ/V0.89农用电热线，每根长160米，功率为1100瓦。也可选用上海农业机械研究所实验厂生产的DV系列电热线，长度为60 ～ 120米，功率为800 ～ 1000瓦。要根据苗床面积来选择电热线，确定电热线的功率。北方地区一般每平方米苗床功率80 ～ 90瓦即可，南方只要60 ～ 70瓦就足够了。当苗床的面积确定之后，就可确定所用电热线的功率。为了安全可靠，一般在电热线上接有控温仪，控温仪可选用上海生产的UMZK型（能自动显示温度），或选用农用KWD型控温仪。

2.建床

床址的选择与阳畦苗床相同，但必须在靠近电源的地方。在选好的床址上，挖深25厘米、宽1米的长方形床池，长一般10 ～ 15米。在池底铺5 ～ 10厘米厚的麦秸、稻草或草木灰作为隔热材料，铺平踏实，再盖上2厘米左右厚的土。苗床最好建成东西向，并在床池北侧建一高

40厘米、宽30～40厘米的床墙，南侧垒5～10厘米高的墙，两端呈斜坡形并与南北两墙相连接。

3.铺设电热线

（1）电热线的种类和型号　电热线全称叫电加温线。是一种电热转换的器件，是具有一定电阻率的特别制造的电线。电加温线外面包有耐热性强的乙烯树脂作为绝缘层，把它埋在一定深度的土壤内通电以后，电流通过阻力大的导体，产生一定的热量，使电能转为热能来进行土壤加温，提高局部范围内的土壤温度。热量在土壤中传导的范围，从电加温线发热处，向外水平传递的距离可以达到25厘米左右，15厘米以内的热量最多，这就是说，越靠近电加温线的土壤温度越高，反之则土壤温度逐渐下降。

DV系列电加温线，由塑料绝缘层、电热线和两端导线接头构成。塑料绝缘层主要起绝缘和导热作用，并有耐水、耐酸、抗碱等优良性能，电热线是电加温线的发热元件，为电阻系数0.1241欧姆·毫米^2/米的合金丝材料，通电发热后的最高温度小于65℃，在土壤中允许使用温度40℃左右，在35℃土壤环境内可以长期工作；接头用来连接电加温线和引出线，是用塑料高频热压工艺制成，接头处耐17000伏，不漏电、不漏水。引出线为普通铜芯电线，使用时基本不发热。电热线的型号规格见表1-1。

表1-1　DV系列电加温线规格

型号	电压/伏	电流/安	功率/瓦	长度/米	允许使用土壤温度/℃	色标
20410	220	2	400	100	≤45	黑
20608	220	3	600	80	≤40	蓝
20810	220	4	800	100	≤40	黄
21012	220	5	1000	120	≤40	绿

例如，DV20410型号的D为电加温线，V为塑料绝缘层，2为电加温线额定电压220伏，04为电加温线功率400瓦，10为电加温线长度100米。其余型号以此类推可知。

此外，NQ/V0.89农用电加温线，每根长度160米，功率为1100瓦、加温线表面最高温度能达到50℃，使用时电加温线周围土壤温度也能达到30℃左右。

（2）电热线的铺设　当苗床面积和电热线长度已知后，便可根据下式计算出布线条数和线距。

布线条数=（电热线长–2×床宽）÷床长（取偶数）

线距=床宽÷（布线条数+1）

取10厘米长的小木棍，根据线距插在床池的两端，每端的木棍条数与布线条数相等。先将电热线的一端固定在床池一端最边的1根大棍上，手拉电热线到另一端挂住2根木棍。再返回来挂住2根木棍，如此反复进行，直到布线完毕。最后将引线留在苗床外面。

电热线布完后，接上控温仪，并在床池中盖上2～3厘米厚的土并踏实，以埋住和固定电热线。这时可将两端的木棍拔出。然后通电，证明线路连接准确无误时，可将制钵排放在床池中，或装好床土浇水后切块。

建造电热温床时应注意的问题：

第一，布线时要使线在床面上均匀分布，线要互相平行，不能有交叉、重叠、打结或靠近，否则通电后易烧坏绝缘层或烧断电热线。也不能用整盘电热线在空气中通电。电热线和部分接头必须埋在土壤中，不能暴露在空气中。

第二，电热线的功率是额定的，不能剪断分段使用，或连接使用。否则会因电阻变化而使电热线温度过高而烧断，或发热不足。

第三，接线时必须设有保险丝和闸刀，各用电器间的连线和控制设备的安全负载电流量要与电热线的总功率相适应，不得超负荷，否则易发生事故。

第四，电热线工作电压为220伏，在单相电源中有多根电热线时，必须并连，不得串连。若用三相电源时必须用星形（Y）接法，不得用三角形（△）接法。

第五，当需要进入电热温床内时应首先断开电源。苗床内各项操作均要小心，严禁使用铁锹等锐硬工具操作，以防弄断电热线或破坏绝缘层。一旦断路时，可将内芯接好并用热熔胶封密，然后再用。

第六，电热线用完后，要轻轻取出，不要强拉硬拽，并洗净后放在阴处晾干，安全贮存，防止鼠咬和锈蚀，以备再用。

四、土温室

■图1-33 土温室群

土温室升温快，保温性能好，成本低投资少，很适合西瓜育苗。土温室见图1-33。

（一）备料

建棚前应先根据经济条件、棚型结构和栽培面积等，筹备好建棚所需的各种物料。如建造667平方米水泥柱竹拱单斜面塑料大棚时，应备好后柱36根、中柱26根、前柱26根、水泥横梁36根、毛竹横梁40根，需水泥2500千克、钢筋500千克、小石子1立方、铁丝100千克、草帘42块、鸭蛋竹100根、塑料薄膜120千克。

（二）建棚

1.选好场地

为了更好地接受阳光，建棚场地应选择在避风、向阳的地块，同时最好选在地势平坦、排灌方便、土质肥沃的地块。

2.建造骨架

单斜面大棚是由后墙、东西侧墙、南屋面和后屋面构成。一般由水泥预制立柱、横梁及竹拱杆组成屋面骨架，上面覆盖塑料薄膜。大棚跨度为7～8米，棚长30～50米。棚面坡度与地理纬度由关，山东省春用棚的天角为14°～15°，地角为20°～22°。

建棚时一般先建后墙和侧墙。通常多为土墙或土坯墙。后墙高1.5～1.6米、厚0.4～0.5米。底部打好地基，砌40厘米高的砖或石头底座，以防雨淋倒塌，内外墙面挂一层较厚的泥墙皮，以增加保温效果。侧墙为东西两侧的防风保温墙，厚度与后墙相同，呈不等边屋脊形，后坡高出后屋面10厘米，脊高为2.5米。前坡与南屋面角度一致。在东侧后屋面下方留单扇进出口便门。在后墙上方每隔3米左右（一般在两立柱之间）留一个通风窗，宽0.4～0.5米，高0.5～0.6米。

后墙和侧墙建好后埋立柱（分后立柱、中立柱和前立柱）。立柱是支撑前后屋面的重要支柱，多采用4根直径4毫米的钢筋骨架制成横断面为10厘米×8厘米的水泥柱。后柱长2.6米，埋入地下0.4米。后柱距后墙1.2～1.3米，东西向排列每隔2.4米一根。后柱上架横梁及拱杆。水泥柱顶端呈凹刻状并留有预埋孔。以便穿铁丝固定横梁。中立柱埋于后柱南面2.5～3米处，柱长2.1～2.2米，埋入地下0.4米。中立柱顶端架横梁。中立柱和横梁总高度为1.8米。前立柱在中立柱南面3米，距大棚前沿0.8～1.1米，埋入地下0.3米。前立柱顶架横梁，总高度为0.9米。

后屋面为不透明覆盖物，宽度一般为1.7米。前屋面为透明塑料薄膜及草帘覆盖，由拱杆直接支撑。拱杆一般用直径4～5厘米、长6～8米的鸭蛋竹制成。横向拱杆间距80厘米，上端插到后梁上，中间固定在中柱横梁上，下端置于前柱横梁上。

3.扣膜压膜

扣膜时最好选用透光好、保温强、耐老化的聚乙烯长寿膜或聚乙烯无滴防老化薄膜，采用“三大块，两条缝”的扣膜方法。具体做法是选无风天气，先从大棚前沿扣第一块薄膜。此膜宽2米，上端折回5厘米焊成筒状，内穿上粗绳，两端拉紧后固定在侧墙上，下端埋入土中30厘米。第二块薄膜宽6米左右，上下两端均焊成小筒穿绳，盖后绷紧，压住第一块薄膜25厘米左右，以便顺水防漏。第三块薄膜宽2米，下端焊成小筒穿绳，压住第二块薄膜25厘米，其上端压在后屋顶上用泥土压好。

压膜用尼龙压膜线或8号铁丝套上细塑料管压于两道拱杆中间。线上端连接后梁，下端将压膜线拉紧后拴在事先埋好的地锚上，使棚面形成瓦楞形。如用竹竿压膜，通过各条横梁在两拱杆间用铁丝穿孔拉住压杆，最后上好草帘。草帘厚4厘米、宽2米，长度比屋面长0.5米。从东向西安装，西边的草帘要压住东边草帘20厘米左右，以便防风保温。每个草帘装两条拉帘麻绳以便卷起和放下。

五、拱圆大棚

（一）各种拱圆大棚

见图1-34至图1-39。

■图1-34 昌乐县10万亩大棚

■图1-35 无立柱大拱棚

■图1-36 多立柱宽大棚

■图1-37 钢架联栋多用拱棚

■图1-38 双立柱拱圆大棚

■图1-39 多立柱拱圆大棚

（二）拱圆形大棚的建造

1.建骨架

（1）埋设立柱 立柱选用6厘米×8厘米的水泥柱或直径5～8厘米的木杆皆可。南北方向每隔3米左右设一立柱，东西方向每排由

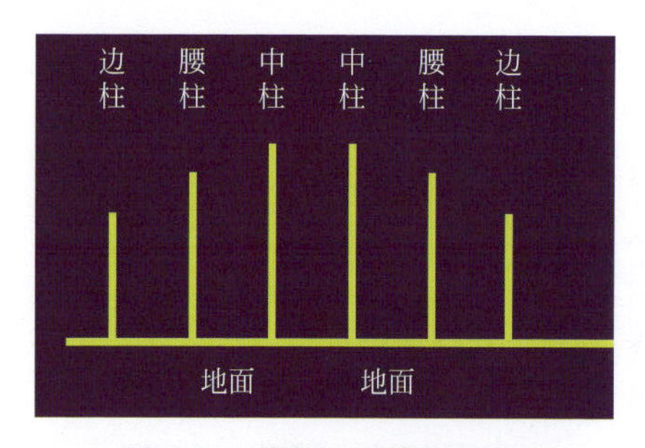

■图1-40 拱棚立柱横剖示意图

4～6根立柱组成（如棚宽为13米时，设6排即可），每隔3米设一立柱。每排立柱的高度不同。中柱最高，高出地面1.9米左右，中柱两侧对称的两排，高出地面1.6米，东西两侧的立柱称为边柱，高出地面0.9米左右。每根立柱都要埋入地下40厘米左右，并且要垫基石，以防灌水后下沉。所有立柱都要定点准确，埋牢、埋直，并使东西成排，南北成行（图1-40）。

（2）安装拉杆、立柱和拱杆 拉杆选用细毛竹或粗蛋竹，固定在立柱顶端以下20厘米处，拉杆上每隔1.5米固定一根20厘米高的小立柱构成悬梁吊柱。纵向拉杆连成一体，两端拉紧固定在木桩上（图1-41，图1-42）。

■图1-41 大拱棚骨架——立柱、拱杆、拉杆

■图1-42 大拱棚立柱、拱杆

拱杆选用蛋竹，每根拱杆横向间隔1.5米，固定到各排主柱和吊柱顶上，用细铁丝牢牢绑住。每根铁丝的剪头都要向下向里，不得高出拱杆上面，以免盖膜时刺破塑料薄膜。

（3）覆盖薄膜 目前市面上和厂家销售的农用塑料薄膜品种和规格很多，质量也各不同。例如仅幅宽一项就有1米、2米、4米、7米、9米等不同规格。因此，要根据大棚跨度（棚宽）选择适宜的幅宽。上述西瓜大棚最好选用4米宽的聚乙烯无滴膜或半无滴膜。覆盖时，先从棚的东西两侧开始，沿边柱外侧刨一条深30厘米、宽5～10厘米的小沟，将薄膜横幅的一侧放于沟内用土埋紧，然后再依次往上覆盖。两幅薄膜边缝相互重叠20厘米左右。在棚膜上面，每两根拱杆之间设压膜杆（线）一条，压紧薄膜。压膜杆（线）的两端固定在拉杆或地铺上，将薄膜压紧，使棚面略成瓦楞形（图1-43，图1-44）。

■ 图1-43 大拱棚覆膜

■ 图1-44 覆膜后用压膜线压紧

（4）设门 在大棚的一端或两端设“活门”，用以进棚操作（图1-45）。

■ 图1-45 大拱棚的“活门”

（5）通风 大棚的通风方法，一是将“活门”拿下横放在门口，二是在薄膜连接处扒口。

2. 建好的拱圆大棚

见图1-46。

■ 图1-46 覆盖塑料棚膜后的拱圆大棚

（三）钢管骨架冬暖大棚的建造

1. 建墙体

选好棚址后，先按大棚的长宽规格在东、西、北三面建好墙体（图1-47）。

2. 安骨架

钢管骨架一般都由厂家定型生产，建棚时只进行组装即可（图1-48）。

■ 图1-47 钢管骨架冬暖大棚墙体

■ 图1-48 钢管冬暖大棚骨架

3. 组装

按厂家产品说明进行组装。安装后如图1-49、图1-50。

■图1-49 钢管骨架冬暖大棚（简易）

■图1-50 钢管骨架冬暖大棚（大型）

六、日光温室

（一）日光温室的主要结构

1.墙体

由东山墙、西山墙和后（北）墙组成，一般用生土或草泥填入模板夯成。

2.骨架

由立柱、拱杆、拉杆、压杆、门窗等构成。

（1）立柱　立柱是日光温室和塑料大棚的主要支柱，它承受棚架、覆盖物、雨雪负荷以及风沙压力与引力的作用，所以一定要直立并深埋。为了减少室内遮光和占用空间过大，立柱应尽量减少数量和缩小粗度（直径）。立柱基部要用砖、石、混凝土墩等做“柱脚石”以防止主柱下沉。

（2）拱杆　拱杆是支撑覆盖物的骨架横向固定在立柱上，呈自然拱形，使屋（棚）面呈一定坡度。拱杆一般每隔1～1.5米设一根，其长度略大于屋（棚）面。拱杆南北向，南端固定在前窗顶部横梁上，北端固定在后墙或屋脊横梁上。

（3）拉杆　拉杆是纵向连接立柱、固定拱杆和压杆的“拉手”（连接杆），可起到棚室整体加固的作用，相当于房屋的檩条。各排主柱之间均应设拉杆，这是加固棚室的关键结构。

（4）压杆　压杆是用来压住屋（棚）面塑料薄膜的，以防止被风吹动、鼓起。一般在每两根拱杆之间设一根压杆，将屋（棚）膜压紧压平。压杆可稍低于拱杆，使屋（棚）面呈瓦垄状，以利于排水和抗风。压杆通常选用光滑顺直的细长竹竿连接而成。为了减少遮光和减少屋（棚）面上的孔眼，近年来，多以8号铁丝代替压杆。压杆两端埋入地下，并用“地锚”加固。

（5）门窗　在棚室两端各设一个活门，需要通风时，可把活门拿下来，横放在门口的底部，防止冷风由底部吹入棚内，侵袭蔬菜作物，或在门的下半部挂塑料薄膜帘，也可起到防风保温的作用。通风窗在屋（棚）顶部的最高点开天窗，南侧开地窗。跨度较高大的棚，要增设腰窗代替天、地窗，以利通风换气，管理也方便。

（6）准备间　在棚室的东山墙或西山墙外修建准备间，可防止进出棚室时寒风直接侵入室内，并可放置生产工具和供管理人员休息。准备间跨度3米左右，东西长2～2.5米，南面设门，通向棚室的门要靠近温室后墙。

（二）冬暖式日光温室的建造

冬暖日光温室由于升温快、保温性能好，很适合无籽西瓜育苗和极早熟保护栽培。建造程序如下：

1.选地和备料

建棚场地要求与建造拱圆形大棚相同，但东西向最好为60～80米。

冬暖式大棚由墙体、立柱、拱杆、铁丝、薄膜和草苫构成。如建造一个80米长的冬暖式大棚，需要截面8厘米×10厘米的水泥立柱134根，其中长3.3米的45根，长3.1米的22根，长2.2米的22根，长1.3米的45根，立柱顶部要留孔，以便固定拱杆；宽3米、厚0.10～0.12毫米的聚氯乙烯无滴膜120千克，宽3米、厚0.08毫米的聚乙烯农膜8千克，宽1.3米、厚0.007～0.008毫米的地膜5千克；长8.5米、直径9厘米的毛竹22根，长6米、直径7厘米的鸭蛋竹14根，长7米、直径5厘米的鸭蛋竹2根，长2～3米、直径1.5厘米的细竹700根；长2.3米、直径10～15厘米的短木棒49根，长7米、直径8厘米左右的长木棒4根做成木梯；8#铁丝300千克，12#铁丝10千克，18#铁丝15千克，长5～8厘米的铁钉300个；长10米、宽1.2米、厚3厘米的稻草苫92床，长20米、直径0.8厘米左右的拉绳82根；重20千克左右的坠石54块。

2.建筑墙体

用麦穰泥砌或用湿土夯成东、西、北三面墙体，后墙高1.8米，脊高3米，脊顶距后墙1米，前立窗80厘米，总跨度8.2米，墙体下部厚1米、上部厚80厘米（图1-51，图1-52）。最好从墙外取土，如需从墙内取土，一定要先剥去熟土层，取生土砌墙后再将熟土填回。

■图1-51 冬暖式日光温室墙体（一）

■图1-52 冬暖式日光温室墙体（二）

3.埋设立柱

在距后墙根75厘米处埋后排立柱，深埋60厘米，地上部分2.7米，下面填砖防陷，向后稍倾斜，立柱间距1.8米（图1-53，图1-54）。要先埋两头，然后拉线埋设，使上端整齐一致。埋好后排立柱后再埋前排立柱。前排立柱距后墙6米，与两面侧墙前端上口齐。每3.6米1根，深埋50厘米，地上部分80厘米，与后排立柱错开10厘米左右。埋好前排立柱后，在前、后两排立柱间按等距离埋第二、第三排立柱，位置

■图1-53 埋立柱（一）

■图1-54 埋立柱（二）

与前排立柱对齐，深埋50厘米左右。前面第二排地上部分1.9米，第三排地上部分2.4米。

4.埋坠石

在山墙外1.3米处挖1.5米深的沟，将捆好铁丝的坠石排入沟内埋好踏实，铁丝一头（双股）露出地面，每个山墙外埋27块坠石。

5.上后坡铁丝

在后墙和后排立柱上架斜木棒，间距1.8米，与地面成45°角，用铁丝固定在后排立柱上。在后坡上共上6根铁丝，其中顶部2根，其余均匀分布，两端固定在坠石上，用紧线机拉紧，再用铁钉固定在木棒上。

6.上后坡

先在后坡上铺一层塑料薄膜，纵向铺30厘米厚的玉米秸，再包一层薄膜，这样能防止玉米秸腐烂，延长使用寿命。玉米秸上面培土20～30厘米。

7.上拱杆和横杆

拱杆用粗头直径9厘米、长8.5米的毛竹。将粗头固定在顶部2根铁丝上，小头固定在前排立柱上，然后再固定在第二、第三排立柱上，使其成微弓形，间距3.6米（图1-55，图1-56）。拱杆与前排立柱割齐后上横杆，横杆用直径7厘米的鸭蛋竹。在前排立柱前或2根前排立柱中间埋戗柱，与前排立柱叉开20厘米，顶在横杆上。

■图1-55　上拱杆和横杆（一）

■图1-56　上拱杆和横杆（二）

8.上前坡铁丝

棚前坡有18根8#铁丝，自横杆到顶部均匀分布，东西平行，拉紧固定在坠石上，用铁钉或铁丝固定在拱杆上。另外拱杆下面还有3根铁丝，上、中、下各一根，以备吊蔬菜用。

9. 上压膜垫竹

将直径1.5厘米的细竹捆在铁丝上，间距60～80厘米，并割去毛刺，以防扎破薄膜。

10. 上棚膜

用电熨斗或专用黏合剂将3米宽的聚氯乙烯无滴膜3幅粘成一大块，长度略小于棚长。上膜要选无风天气进行，以免鼓坏薄膜。需20～30人，先将众人分为5批，4批从四个方向拉紧薄膜，另一批人先从两山用竹竿缠紧薄膜，固定在铁丝上，再将两边用土压好。要求薄膜平、紧。

11. 上压膜竹

用18#铁丝将压膜小竹固定在压膜垫竹上，上部留20厘米以备放风。

完成上述工作，一个冬暖式大棚就基本建好了（图1-57），然后在棚前挖宽40厘米、深30厘米的防寒沟，用麦秸填好埋实，防止热量从棚前土壤中散失。气温降低时加盖草苫。在一山墙开门建缓冲房。最后上好草帘。草帘一般厚4厘米、宽2米，长度比屋面长0.5米。从东向西安装，西边的草帘要压住东边草帘20厘米左右，以便防风保温。每个草帘装两条拉帘麻绳，以便卷起和放下。山东昌乐日光温室群见图1-58。

■图1-57 冬暖式大棚

■图1-58 昌乐日光温室群（红瓦屋为准备间）

第二章　西瓜品种

一、按熟性介绍的主要品种

（一）特早熟品种

特早熟品种的生育期一般为80～90天，其中果实发育期为22～28天。多为小型果，平均单瓜重1.5～3.0千克。株型较小，瓜蔓生长势较弱，但主蔓分枝力较强，伸展力较弱，适合露地双行密植栽培和棚室多茬栽培。近年来，这类品种（系）的引进和选育工作发展迅猛，为我国西瓜市场实现周年均衡供应迈出了一大步。

1.特小凤

■ 图2-1　特小凤

我国台湾农友种苗公司育成。全生育期80天左右，雌花开放至该果实成熟（以下简称果实发育期）22～25天。果实近圆形，果皮鲜绿色，果面有不规则的黑条纹。单瓜重1.5～2.0千克。果肉金黄色，肉质细嫩、脆甜多汁，果实中含糖量12%左右。果皮极满，种子特少。而低温弱光，适合我国南北各地早熟或多季栽培（图2-1）。

2.拿比特

从日本引进的红玉类最新西瓜品种。全生育期85天左右，果实发育期24～26天。果实长椭圆形，果皮绿色，上覆墨绿色条带。果肉红色，质脆嫩，果实中心含糖量12%以上。单瓜重2千克左右，易连续坐果，适宜我国各地春季早熟和秋延迟保护地栽培（图2-2）。

■图2-2 拿比特

3.红小玉

湖南省瓜料研究所从日本引进的一代杂交种。全生育期80～85天，果实发育期22～25天，极易坐果，每株可坐果2～3个。果实高球形，果皮深绿色，上有16～17条纵向细虎纹状条带。果肉浓、桃红色，瓤质脆沙味甜，风味极佳，中心含糖量12%左右。生长势较强，可以连续结果，单瓜重约2.0千克。适宜全国各省市早熟栽培（图2-3）。

■图2-3 红小玉

4.黄晶一号

极早熟高档小型西瓜，果实成熟期26天，果实圆球形，黄皮红肉，外观漂亮喜人。肉质细嫩，口感好，中心含糖13%以上。长势好，抗逆性强，易坐瓜，果实整齐度好，单瓜重1.5～2千克（图2-4）。

■图2-4 黄晶一号

■图2-5 特早红

5.特早红

黑龙江省大庆市庆农西瓜研究所育成，全生育期85天，果实生育期28天左右。果实圆形，浅绿色果皮上有深绿色条带。果肉红色，瓤质细脆多汁，风味好，中心含糖量12%以上。单瓜重4～5千克。适宜北方棚室早熟栽培（图2-5）。

■图2-6 世纪春蜜

6.世纪春蜜

中国农科院郑州果树所育成。全生育期85天左右，果实发育25天左右。果实圆形，果皮底色浅绿，上有深绿色细条带。果肉红色，瓤质脆细多汁，风味佳，果实中心含糖量12%以上。单瓜重3.5～4千克。适宜棚室早熟栽培（图2-6）。

■图2-7 小天使

7.小天使

合肥丰乐种业股份有限公司育成。全生育期80天左右，果实发育期24天左右。果实椭圆形，果皮鲜绿色，上覆深绿色中细齿状条带。果肉红色，质脆，纤维少，爽口多汁，风味佳，果实中心含糖量12.5%。平均单瓜重1.5～2千克。适宜浙江、上海等生态区栽培（图2-7）。

8.早佳（8424）

新疆农业科学院园艺研究所育成。全生育期75天左右，果实发育期28天左右。果实圆形，果皮绿色，上覆深褐色条带。果肉粉红色，松脆多汁，纤维少，果实中心含糖量12%以上。单瓜重3～5千克。耐低温弱光，适宜棚室早熟栽培（图2-8）。

■图2-8 早佳（8424）

9.美抗9号

河北省蔬菜种苗中心育成。全生育期85天左右，果实发育期28天左右。果实高圆形，果皮深绿色，上覆墨绿色条带。果肉红色，质脆多汁，中心含糖量12%以上。单瓜重4千克左右，种子小而少。适宜北方地膜覆盖及棚室栽培（图2-9）。

■图2-9 美抗9号

10.玉美人

新疆昌农种业有限公司选育。全生育期80～85天，果实发育期22～24天。果实椭圆形，果皮墨绿色，上覆绿色条带，皮极薄。果肉鲜黄色，细脆爽口，中心含糖量13%左右。一株多果，平均单瓜重2.5千克以上。适应性广，抗病性强，全国各地均可栽培（图2-10）。

■图2-10 玉美人

11.春兰

极早熟、中小果型。全生育期约83天，果实发育期为24天左右。植株生长势中等偏弱，极易坐果，果实圆球形，翠绿底色上覆有深绿色细条带，外观非常漂亮。果肉黄色，肉色酥脆细嫩，口感极好，果实中心含糖量13%左右，品质一流。一般单瓜重3千克左右（图2-11）。

■图2-11　春兰

12.早春红玉

由日本引进的一代杂交种。全生育期80天左右，果实发育期25天左右。果实椭圆形，果皮深绿色，上覆黑色条状花纹，果皮极薄具弹性，耐运输。果肉桃红色，质细风味佳。果实中心含糖量12%以上。单瓜重1.5～2.5千克。适宜春、秋、冬多季设施栽培（图2-12）。

■图2-12　早春红玉

13.黄美人

全生育期80～85天，果实发育期26天在右。果实椭圆形，果皮金黄色，果肉鲜红色，质脆沙，中心含糖量13%左右。单瓜重2.5～3千克。适应性广，适宜各西瓜主产区春、夏、秋多季栽培（图2-13）。

■图2-13　黄美人

14.中科1号

■图2-14　中科1号

特早熟、中果型、外观亮丽、品质一流、极具发展潜力。全生育期约83天，从坐果到果实成熟24～26天。生长势中等，极易坐果。果实圆正，底色翠绿，条带细，整齐清晰，商品性好。果肉鲜红色，肉质酥脆细腻，汁多，口感风味特好，中心折光糖12%，最高可达13%。一般单瓜重5～6千克。适合保护地早熟栽培（图2-14）。

15.世纪春露

早熟，全生育期约85天，果实发育期为27天左右。植株生长势中等，极易坐果，果实圆球形，浅绿底色上覆有深绿色细条带，外观非常漂亮。果肉大红，肉质酥脆，口感极好，果实中心含糖量为12%左右，品质上等。平均单瓜重5～6千克。适合保护地和露地栽培，也可用于秋延迟栽培。

16.早春翠玉

■图2-15　早春翠玉

特早熟，全生育期约80天，果实发育期为22天左右。植株生长势中等，易坐果，果实圆球形，果皮绿色，上有深绿色特细条带，外观秀美。果肉黄色，肉质酥脆细嫩，口感风味好，果实中心含糖量13%左右。一般单瓜重1.5千克左右（图2-15）。

■图2-16 早春美玉

■图2-17 丰乐小天使

■图2-18 美王

17.早春美玉

特早熟、小果型。全生育期约80天，果实发育期为22天左右。植株生长势中等，易坐果，果实圆球形，果肉黄色，肉质酥脆细嫩，口感风味好，果实中心含糖量13%左右，品质一流。一般单瓜重1.5千克左右（图2-16）。

18.丰乐小天使

极早熟品种。雌花开放至果实成熟约24天，果实椭圆形，绿皮覆盖墨绿色齿条，外形美观，平均单果重1.5千克左右，中心含糖量13%左右。极易坐果，汁多味甜，口感极佳（图2-17）。

19.美王

兰州市种子管理站选育的早熟杂一代西瓜品种。2007年通过甘肃省成果鉴定。果实发育期28天左右。植株长势中强，抗逆性强，适应性广，易坐果。平均单瓜重3.5千克。果实圆球形，绿皮齿条带，瓤色大红，中糖12%，品质佳，皮薄而韧，较耐贮运。日光温室、塑料大棚宜采用吊蔓栽培，双蔓整枝，一吊一伏，密度约27000株/公顷。小拱棚和露地栽培宜采用三蔓整枝，密度约13500株/公顷。适合甘肃及北方保护地和露地早熟栽培（图2-18）。

20.特早甜

■图2-19 特早甜

是甘肃省最新育成的新一代早熟超甜型西瓜新品种。该品种长势强壮，不易早衰，对瓜类枯萎病、炭疽病抗性较强，易坐瓜。果实圆形，皮墨绿色，果肉鲜红，细嫩多汁，籽少，糖度达13度左右。皮薄且坚韧，耐储运，保鲜性好。一般单瓜重5～8千克，瓜个大小均匀，不易裂瓜（图2-19）。

21.新金巧

■图2-20 新金巧

早熟，做秋延后栽培，全生育期75～80天。果实从开花至成熟30天。其植株生长健壮，易坐瓜，抗病，适应性强。果实高圆形，果面底色为绿色，上有锯齿形深绿条纹，果肉金黄，脆嫩无比，入口即化，品质极佳。中心部位含糖量12度，单瓜重5千克左右（图2-20）。

22.夏丽

■图2-21 夏丽

全生育期85天左右，雌花开放至成熟28天左右，适宜早春保护地栽培，更适合夏秋露地栽培，易坐果，单株坐果2～3果，果实一致性好，果型长椭圆形，果皮墨绿色有不明显锯齿状条带。果形指数1.8，平均单瓜重3～3.5千克，中心可溶固形物含量13%左右，边糖11%，梯度小，肉色红，皮薄但硬，耐储运（图2-21）。

■图2-22 秀玉2号

23.秀玉2号

全生育期83天左右，果实发育期27天左右；易坐果，平均单瓜重3～3.5千克，中心可溶固形物含量13%左右，边糖11%，梯度小，肉色红，皮薄但硬，耐储运（图2-22）。

24.其他极早熟品种

（1）特小凤类型的国内育成品种 玉玲珑、黄冠、小黄宝、早黄宝、京阑、秀雅、新金兰、宝凤、鲁青金凤等。

（2）拿比特类型的品种（系） 京秀、秀顾、春光、华晶5号、万福来、顾春、春秋早红玉、红小宝等。

（3）红小玉类型的品种（系） 京玲、秀美、秀绿、鲁青红玉、小芳、春宝宝等。

（4）国外引进品种 红大、新红玉、新概念、黄小玉、拿比特、乙女等。

（二）早熟品种

早熟品种的全生育期一般为90～100天，其中果实发育期为28～30天。多为中果型，平均单瓜重4～6千克。

1.黑美人

我国台湾农友种苗公司育成。全生育期90天左右，果实发育期28天左右。果实长椭圆形，果皮墨绿色，有暗黑色斑纹。果肉鲜红色，肉质细嫩多汁，中心含糖量12%以上。单瓜重2.5～4千克。果皮硬而韧，具弹性，极耐贮运。是目前栽培面积最大的早熟品种。我国台湾、大陆南北及东南亚各国均有栽培（图2-23）。

2.京欣2号

国家蔬菜工程技术研究中心育成。早熟品种，重生育期88～90天，果实发育期28天左右。果实圆形，皮绿色，上覆墨绿色条带，有蜡粉。瓜瓤红色，质脆嫩，口感好，甜度高，中心含糖量12%以上。皮薄耐韧，耐裂性较京欣1号强。单瓜重6～8千克。抗病性较强。适合全国保护地栽培和露地早熟栽培（图2-24）。

■图2-23 黑美人

■图2-24 京欣2号

3.天骄

河南省农科院和园艺研究所选育，全生育期94天，果实发育期28天。植株长势强，易坐果。果实圆形，瓜皮底色浅绿，有墨绿色条带。瓜瓤大红色，质脆多汁，中心含糖量11.5%，边糖9.5%。种子卵圆形，褐色，千粒重57.1克。适宜棚室或露地早熟栽培。

4.春一

天津市农科院最近育成。全生育期95天，果实发育期28天左右。果实圆形，瓜皮底色翠绿，有清晰的黑色细条带，皮薄而韧，耐运。单瓜重6～8千克，易坐果，适合设施早熟栽培（图2-25）。

■图2-25 春一

■ 图2-26 抗病绿王星

5.抗病绿王星

全生育期100天左右，果实发育期32天左右。瓜呈高圆形，绿皮，薄而韧；瓤色大红，中心含糖13度左右，籽小而少，肉质紧密、口感好、风味佳。抗病性强（图2-26）。

6.农科大10号

西北农业科技大学园艺学院选育。全生育期105天左右，果实发育期31天左右。果实圆球形，果皮翠绿色，覆墨绿色齿状条纹，有蜡粉，皮厚0.9厘米左右，较韧，耐运。果肉桃红色，质脆多汁，中心含糖量10.5%～11.0%。单瓜重4.7～6.8千克。中抗枯萎病，耐低温弱光，适宜早春设施栽培。

■ 图2-27 改良京抗2号

7.改良京抗2号

国家蔬菜工程技术研究中心最新育成。全生育期90天左右，果实发育期30天左右。果实高圆形，果皮浓绿色，上覆黑色中宽条带。果肉朱红色，质脆嫩，纤维少，口感风味佳，中心含糖量12%以上。单瓜重7～8千克。较其他京欣系列品种耐裂性有较大提高。适宜早春中、小拱棚及地膜覆盖露地栽培（图2-27）。

8.千鼎1号

早熟新品种。全生育期90天左右，果实发育期30天左右。果实圆形，果形指数1.1，瓜皮深绿色，上覆墨绿色中细条带，条带较清晰，皮厚1.2厘米，韧性好，耐贮运。果肉红色，肉质沙细，汁多，纤维少，口感佳，中心折光糖含量12.0%，中边糖梯度小。平均单瓜重6.0千克左右。植株生长势较强，抗病性、抗逆性强（图2-28）。

■图2-28 千鼎1号

9.禾山玉丽

新疆昌农种业有限公司选育。全生育期90天左右，果实发育期30天左右。果实高圆形，果皮翠绿，上覆深绿色窄条带。果肉红色，质细脆爽口，中心含糖量13%左右。单瓜重6～8千克。适应性广，抗病性强，较耐重茬。全国南北方均可栽培（图2-29）。

■图2-29 禾山玉丽

10.抗枯巨龙

新疆昌农种业有限公司选育。全生育期88～90天，果实发育期28～30天。果实椭圆形，果皮翠绿，上覆墨绿色条带。果肉鲜红色，质沙脆，风味佳，中心含糖量12%左右。单瓜6～7千克。适应性广，抗病性强，全国各地均可栽培（图2-30）。

■图2-30 抗枯巨龙

11.大总统

济南学超种业有限公司太空育种。全生育期85～95天，果实发育期26～28天。果实近圆形，果皮浅绿色，上覆黑色

■图2-31　大总统

■图2-32　金早8号

■图2-33　兴华

■图2-34　早巨龙

条带。果肉大红色，质脆，中心含糖12%左右。单瓜重7～10千克。耐低温弱光，高抗病。皮薄坚韧，耐贮运。适宜露地早熟栽培和保护地春、秋栽培（图2-31）。

12. 金早8号

新疆昌农村种有限公司选育。全生育期90天左右，果实发育期28天左右。果实椭圆形，果皮黄绿色，上覆深绿色宽条带。果肉大红色，风味好，中心含糖量12%左右。单瓜重7～8千克。适应性广，抗病性强，我国南北方均可栽培（图2-32）。

13. 兴华

我国台湾农友种苗公司选育。全生育期90天左右，果实发育期28天左右。果实长椭圆形，果皮淡绿色，上有粗宽深绿色条带。果肉深红色，中心含糖量12%左右。果皮薄而韧，耐贮运。单瓜重3～4千克。适宜各地早熟栽培（图2-33）。

14. 早巨龙

河北省蔬菜种苗中心育成。全生育期96天，果实发育期31天左右。果实椭圆形，果皮深绿色，上覆墨绿色条带。果肉粉红色，种子少，中心含糖量11.5%左右。单瓜4～6千克。适应性广，抗病性强，适宜各地早春栽培（图2-34）。

15. 双抗2号

全生育期90天左右，果实发育30天左右。果实圆形，果皮深绿色，上覆黑色条带。果肉红色，中心含糖量11.5%左右。单瓜重4～5千克。抗枯萎病，兼抗炭疽病。适宜露地和保护地早熟栽培。在湖南、浙江等省栽培面积较大（图2-35）。

■ 图2-35 双抗2号

16. 春光

全生育期90～95天，果实发育期30天左右。果实长椭圆形，果皮鲜绿，上覆浓绿色细条带。果肉粉红色，质细嫩，中心含糖量13%左右，梯度小，风味佳。果皮极薄，仅0.2～0.3厘米。单瓜重2～2.5千克，植株生长稳健，低温下伸长性好，在早春不良条件易坐果。目前在上海郊区、江浙等地有较大面积栽培（图2-36）。

■ 图2-36 春光

17. 金宝

全生育期100天左右，果实发育期28～30天。果实正圆形，条带清晰、无乱纹，底色翠绿。瓤色大红，细嫩多汁，口感好。中心含糖量12%以上，皮薄且质韧，耐运输。果实整齐度高，果形大，一般单瓜重8～10千克。该品种抗逆性、耐低温能力较强。适宜早春保护地栽培（图2-37）。

■ 图2-37 金宝

■图2-38 京花宝

■图2-39 美兰

■图2-40 金童

18.京花宝

京欣类型品种中大果型西瓜。从坐果到果实成熟29天左右。植株生长健壮，极易坐果。果实圆正，底色翠绿，条带清晰，商品性极好。果肉大红鲜艳，肉质脆细，汁多，口感风味好，耐运输。中心折光糖可达12%。一般单瓜重8～10千克，最大可达16千克以上。适合保护地、露地栽培（图2-38）。

19.美兰

早熟中型西瓜，果面绿色，覆墨绿色齿带，果面光滑、无棱沟、覆蜡粉，果皮厚1.1厘米，瓜瓤黄色，汁液多，瓤质脆，口感好。耐储运性中等。该品种较耐高温，不易早衰，综合性状与早佳相近（图2-39）。

20.金童

早熟一代杂种，植株长势强，坐果整齐，全生育期93天。果实发育期28天左右，果实圆形，果皮底色草绿，上覆深绿色细条带，外形美观；皮薄，果肉红色，口感极好，含糖量12%左右。平均单瓜重6～10千克（图2-40）。

21.黑早龙

全生育期90天左右，果实发育期25～28天；植株长势强，座果整齐，瓜皮薄，果肉红，口感好，含糖量12%左右。平均单瓜重4～6千克（图2-41）。

■图2-41 黑早龙

22.羞月

全生育期85～90天，果实发育期26天左右；植株长势强，坐果整齐，果实圆形美观，皮翠绿色，上覆墨绿条带；黄瓤肉细口感好，含糖量11%左右。平均单瓜重5～6千克（图2-42）。

■图2-42 羞月

23.京抗3号

全生育期85～90天，果实椭圆形，皮绿色，上覆清晰的齿形条纹。果肉桃红色，脆嫩爽口；中心含糖量11%，皮厚1厘米，韧性强，耐储运（图2-43）。

■图2-43 京抗3号

24.京欣系列及同类品种

有京欣1号、京欣3号、京欣4号、京欣7号、京抗早蜜、景欣2号、航兴一号、中科一号、中科3号、欣月、春蕾、甘农佳丽、甘农绿丰、中选11号、国宝、国凤、国优、天虎、金宝、台宝、双星、风光、红虎、红双喜、农人、农欢、华欣、珍玲一百、五叶巨汉、郑州圆龙10号、超甜早生980、上海早蜜、琼丽、美月、红宝来、早花蜜、翠玲、翠丽、珍冠、龙盛一号、优欣一号、冠星一号、国豫2号、淮蜜2号、凯旋2号、蜜早、天骄3号、早抗3号、冬喜3号、津花7号、鲁青7号、爱民7号、华玉8号、大总统、致富星、超甜京欣、禾山玉顾、禾山真美、禾山真奇、瑞禧、科德福宝、早熟亚欣、科德超冠、新机遇、新生代、鲁早抗、鲁青双冠、京欣霸王、京研抗病新星、鲁青早熟冠星、梅亚早熟丽人等。

25.国内早期育成的早熟品种

郑杂7号、郑杂9号、丰乐1号、丰乐8号、特早佳龙、极早熟蜜龙、庆农3号、中选1号、燕都大地雷等。

（三）中晚熟有籽西瓜良种

近几年在国内种子市场能够看到的各种包装的西瓜种子中，中熟品种约占65%～80%（前几年80%左右，2009年约65%），晚熟品种很少。在众多的中熟品种中，根据果型、大小、果皮颜色、种子多少及抗病、耐贮运等不同特性分别选取部分有代表性的品种予以介绍。读者可根据市场需求、生态条件、栽培方式、生产条件和技术水平选择适合自己的品种。

首先介绍一批高产品种：

1.西农8号

西北农业大孕育成。全生长期95～105天，果实发育期34～36天。果实椭圆形，果皮浅绿色，上覆墨绿色齿状条带。果肉红色，质细脆甜，中心含糖量11%以上。单瓜重7～8千克。适宜长江以北露地或地膜覆盖栽培（图2-44）。

■图2-44 西农8号

2.红冠龙

西北农林科技大学园艺学院育成。全生育期100天左右，果实发育期36天左右。果实椭圆形，果皮浅绿色，上覆有不规则深绿色条带。果肉大红色，质细嫩脆爽，风味好，中心含糖量11%以上。单瓜重9～10千克。适宜我国各主要西瓜产区露地栽培。

3.黑巨冠

图2-45　黑巨冠

中晚熟品种，全生育期100天左右，果实发育期30天左右。果实椭圆形，果皮纯黑色，上覆白色蜡粉；瓤色大红，肉脆多汁；中心含糖量11%左右，口感好。平均单瓜重8～9千克，最大15千克。皮薄而韧，耐储运（图2-45）。

4.农乐1号

中熟一代杂种，果实发育期33天左右，全生育期100天左右。生长势强健，易坐果，抗病抗逆性强。果实圆形，果皮绿色，覆墨绿条带，皮厚0.9厘米。中心可溶性固形物含量11%，中边梯度1.0，瓤色大红，剖面均匀一致，品质佳。平均单瓜重4.5千克左右。

5.抗病黑巨霸

图2-46　抗病黑巨霸

中国农业科学院郑州果树研究所选育的中熟大果型品种。高抗枯萎病，全生育期100天左右，果实发育期约33天。植株生长势中等偏上，极易坐果，果实椭圆形，黑皮带有暗条。果肉大红，肉质脆甜，中心糖含量12%左右，口感极佳。单瓜重8～10千克。果皮坚韧，耐贮运（图2-46）。

6.抗病201

图2-47　抗病201

全生育期100天，果实发育期30天左右。植株生长稳健，易坐果。果实椭圆形，果皮底色浅绿色，上有深绿色的不规则条带。果肉大红，肉质脆爽，汁多味正，果实中心糖含量12%，品质上等。果皮薄而韧，耐运输。平均单瓜重7～8千克。种子小（图2-47）。

■图2-48 雪峰黑媚娘

7.雪峰黑媚娘

是湖南农业大学园艺园林学院和湖南省瓜类研究所共同育成的中熟偏早有籽西瓜一代杂种，全生育期90天左右，果实发育期30天左右。植株生长势和抗病抗逆性较强，坐果性好。果实高圆球形，果皮深绿色，覆墨绿色条带。瓤色鲜红，瓤质脆，中心可溶性固形物含量约12.0%，汁多味甜、爽口，品质优。单果重量6千克左右。果实整齐度高，栽培适应性强，适合于长江中下游地区及相近生态地区露地、保护地多季节栽培（图2-48）。

■图2-49 开杂12

8.开杂12

河南省开封市农林科学研究所育成。全生育期106天，果实发育期34天。果实椭圆形，果皮黑色，上覆有暗黑条带。果肉红色，质脆多汁，中心含糖量11%左右。单瓜重8～10千克。适宜华北及长江下游地区露地或地膜覆盖栽培（图2-49）。

■图2-50 鄂西瓜16号

9.鄂西瓜16号

武汉市农业科学研究所选育的中熟西瓜品种。果实高圆形，果皮绿色，覆墨绿色锯齿状条带。果肉鲜红色，中心糖含量11.13%，边糖含量8.36%。肉质细嫩爽口，汁多味甜，风味佳。果皮薄而韧，不易裂瓜。平均单瓜重量3.0～3.5千克。抗病性、抗逆性较强，较耐贮运（图2-50）。

10.庆发黑马

■图2-51 庆发黑马

黑龙江省大庆市庆农西瓜研究所育成。全生育期110～120天，果实发育期35天左右。果实椭圆形，果皮黑色。果肉红色，质脆甜，中心含糖量12%左右。单瓜重8～10千克。适宜东北、西北、华北及生态条件类似的地区种植（图2-51）。

11.美抗8号

■图2-52 美抗8号

河北省蔬菜种苗中心育成。全生育期105～110天，果实发育期32天左右。果实椭圆形，果皮浅绿色，上覆有深绿色条带。果肉鲜红色，质细脆而多汁，中心含糖量12%左右。单瓜重7～10千克，最大可达28千克。适宜华北春季露地栽培（图2-52）。

12.庆农5号

■图2-53 庆农5号

黑龙江省大庆市庆农西瓜研究所育成。全生育期105天左右，果实发育期33天左右。果实椭圆形，果皮浅绿色，上覆有浓绿色条带。果肉红色，少子，瓤质细脆而多汁，中心含糖量12%左右。单瓜重8～10千克，最大可达28千克。适宜华北地区春季膜覆盖栽培（图2-53）。

13.郑抗8号

中国农科院郑州果树研究所育成。全生育期95～100天，果实发育期28～30天。果实椭圆形，果皮墨绿至黑色，上有隐形暗网纹。果

■图2-54　郑抗8号

肉鲜红色，质细脆沙、汁多纤维少，中心含糖量11%以上。单瓜重6～8千克。适宜华北地区露地栽培（图2-54）。

■图2-55　聚宝3号

14.聚宝3号

合肥丰乐种业有限公司育成。全生育期95～98天，果实发育期33～35天。果实椭圆形，果皮黄色，上覆有深绿色中宽齿条。果肉红色，质脆多汁，纤维少，中心含糖量11%左右。单瓜重7～8千克。适宜东北、华北、西北、华东等各生态区露地栽培（图2-55）。

■图2-56　华蜜8号

15.华蜜8号

合肥华厦西瓜甜瓜科学研究所育成。全生育期95～100天，果实发育期35天左右。果实椭圆形，果皮绿色，上覆有墨绿色齿状条带。果肉红色，质细脆甜，纤维少，风味好，果实中心含糖量12%左右。单瓜重8～9千克。适宜华东、华北及长江中下游地区露地栽培（图2-56）。

■图2-57　改良新红宝

16.改良新红宝

全生育期100天左右，果实发育期30～33天。果实长椭圆形，果皮浅绿色，略显翠绿色网纹。果肉红色，瓤质脆甜，中心含糖量11%以上。单瓜重10～15千克，宜在北方各省及南方早季露地栽培（图2-57）。

17.莱育8号

■图2-58 莱育8号

全生育期95～100天，果实发育期35天左右。果实高圆形，果皮浅绿色，上覆有深绿色宽条带。果肉红色，质细，纤维少，中心含糖量12%以上。单瓜重6～8千克。适宜山东、河南等地露地栽培（图2-58）。

18.华西7号

■图2-59 华西7号

新疆华西种业有限公司育成。全生育期95天左右，果实发育期35天左右。果实椭圆形，果皮浅绿色，上覆有墨绿色条带。果肉朱红色，品质佳，风味佳，果实中心含糖量11%以上。单瓜重7～8千克。适宜新疆、河北等地区露地栽培（图2-59）。

19.丰乐圣龙

■图2-60 丰乐圣龙

合肥丰乐种业股份有限公司育成。全生育期95～100天，果实发育期33天左右。果实椭圆形，果皮底色浅绿，上有齿状黑条带。果肉红色，质脆，纤维少，中心含糖量12%左右。单瓜重6～7千克。适宜安徽、河南、山东等地区露地栽培（图2-60）。

20.燕都巨龙

中熟一代杂交。全生育期95～100天，果实发育期30～32天。果实椭圆形，果皮绿色，上覆有黑色齿状条带。果肉红色，质脆爽而多汁，中心含糖量12%左右。单瓜重9～11千克。适宜辽宁、山东、河南、河北等地露地或地膜覆盖栽培（图2-61）。

图2-61　燕都巨龙

21.大江2008

中熟大型果一代杂交种。全生育期100天左右，果实发育期32天左右。果实椭圆形，果皮纯黑色，果肉朱红，少籽，中心含糖量11%～12%。单瓜重9～12千克，最大可达25千克。适宜河南、山东、河北、辽宁等地区露地栽培（图2-62）。

图2-62　大江2008

22.威龙

中晚熟品种，全生育期103天左右，果实发育期33天左右。果实长椭圆形，果皮绿色，覆有黑绿色齿状条纹；果肉大红色，甜度高，中心含糖量12%；抗病性强，耐储运（图2-63）。

图2-63　威龙

23.世雷5号

中晚熟品种，全生育期102天左右，果实发育期30～33天。果实圆形，皮绿色，上覆深绿色条带，有果粉；瓜瓤红色，汁多，脆甜，中心含糖量12%以上；平均单瓜重10～15千克；抗病性强，耐储运（图2-64）。

图2-64　世雷5号

24.其他同类品种

有丰抗8号、西农10号、郑抗1号、丰乐旭龙、豫艺新墨玉、景龙宝、龙卷风、庆发12号、中冠一号、瑞龙一号、抗枯2号、新机遇2号、浙蜜3号、庆发3号、早抗6号、农科大6号、豫凯8号、甘抗9号、东研9号、农科大10号、豫艺15号、鄂西瓜16号、丰收567、花蜜586、欣玉、初恋、中原风光、中原华丰、西域星、抗病绿王星、绿巨丰、北青6号、绿王星、如意、绿之秀、绿霸王、绿宝、先行者、金花一号、中原瑞龙、真优美、中原花狸虎、大籽黑巴顿等。

二、果实具有特色的主要品种

（一）高糖少籽品种

1.金鹤黑美龙

广江珠海裕友种苗有限公司选育。系黑美人改良品种，极早熟，全生育期85～90天，果实发育期28天左右。果实长椭圆形，果皮墨绿色，上覆有黑色条斑。果肉深红色，肉质细嫩多汁，中心含糖量12%～14%，种子少。单瓜重3.5～5千克。适宜广东、广西、云南、贵州等地早熟栽培（图2-65）。

■ 图2-65　金鹤黑美龙

2.裕友美麒麟

广东珠海裕友种苗有限公司选育。早熟品种，全生育期90～95天，果实发育期30天左右。果实短椭圆形，果皮墨绿色，上覆有黑色条纹。果肉深红色，质脆，多汁，中心含糖量13%～14%。单瓜重3.5～4.5千克。少籽瓜。适宜西广及华南地区露地栽培（图2-66）。

■ 图2-66　裕友美麒麟

■图2-67　京抗2号

3.京抗2号

北京农林科技学院蔬菜研究中心育成。全生育期90～95天，果实发育期30天左右。果实圆形，果皮绿色，上覆有深绿色条带。果肉红色，种少子，口感好。果实中心含糖量12%以上。单瓜重4～5千克。适宜北京、河北、山东、辽宁、黑龙江、吉林等地露地栽培（图2-67）。

■图2-68　庆发8号

4.庆发8号

黑龙江省大庆市农西瓜研究所育成。全生育期100～105天，果实发育期约33天。果实圆形，果皮绿色，上覆有较宽的黑色齿状带。果肉红色，质脆多汁，味纯甜爽口。果实中心含糖量12%左右，高者可达13.5%，中边梯度小。单瓜重7～10千克。籽少，每果仅70～120粒。适宜河北、河南、山东、江苏、安徽、湖南等地露地栽培（图2-68）。

■图2-69　新优20号

5.新优20号

全生育期90～98天，果实发育期29天左右。果实椭圆形，果皮墨绿色。果肉桃红色，质脆多汁，纤维少，风味好，中心含糖量12%左右，种子较少。单瓜重5～6千克。不裂果，耐运输。适宜新疆、甘肃等地露地栽培（图2-69）。

6.甜卫世纪星

黑龙江省青园种业有限公司经销。全生育期95～100天，果实发育期28天左右。果实近椭圆形，果皮深绿色，上覆有墨绿色条带。果肉红色，质脆味极甜，中心含糖量13%以上。单瓜重4～5千克。适宜东北、华北地区地膜覆盖露地栽培或北方小拱棚覆盖栽培（图2-70）。

■图2-70　甜卫世纪星

7.平优5号

浙江省平湖市西瓜豆类研究所育成。全生育期95～100天，果实发育期32天左右。果实椭圆形，果皮绿色，无条纹。果肉大红色，瓤质松脆，口感好，味甜，中心含糖量12%以上。单瓜重5～8千克。适宜江浙一带栽培（图2-71）。

■图2-71　平优5号

8.昌农黑冠

新疆昌农种业有限公司育成。全生育期100天左右，果实发育期35天左右。果实长椭圆形，果皮黑色，有蜡粉。果肉大红，中心含糖量12%左右。单瓜重10～12千克，最大18千克。长势强，易坐果，适应性广，抗病性强。我国各地均可栽培（图2-72）。

■图2-72　昌农黑冠

9.其他同类品种

有少籽巨宝、黑旋风、巨龙、庆农5号、禾山黑金等。

（二）高抗枯萎病的品种

中国西瓜甜瓜协会西瓜甜瓜病育种组和其他西瓜育种单位，近几年育成一批抗枯萎病的西瓜品种，在西瓜生产中发挥了抗病、增产作用。

1.西农10号

天津科润农业科技股份有限公司蔬菜研究所与西北农林科技大学合作育成。全生育期98～102天，果实发育期32天左右。果实长椭圆形，果皮绿色，上覆有黑色齿状条带。果肉大红色，瓤质细脆，风味好，中心含糖量11%左右。单瓜重6～8千克。高抗枯萎病，可适度连作。适宜陕西、河北、天津等地栽培（图2-73）。

■图2-73　西农10号

2.抗病黑旋风

天津科润农业科技股份有限公司蔬菜研究所育成。全生育期95～102天，果实发育期30～33天。果实椭圆形，果皮黑色。果肉红色，质脆沙，中心含糖量12%左右。单瓜重9千克以上，籽少。抗病性强，特抗西瓜枯萎病。适宜河北、天津等地露地栽培（图2-74）。

■图2-74　抗病黑旋风

3.先行者

全生育期95～100天，果实发育期30天左右。果实椭圆形，果皮绿色网纹，上覆蜡质白粉。果肉红色，肉质细脆，中心含糖量12%左右。单瓜重6～8千克。抗逆性强，高抗枯萎病，兼抗病毒病。适宜河南、河北、山东等地露地或地膜覆盖栽培（图2-75）。

■图2-75　先行者

4. 郑抗1号

■ 图2-76　郑抗1号

中国农科院郑州果树研究所育成。全生育期100天左右，果实发期30～32天。果实椭圆形，果皮绿色，上覆有深绿色不规则条带。果肉大红色，质细，纤维少，中心含糖量11%左右。单瓜重5～6千克。抗西瓜枯萎病。适宜河南、山东、河北等地露地栽培（图2-76）。

5. 丰乐旭龙

■ 图2-77　丰乐旭龙

合肥丰乐种业股份有限公司育成。全生育期95天左右，果实发育期30天。果实椭圆形，果皮深绿色，上覆有黑色齿状条带。果肉红色，中心含糖量11.5%～12.5%。单瓜重4～5千克。高抗枯萎病。适宜安徽、江苏等地露地栽培（图2-77）。

6. 台湾宝冠

■ 图2-78　台湾宝冠

全生育期95～100天，果实发育期32天左右。果实椭圆形，果皮绿色，上覆有深绿色网纹。果肉红色，质脆多汁，中心含糖量11.5%。单瓜重5～6千克。高抗枯萎病。适宜山东、河北等地露地栽培（图2-78）。

7. 美国重茬王

■ 图2-79　美国重茬王

山东济南学超种业有限公司引进。全生育期100天左右，果实发育期30天左右。果实椭圆形，果皮草绿色，上覆墨绿色双条窄带。果肉大红色，风味佳，中心含糖量11%以上。单瓜重10～20千克。高抗枯萎病兼抗疫病、炭疽病（图2-79）。

■图2-80　抗病3号

8.抗病3号

全生育期100天左右，果实发育期30天左右。果实短椭圆形，果皮黄绿色，有隐形网纹。果肉大红色，质细脆，梯度小，中心含糖量12%左右。单瓜重8～10千克。耐重茬，高抗枯萎病（图2-80）。

■图2-81　墨丰

9.墨丰

东方正大种子公司推出。全生育期102天，果实发育期32天。果实圆球形，果皮墨绿色至黑色。果肉大红色，质脆多汁，中心含糖量12%以上。单瓜重5～8千克。植株耐湿热，抗病性极强（图2-81）。

■图2-82　天使

10.天使

全生育期100天左右，果实发育期30天左右。果实椭圆形，果皮草绿色，有深绿色宽条带。果肉大红色，质细脆，梯度小，中心含糖量12%左右。单瓜重8～10千克。耐重茬，高抗枯萎病（图2-82）。

■图2-83　嘉年华

11.嘉年华

全生育期102天左右，果实发育期32天左右。果实椭圆形，果皮墨绿至黑色。果肉大红色，质脆多汁，种子大，中心含糖量12%以上。单瓜重6～8千克。植株耐湿热，抗病性强（图2-83）。

12.其他同类品种

有重茬黑霸王、双抗8号、重茬1号、墨冠1号、黑冠龙、星研7号、高抗9号、特懒大霸王、亚洲王、高抗88号、太空新八号、鲁青抗九号等。

13.新育成的晚熟品种

有必胜、仙都、喜都、农科9号、绿巨丰、晨露182、百臣、雷首、奥霸、卡其黑皮王等。

（三）独具特色的珍稀品种

在自然界，西瓜原本就有黑、白、绿、花、黄不同皮色和红、黄、白不同瓤色的品种存在，但由于其产量、品质、抗性及适应性的不同，特别是由于受生产者、消费者价值观的取向所影响，有些品种，栽培面积会迅速扩大，而有些品种，栽培面积会越来越小，甚至会绝种。如白皮、白瓤、白籽的“三白”，浅绿网纹皮、白瓤的“冰激凌”等。随着人们生活水平的不断提高，消费市场需要多样化，西瓜品种需要多样化。目前西瓜育种工作者已选育出一部分独具特色的西瓜新品种，现介绍如下：

1.黄瓤品种

果肉金黄色，瓤质细嫩多汁，纤维少，有冰糖风味。

（1）冰晶　袁隆平农业高科技股份有限公司湘园瓜果种苗分公司育成。全生育期85天，果实发育期27天左右。果实高圆形，果皮浅绿色，上覆17条深绿色条纹。果肉晶黄瓤，质细脆，纤维少，味甜多汁，中心含糖量12%左右。单瓜重1～1.5千克。适宜多季棚室栽培（图2-84）。

图2-84　冰晶

■图2-85 小兰

■图2-86 金元宝

■图2-87 中选12号

（2）小兰 我国台湾农友种苗公司育成。全生育期80天左右，果实发育期25天左右。果实近圆形，皮色浅绿，上覆青色细条纹。果肉黄色晶亮，质细脆多汁，中心含糖量12%左右，种子小而少。单瓜重1.5～2千克。适宜冬春棚室栽培（图2-85）。

（3）金元宝 全生育期95天左右，果实发育期30天左右。果实圆球形，果皮浅绿色，上有深绿色条带。果肉金黄色，瓤质细嫩，风味佳，中心含糖量12%左右。平均单瓜重3千克左右（图2-86）。

（4）中选12号 中国农科院蔬菜花卉研究所育成。全生育期90天左右，果实发育期29天左右。果实高圆形，果皮底色浅绿，上覆墨绿色齿状条带。果肉金黄色，持细脆甜，中心含糖量11%以上。皮薄耐贮运。平均单瓜重3千克左右。适宜北京、河北、辽宁等省市早熟栽培（图2-87）。

（5）金鹤玉凤 广东珠海裕友种苗有限公司育成。极早熟品种，全生育期90天左右，果实发育期28天左右。果实高球形，果皮浅绿色，上有深绿色纵向条纹。果肉晶黄美观，中心含糖量12%左右。单瓜重1.5千克左右。瓜皮极薄，高温多雨天气成熟时易裂果。适宜北方地区棚室内早熟栽培（图2-88）。

■图2-88　金鹤玉凤

（6）阳春　合肥华夏西甜瓜科学研究所育成。全生育期90天左右，果实发育期28天左右。果实高圆形，果皮翠绿，上覆有墨绿色条带。果肉金黄色，质细爽口，中心含糖量12%～13%，梯度小，品质上等。单瓜重平均2千克。耐低温弱光，抗性强。适宜各地早熟栽培（图2-89）。

■图2-89　阳春

（7）黄小玉　湖南省瓜类研究所育成的一代杂交新品种。全生育期85～90天，果实发育期26天左右。果实高圆形，单瓜重2千克左右。果皮厚约3毫米，不裂果，果肉金黄色略深，含糖量12%～13%，肉质细，纤维少，籽少，品质极佳。抗病性强，易坐果，极早熟。适于大棚早熟覆盖栽培（图2-90）。

■图2-90　黄小玉

（8）黄小宝　全生育期85～90天，果实发育期28天左右。果实圆球形，黑皮光滑，瓜瓤黄色，肉细味甜，种子少，品质好；中心含糖量11.5%。抗病性强。适合于设施栽培（图2-91）。

■图2-91　黄小宝

■图2-92　金帅2号

■图2-93　丰乐8号

■图2-94　金玉6号

（9）其他黄瓤品种　与以上品种大同小异的其他品种有桔宝、新小兰、甜妞、蜜露、华晶6号、春兰、小黄宝、黄冠、京阑、早黄宝、玉蛟龙等。

2.黄皮品种

果皮金黄色，外观美丽。但这类品种，一般抗病性较差，产量较低，所以要求较高的栽培技术。

（1）金帅2号　中国农科院蔬菜花卉研究所育成。全生育期80～90天，果实发育期28～30天。果实短椭圆形，果皮金黄色，果肉浅黄色，质脆多汁，中心含糖量11%左右。果皮薄而韧，耐贮运。平均单瓜重4千克左右（图2-92）。

（2）丰乐8号　安徽省合肥丰乐种业股份有限公司育成。全生育期85～90天，果实发育期28天左右。果实圆形，果皮黄色，覆有深黄色暗条带。果肉红色，质脆，中心含糖量11%左右。果皮薄而韧，耐贮运。单瓜重3～4千克（图2-93）。

（3）金玉6号　全生育期75～85天，果实发育期22～25天。果实圆球形，果皮金黄色，油亮，上覆深黄色花纹。果肉金黄色，质脆味甜，中心含糖量11%～12%。单瓜重1.5～2千克（图2-94）。

（4）金红宝 全生育期85～90天，果实发育期25～28天。果实高圆形，果皮深金黄色，果肉红色，瓤质细，脆而多汁，中心含糖量11.5%左右。单瓜重2～3千克（图2-95）。

■图2-95 金红宝

（5）华晶3号 河南省孟津县西瓜协会育成。全生育期80～90天，果实发育期25～28天。果实圆形，果皮金黄色，上覆深黄色暗细条带。果肉红色，质脆汁多，口感甜爽，中心含糖量11%左右。单瓜重1.5千克左右。皮薄耐韧。耐旱、耐涝，易坐果，抗病性较强（图2-96）。

■图2-96 华晶3号

（6）金美人 全生育期85～90天，果实发育期26～28天。果实长椭圆形，果皮金黄色，上覆深黄色暗细条带。果肉红色，质脆汁多，口感甜爽，中心含糖量11%左右。单瓜重1.5千克左右。皮薄而韧，耐储运，抗病性较强（图2-97）。

■图2-97 金美人

（7）其他黄皮品种 见图2-98至图2-111。

■图2-98　黄金碧

■图2-99　金珠

■图2-100　金美人无籽

■图2-101　航兴3号

■图2-102　金兰

■图2-103　泉鑫2号

■图2-104　黄小福

■图2-105　黄珍珠

■图2-106　黄京欣

■图2-107　金红宝3号

■图2-108　金冠龙

■图2-109　金福

■图2-110　金碧辉煌

■图2-111　金鹰

3.白瓤品种

白瓤西瓜原为野生西瓜。在非洲和欧洲的许多国家多用作饲料。19世纪末始选育出食用品种，20世纪初“三白”西瓜品种传入我国德州、菏泽、昌乐等地。近年来，通过引进、选育，育成了我国稀有的珍贵品种。

（1）京雪　北京市农林科学院蔬菜研究中心育成。全生育期100天左右，果实发育期28～30天。果实圆形，果皮绿皮，上覆墨绿色中宽条带。果肉白色，着生种子部位常出现粉红色“眼圈”，瓤质酥脆爽口，中心含糖量11%左右。单瓜重4～5千克（图2-112）。

（2）冰激凌　从日本引进的一代杂交种。全生育期95～105天，果实发育期30～32天。果实近圆形，果皮浅绿皮，上覆有深绿色网状细纹。果肉乳白色，质脆、细嫩、多汁，有冰糖味，中心含糖量10.5%～11%。单瓜重3.5～5千克。

■图2-112　京雪

（3）其他的白瓤品种　德州三白、昌乐埃及等。

4.拇指西瓜

即佩普基诺，一般称拇指西瓜。全生育期65～90天，果实发育期23～26天。果实椭圆形，长3厘米左右，直径1.8厘米左右，皮深绿色，瓜瓤青绿色，皮极薄，可以连果皮一起吃。瓜子极小，如白芝麻粒。“拇指西瓜”有两种颜色和形状，一种是淡绿色带花纹的，果实通常是椭圆形，青瓤白籽；另一种是深绿和黄色相间的，果实椭圆形，红瓤黑籽（图2-113、图2-114）。

■图2-113　佩普基诺一号

■图2-114　佩普基诺二号

三、无籽西瓜的主要品种

无籽西瓜栽培历史较短，品种较少。但我国从20世纪70年代起即投入大量人力物力进行研究，现已育成了不同皮色、不同瓤色及不同果型等多种类型的新品种。

（一）黑皮红瓤品种

这类品种果皮硬度大，韧而具弹性。果肉脆，甜度高，抗病性强。

1.黑蜜2号

中国农科院郑州果树研究所育成。中晚熟品种。全生育期100～110天，果实发育期36～40天。果实圆球形，皮色墨绿，覆有隐暗墨色宽条带。瓜瓤红色，质脆多汁，中心含糖量11%以上。果皮厚1.2厘米，坚硬而具弹性，耐贮运，采收后在室温下贮藏20天亦风味不变。单瓜重5～7千克，最大可达10千克（图2-115）。

■图2-115　黑蜜2号

黑蜜2号是目前国内制种量最大、栽培范围最广的无籽西瓜品种，在南方和北方均有大量栽培。

■ 图2-116 雪峰无籽304

2. 雪峰无籽304

湖南省瓜类研究所育成。中熟品种，全生育期95天～100天，果实发育期35天左右。果实圆球形，果皮黑色，上覆有深黑色暗条纹。果肉红色，肉质脆沙，无着色秕籽。皮厚1.2厘米。果实中心含糖量12%左右。单瓜重7～8千克。适宜我国南、北各省市露地或小拱棚栽培（图2-116）。

■ 图2-117 洞庭1号

3. 洞庭1号

湖南省岳阳市农业科学研究院育成。全生育期105天左右，果实发育34天左右。果实圆球形，果皮墨绿色，上覆有蜡粉。皮厚1.1厘米左右。果肉红色，瓤质脆细嫩，中心含糖量11.5%～12%。单瓜重5～8千克。该品种耐湿热，适宜湖南、湖北等地栽培（图2-117）。

■ 图2-118 郑抗无籽2号

4. 郑抗无籽2号

中国农业科学院郑州果树研究所育成。中晚熟品种。全生育期105～110天，果实发育期35天左右。果实椭圆形，果皮黑色至墨绿色。果肉红色，质脆细，不空心，不倒瓤，白色秕籽少而小。果实中心含糖量11%～12%。单瓜重6～7千克。适宜我国北方各地栽培（图2-118）。

5.黑宝无籽

中熟品种，全生育期105～108天，果实发育期35天左右。果实圆形，果皮黑色，光亮。果肉大红色，质酥脆，纤维少，中心含糖量12%左右。单瓜重7～9千克。适宜安徽、江苏、浙江等地区露地栽培（图2-119）。

■图2-119 黑宝无籽

6.世纪304

新疆昌农种业有限公司选育。全生育期105天，果实发育期32～35天。果实圆形，果皮黑色油亮。果肉鲜红色，无着色秕籽，中心含糖量13%左右。易坐瓜，适应性广，抗病性强。平均单瓜重8千克左右。适宜全国各地栽培（图2-120）。

■图2-120 世纪304

7.黑马王子

湖南省瓜类研究所选育。全生育期105天，果实发育期36天左右。果实圆形，果皮墨绿色，上有蜡粉。果肉鲜红，质脆风味佳，中心含糖量12%以上。果皮硬而韧，耐贮运。单瓜重6～8千克。适宜全国各地栽培（图2-121）。

■图2-121 黑马王子

■图2-122　黑蜜5号

■图2-123　黑巴顿

8.黑蜜5号

全生育期110天，果实发育期33天左右。果实圆形，果皮墨黑。果肉红色，质脆，中心含糖量12%左右，梯度小。单瓜重6～7千克。适宜全国各地栽培（图2-122）。

9.蜜都无籽

湖南省瓜类研究所选育。全生育期100天左右，果实发育30天左右。果实高圆形，果皮深绿底色，上有墨绿色暗条带。果皮厚1.2厘米，硬耐韧，耐贮运。果肉鲜红，质细脆，中心含糖量12%左右。白秕子小而少。适合长江南一带种植。

10.黑巴顿

全生育期100～105天，果实发育期35天左右。果实椭圆形，果皮黑色，上有隐形细条纹。果肉大红，质脆爽口，中心含糖量12%以上。单瓜重8～10千克。长势强，易坐果，适应性广，抗病性强。全国各地均可栽培（图2-123）。

11.农友新一号

我国台湾农友种苗公司选育。全生育期100天左右，果实发育期33天左右。果实高圆形，果皮浓绿色，上覆墨绿色条带。果肉鲜红，品质佳，中心含糖量12%左右。单瓜重6～8千克。适宜我国各地栽培。

12.其他同类品种

有黑美人无籽、雪峰无籽、黑神无籽、黑巨霸无籽、蜜宝无籽、78366无籽、昌乐无籽、商道二号、暑宝、禾山无籽一号、湘育308、兴科无籽2号、庆发无籽1号、三系路1号、禾山昆仑等。

（二）绿皮红瓤品种

这类品种多数瓜皮较薄，但抗病性和耐贮运性一般不如黑皮品种。

1.绿宝无籽

中国农科院郑州果树所育成。全生育期100天左右，果实发育期30天左右。果实短椭圆形，绿皮网纹。果肉大红，质脆甜多汁，中心含糖量12%以上。白秕子少而小。平均单瓜重5千克以上。露地、大棚、温室栽培均可。适宜保暖、潮湿气候条件下栽培（图2-124）。

■图2-124　绿宝无籽

2.广西5号

广西农科院园艺研究所选育。全生育期105天，果实发育期32天左右。果实椭圆形，果皮深绿色，坚韧，皮厚1.1～1.2厘米，耐贮运。果肉鲜红色，质细嫩爽口，中心含糖量12%左右。不空心，不裂果。平均单瓜重5～6千克。适宜我国长江以南各地栽培。

■图2-125　春韵二号

3.春韵二号

东方正大种子公司选育。全生育期105左右，果实发育期33天左右。果实圆形，果皮深绿色，略显墨绿细条纹，有较厚蜡粉。果肉大红，口感好，中心含糖量12%左右。单瓜重7～8千克。抗病性较强。适宜春季露地和保护地栽培（图2-125）。

4.商道4号

山东鲁青园艺研究所、鲁青种苗有限公司选育。全生育期98～100天，果实发育期32天左右。果实高圆形，果皮绿色，上有深绿色细网纹。果肉大红，质脆不倒瓤，品质风味一流，中心含糖量12%以上。单瓜重5～6千克。适宜露地和保护地栽培（图2-126）。

■图2-126　商道4号

■图2-127 玉童

5.玉童

先正大种业集团选育。全生育期95～100天，果实发育期32天左右。果实圆球形，果皮浅绿，上有青色网纹。果肉鲜红，质细嫩，中心含糖量12.5%～13.5%。单瓜重3～4千克。适宜棚室早熟或多茬栽培（图2-127）。

6.其他同类品种

有新红宝无籽、风山一号、无籽新秀等。

（三）花皮红瓤品种

这类品种果型较大，产量高，但瓤质和风味，多数不如黑皮类品种。

■图2-128 无籽京欣1号

1.无籽京欣1号

国家蔬菜工程技术研究中心选育。全生育期98～100天，果实发育期28～30天。果实近圆形，果皮绿，上覆有黑色中宽条带。果肉桃红色，质脆嫩，中心含糖量12%以上，且梯度小。单瓜重6～7千克。耐低温弱光，易坐果。适宜保护地和露地早熟栽培（图2-128）。

■图2-129 国蜜2号

2.国蜜2号

国家蔬菜工程技术研究中心选育。全生育期100天左右，果实发育期35天左右。果实近圆形，果皮深绿色，上覆黑色宽条带。果肉红色，品质好，中心含糖量12%左右。单瓜重7～8千克。生长势强健，易坐果，抗病性强。适应性广，适宜全国各地露地或保护地区栽培（图2-129）。

3. 小龄童无籽4号

全生育期85～90天。果实发育期28天左右。果实椭圆形，果皮绿色，上覆墨绿色条带。果肉鲜红色，味甜质脆，中心含糖量13%左右。易坐果，单瓜重3～5千克。适应性广，抗病性强，全国南北方均可栽培（图2-130）。

■ 图2-130 小龄童无籽4号

4. 花蜜5号

新疆昌农种业有限公司选育。全生育期105天左右。果实发育期35天左右。果实高圆形，果皮浅绿色，上覆绿色宽条带。果肉大红，质细脆爽口，中心含糖量13%左右。适应性广，抗病性强，适宜露地和保护地栽培（图2-131）。

■ 图2-131 花蜜5号

5. 春韵1号

东方正大种子公司选育。全生育期100天左右，果实发育期32天左右。果实圆球形，果皮绿色，上覆墨绿色条带。果肉大红，口感好，甜度高，中心含糖量12.5%。单瓜重7～8千克。果型整齐，产量高，适应性广，抗病性强。全国各地均可栽培。

■ 图2-132 雪峰花皮无籽

6. 雪峰花皮无籽

又名湘西瓜5号。湖南省瓜类研究所育成。中熟品种，全生育期95～100天，果实发育期35天左右。果实圆形，果皮浅绿色，上覆有17条深绿色宽条带。果肉桃红色，中心含糖量11.5%。单瓜重5～6千克。适宜湖南、贵州等省市露地栽培（图2-132）。

■ 图2-133　郑抗无籽1号

7.郑抗无籽1号

中国农业科学院郑州果树研究所育成。全生育期95～100天，果实发育期31天左右。果实椭圆形，果皮浅绿色，上覆有深绿色齿状条带。果肉红色，质脆，中心含糖量11%以上。单瓜重6～7千克。适宜河南、河北等省及相同生态区栽培（图2-133）。

■ 图2-134　丰乐无籽2号

8.丰乐无籽2号

合肥丰乐种业股份有限公司育成。中熟品种，全生育期105天左右，果实发育期33天左右。果实圆球形，果皮浅绿色，上覆有墨绿色齿状窄条带。果皮厚1.2厘米。果肉红色，纤维少，中心含糖量11.5%左右。单瓜重6～8千克（图2-134）。适宜我国西北、华北、华东等地区露地栽培（铺地膜）。

■ 图2-135　翠宝3号

9.翠宝3号

新疆八一农学院与昌吉园艺场合作育成。中熟品种，全生育期1.1厘米，耐贮运。果肉红色，质脆，中心含糖量12%左右。单瓜重5～6千克。适宜新疆、甘肃等地区露栽培（图2-135）。

■ 图2-136　花蜜无籽

10.花蜜无籽

北京北农西甜瓜育种中心育成。全生育期100天左右，果实发育期30～33天。果实高圆形，果皮绿色，上覆黑色齿状条带。果肉红色，质脆嫩，中心含糖量12%左右。单瓜重6～8千克。适宜我国北方各地区栽培（图2-136）。

11.其他同类品种

有国龙、元帅、嘉丽、春蜜、秀雅、超新一号、鲁青无籽一号、郑抗无籽一号、新秀一号、红宝石、蜜红无籽、花蜜无籽、翠蜜花霸、帅童等。

（四）黄瓤品种

这类品种包括绿皮黄瓤、花皮黄瓤和黑皮黄瓤品种。

1.无籽京欣4号

北京市农林科学院蔬菜研究中心育成。中熟品种，全生育期105天左右，果实发育期33天左右。果实圆形，果皮绿色，上覆有墨绿色窄条带。果肉黄色，着色均匀，质地脆嫩，中心含糖量11%以上。平均单瓜重约6千克。适宜华北各地小拱棚或露地栽培（图2-137）。

■ 图2-137　无籽京欣4号

2.黄宝石无籽4号

中国农业科学院郑州果树研究所育成。中熟品种，全生育期100～105天，果实发育期30～32天。果实圆球形，果皮墨绿至黑色，上覆有黑色暗宽条纹。皮厚1.2厘米。果肉黄色，纤维少，无着色秕子，中心含糖量11%以上。单瓜重5～7千克。适宜我国西北、东北、华北、华东等地区露地栽培（图2-138）。

■ 图2-138　黄宝石无籽4号

3.雪峰蜜黄无籽

湖南省瓜类研究所育成。中熟品种，全生育期95天左右，果实发育期33～35天。果实圆球形，果皮绿色，上覆有深绿色纹状条纹。果肉金黄色，瓤质细脆，中心含糖量12%以上。单瓜重4～5千克。适宜湖南及相同生态地区栽培。

4.洞庭3号

湖南省岳阳市农业科学研究所育成。中熟品种，全生育期103天左右，果实发育期33天左右。果实圆球形，果皮深绿色。果肉鲜黄色，质脆爽口，中心含糖量11.5%以上。单瓜重5～7千克。适宜湖南、湖北等地栽培。

■图2-139　花蜜2号

5.花蜜2号

北京北农西甜瓜育种中心育成。中熟品种，全生育期100～105天，果实发育期33～35天。果实圆形，果皮浅绿色，上覆有深绿色条带。果肉金黄色，瓤质脆嫩，有清香味，中心含糖量12%。单瓜重6～10千克。适宜北京、河北、天津等地区露地栽培（图2-139）。

6.含金

新疆益海昌农种业有限公司选育。全生育期105天左右，果实发育期32天左右。果实圆球形，果皮墨黑，有蜡粉。果肉晶黄，汁多味美，中心含糖量12%左右。单瓜重6～7千克。适应性广，抗病性强。皮特硬，耐贮运。凡种过蜜福无籽和黑蜜2号无籽西瓜的地区均可栽培。

7.其他同类品种

有洞庭6号、玉黄无籽、黄露无籽等。

（五）黄皮品种和袖珍无籽西瓜品种

这类品种属特色品种，要求较高的栽培技术。适宜棚室或露地多季栽培。其果实多作为礼品或高档商品水果投放市场。

1.金太阳无籽1号

中国农业科学院郑州果树研究所育成。中熟品种，全生育期110天左右，果实发育期30～32天。果实圆球形，果皮金黄色，果肉大红色，瓤质硬脆，白色秕子少而小，果实中心含糖量11.5%。单瓜重6～8千克。适宜有无籽西瓜栽培经验的地区栽培（图2-140）。

■图2-140 金太阳无籽1号

2.金蜜1号

中国农业科学院蔬菜花卉研究所育成。中熟品种，全生育期100天左右，果实发育期35天左右。果实高圆形，果皮深金黄色，果肉深红色，质细脆多汁，中心含糖量12%左右。单瓜重4～6千克。适宜地区同金太阳无籽1号（图2-141）。

■图2-141 金蜜1号

3.金蜜童

先正达种业有限公司推出。全生育期95～100天，果实发育期30天左右。果实高球形，果皮黄色，上覆深黄色窄条纹。果肉红，质脆嫩，中心含糖量12.5%～13.5。单瓜重2.5～3千克。可连续坐果，品质优，耐贮运。适应性广，适合全国各地棚室栽培。

4.小玉黄无籽

湖南省瓜类研究所育成。早熟品种，全生育期85～87天，果实发育期28天左右。果初高圆形，果皮绿色，上覆有深绿色细纹状条纹。果肉金黄色，口感风味极佳，中心含糖量12.5%～13%。果皮极薄，约0.5厘米。单瓜重1.2～2千克。适宜华北、华东地区棚室栽培和华中、华南露地栽培。

5.雪峰小玉红无籽

湖南省瓜类研究所育成。早熟品种，全生育期88～90天，果实发育期28～29天。果实高圆形，果皮绿色，上覆有深绿色虎纹状条带。果肉鲜红色，中心含糖量12%～13%。单瓜重1.5～2千克，每株可结果2～3个。适宜华北、华东地区棚室栽培，南方可露地栽培（图2-142）。

■图2-142 雪峰小玉红无籽

■图2-143　金福无籽

6. 金福无籽

湖南省瓜类研究所育成。早熟品种，全生育期86～88天，果实发育期28天左右。果实高圆形，果皮金黄色。果肉桃红色，中心含糖量12%～13%。果皮厚度约0.5厘米。单瓜重1.5～3千克。适宜华北、华东地区棚室栽培、南方可露地栽培（图2-143）。

■图2-144　蜜童

7. 蜜童

先正达种业公司推出。全生育期95～100天，果实发育期28～30天。果实球圆形，果皮绿色，上覆墨绿色宽条带。果肉鲜红，纤维少，汁多味甜，中心含糖量12%以上。瓜皮韧性大，耐贮运。平均单瓜重2.5千克。适宜各地棚室栽培（图2-144）。

■图2-145　先甜童

8. 先甜童

先正达种业公司推出。全生育期100～105天，果实发育期32～35天。果实近圆形，果皮浅绿色，上覆青黑色宽花条带。果肉鲜红，中心含糖量12%左右。品质佳，耐贮运。单瓜重2.5～3千克。适宜保护地早熟栽培（图2-145）。

■图2-146　小玉无籽4号

9. 小玉无籽4号

湖南省瓜类研究所选育。全生育期100天左右，果实发育期32天左右。果实圆球形，果皮深黄色，略显细纹。果肉黄色，风味好，中心含糖量11.5%以上。单瓜重2～3千克。适宜棚室保护栽培（图2-146）。

10. 同类品种

有墨童、帅童、玉童。

第三章　西瓜育苗技术

第一节　西瓜常规育苗

一、育苗前的准备

（一）营养土的配制

1.原料

用于配制育苗营养土的原料有园土、河泥、炉灰、牛粪、骡马粪、家禽粪、人类尿等。工厂化育苗和无土育苗则多用育苗基质（图3-1）。

图3-1　育苗基质

2.配方

苗床营养条件的好坏对幼苗的生长发育起决定作用。苗床营养土的组成不仅要有各种矿质元素，还要有丰富的有机物质。同时，还要有良好的物理结构。据此列出17种配方，各地可因地制宜选用（表3-1）。

表3-1 不同原料的营养土配方/%

原料＼配方	1	2	3	4	5	6	7	8	9	10	11	12	13	14	15	16	17
田园土	60	80	60	60	60	70	60	50	60	50	40	70	60	60	50	50	50
河塘泥							10	20			20						20
细沙土	5		10							15		10		10			
泥炭土					10										10		
骡马粪	30		20	20	10	10	10			25	10		10		10		
牛粪																10	10
鸡粪		20	10		10	10	10	10		10							
羊粪											10			15			
兔粪												15	20		10		
草木灰									10								
厩肥							10	10	30		10				5	20	20
炉灰				10				10			10	5	10	5	10		
人粪尿	5			10	10	10								10	5	20	

3.调制

营养土按各种原料的配合比例掺匀调好，在每立方米营养土中再加入尿素0.25千克、过磷酸钙1千克、硫酸钾0.5千克，或者加入三元复合肥1.5千克，以增加营养土中的速效肥含量。营养土在育苗或装钵前应充分调匀并过筛（图3-2、图3-3）。

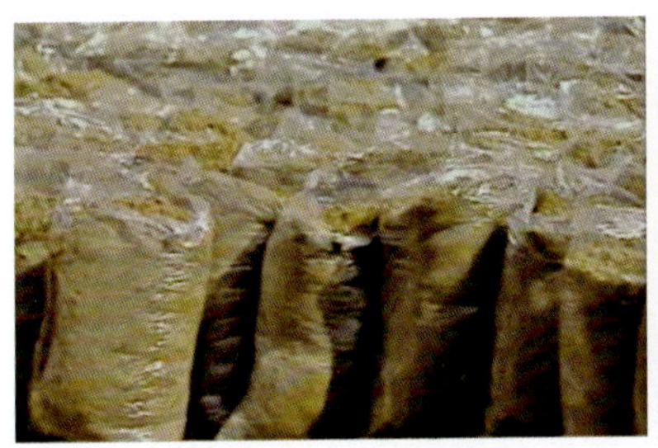

■图3-2　配方营养土

■图3-3　根据需要配方中可添加磷钾肥

4.注意问题

在配制育苗营养土时，应注意：

（1）原料中的有机肥一定要堆沤腐熟，以免发生烧苗或传播病菌、虫卵。

（2）加入速效化肥，要严格按比例掺入，并充分调和均匀。

（3）选用的园土应与所育幼苗不重茬。

（二）育苗容器（营养杯）的选择

营养杯（钵）

是在营养土块的基础上创制的育苗容器。目前生产中常用的主要有纸筒、塑料杯（钵）、育苗盘等。

（1）纸筒　以旧报纸为材料折叠粘合而成。具体做法是：先裁好旧报纸，大张（对开）报纸横八竖二折叠，裁成16小块；小张（四开）报纸横四竖二折叠，裁成8小块。然后将裁好的长条纸短边用糨糊粘住，这样就成为高10厘米、直径8～9厘米的圆纸筒。这种规格的纸筒一般用来培育瓜类或其他不分苗的大规格幼苗。对一些苗期根系较小，或根系再生能力较强的蔬菜育苗时，可使用较小规格的纸筒，如可将对开的大报纸横十竖三折叠，裁成30小块；四开的小报纸横五竖三折叠，裁成15小块。然后用与制作大规格的纸筒同样的方法把短边用糨糊粘住，就成为高约8厘米、直径约6厘米的圆纸筒。

播种前一天装纸筒。装时一人在床畦内摆放纸筒，一人往纸筒里装营养土。装土时先装至三分之二处，用手指或木棒轻轻捣几下，然后再继续装，使其上松下紧。纸筒不可装得太满，以土面与纸筒上口相平为宜。

（2）塑料袋（筒） 利用废旧塑料薄膜剪成长20～30厘米，宽8～10厘米的长条，用缝纫机或订书机将两个短边缝接起来，成为圆筒。这是在过去塑料袋的基础上改进的。过去使用有底的塑料袋育苗，底部需扎上几个渗水眼（小孔），既费工又束缚幼苗根系的伸展。使用直径为6～8厘米的塑料筒更为简便，只要截成8～10厘米高的圆筒即可。将配好的育苗营养土装入筒中即能育苗。装入营养土的方法与（1）完全相同。装好的袋摆放如图3-4所示。

（3）塑料钵 是由工厂或作坊生产的，专门用于育苗的成品钵。其形状如小花盆，有多种规格，也可以订做。用塑料钵育苗，虽然一次投资较大，但可以连续使用多次，而且使用方便，育苗效果好，便于运输，且不散不破钵，是较理想的育苗容器。

用塑料钵育苗，是把营养钵并排在育苗畦面上，装满营养土后用手搞实落，有装不满的再装满，然后用耙子耙平，播种前浇水时，再检查一下畦面（钵内的土）平不平，沉下去的再放上点营养土，把畦面找平。

（4）育苗盘 我国目前采用较多的是塑料片材吸塑而成的美式盘，一般长54.6厘米、宽27.5厘米，深度因孔径大小而异。根据孔径大小和孔数的不同，可分为各种规格。此外，目前市场上还出现韩式盘，读者可根据质量和价格比较后选用。我国北方冬春育西瓜苗多选用50孔盘。育苗盘可用于工厂化育苗和无土育苗，也可用于棚室内育苗。可常年反复使用，且易于长途搬运幼苗。见图3-5。

■图3-4 塑料袋内装好育苗土

■图3-5 各种育苗盘

二、播前种子处理

（一）挑选种子

一般手工操作，即用手将劣质种子挑除。

（二）种子消毒

种子消毒有物理和化学（药剂）两类方法。老西瓜产区多采用物理方法，如温水浸种和开水快速烫种方法。

1.温水浸种

也叫温汤浸种。即将西瓜种子浸泡于55℃的温水中搅拌15～30分钟，然后自然冷却取出种子进行浸种催芽。或者先将种子浸入冷水中1～3小时，使种皮吸收较多的水分，让种子上的病菌恢复活动，以利于被温水杀死。然后将种子放入55℃的热水中浸泡杀菌。在热水中浸泡的时间长短，以病菌的耐热能力而定。如蔓枯病菌在55℃条件下经10分钟死亡，用热水浸种即可浸15分钟。防治炭疽病可浸种15分钟，防治枯萎病可浸种10分钟，防治病毒病可浸种30～40分钟。在浸种时间内水温一定要始终保持55℃，水温过高会烫伤种子，水温不足起不到杀菌的作用。如水温降低，可加入热水。在浸种时间内，要适当搅拌，防止种子受热不均匀。如种子受热不均匀，有的种子可能被烫伤。浸足时间后，应立即将种子捞出，放入冷水中降温。如采用点播机直播时，浸种后可晾干种皮播种，如果阳畦育苗或人工点播，可接着浸种催芽。

2.开水快速烫种

即用90℃以上的热水快速烫种消毒，并接着浸种。具体方法，是先准备好两个水瓢（或塑料水勺），在一个瓢内盛开水，一个瓢内盛种子，将种子倒入盛开水的瓢内，立即迅速往返倒换，直至水温降到50℃左右时，捞出种子，另换30～40℃的干净温水，在室温下浸泡8～10小时，搓洗数次，然后捞出催芽。注意在烫种时一定要迅速不停地从这个瓢倒入那个瓢，停留时间稍长就可能烫伤种子。

3.药剂消毒

就是把可能带有病菌的西瓜种子，浸入药液中消毒。最常用的药液有高锰酸钾、40%福尔马林等。

防治枯萎病和蔓枯病，可用40%福尔马林水剂150倍液，浸种30分钟，也可用50%多菌灵可湿性粉剂500倍液，浸种1小时，或用2%～4%漂白粉液，浸种30～60分钟。

防治炭疽病，除可用上述药剂和浸种同样时间外，还可用硫酸链霉素100～150倍液（必须用蒸馏水稀释），浸种10～15分钟。此外，10%磷酸三钠浸种10分钟可防病毒病；二氯萘醌、福美双（TMTD）、克菌丹等均可进行种子消毒。

西瓜种子用药剂浸种后，必须用清水冲洗净药剂才可进行浸种催芽，否则可能发生药害。

4.强光晒种

在春夏季节育苗时，可选择晴朗无风天气，把种子摊在布、纸或草席上，厚度不超过1厘米，使其在阳光下暴晒，每隔2小时左右翻动一次，使其受光均匀。阳光中的紫外线和较高的温度，对种皮上的病菌有一定的杀伤作用。晒种时不要放在水泥地、铁板或石头等物上，以免影响种子的发芽率。晒种除有一定的杀菌作用外，还可促进种子后熟、增强种子活力、提高发芽势与发芽率、打破休眠期等。

（三）浸种

为了加快种子的吸水速度，缩短发芽和出苗时间，一般都应进行浸种。浸种的时间因水温、种子大小、种皮厚度而异，水温高、种子小或种皮薄时，浸种时间短。反之，则浸种时间延长，一般在6～10小时范围内。

将经或灭菌消毒处理过的种子，洗去表面的药液和黏质物后，在准备好的水中浸种。

1.冷水浸种

用室温下的冷水浸种，一般6～10小时即可，浸种期间每隔3小时左右搅拌1次。最后用手搓去黏附物进行催芽。见图3-6。

■图3-6 搓去黏附物

2.恒温浸种

用25～30℃左右的温水，在恒温条件下浸种，一般浸4～6小时。

3.温烫浸种

这是常用的浸种方法，具体方法见【（一）种子消毒1.】。

4.浸种注意事项

（1）浸种时间要适当，时间过短时种子吸水不足，发芽迟缓，甚至难以发芽；时间过长则会导致吸水过多，造成浆种，同样影响种子发芽。用冷水浸种时，浸泡时间可适当延长，温水或恒温条件下浸种时，浸泡时间应适当缩短。

（2）利用不同消毒灭菌方法处理的种子，浸种时间应有所区别。如用高温烫种的，由于在温度较高的水中，蔬菜种子软化的速度快，吸收速度也快，达到同样的吸水量所用浸种时间会大大缩短，若用25～30℃的恒温浸种时，所需时间会更短，一般3个小时即可达到种子发芽的适宜含水量，浸种时间再长，反而会因吸水过多而影响种子发芽，严重者会使种子失去发芽能力。药剂处理时间较长时，浸种时间也应适当缩短。

（3）在浸种前已进行种子锻炼的，其浸种时间也应适当缩短。

浸种完毕，将种子在清水中洗几遍，并反复揉搓，以洗去种子表面的黏质物，以利种子萌发。

（四）催芽

1.种子催芽的方法

（1）恒温箱催芽法　即利用科研或生产上常用的恒温发芽箱或恒温培养箱催芽，因有自动控温装置，能控制恒定的温度，因此该种方法最为安全可靠。催芽时先将控制盘或控制旋钮调到适宜的刻度上，打开开关通电加热，然后将湿纱布或湿毛巾放在一个盘或其他容器上，把种子平摊在湿纱布上，再盖上1～3层湿纱布，种子要摊匀。最后，将盘放入恒温箱中，令其催芽（见图3-7）。每天要将种子取出1～2次，用干净的温水冲洗，沥干水后再重新放入。当胚根露出时即可播种。这种方法温度稳定，发芽条件好，发芽快而整齐。如果没有恒温

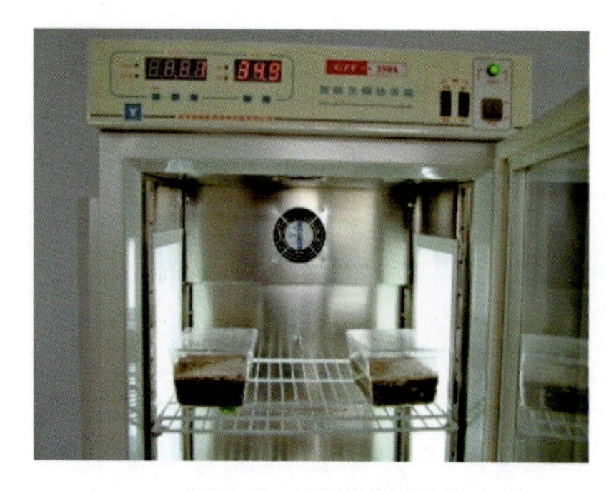

■图3-7 恒温箱催芽

箱，也可自制温箱进行催芽。自制温箱的方法是，取完整的小纸箱一个，将一只100瓦的红色电灯泡或白炽灯泡，接通电源并放入纸箱内（电灯线最好用花线，由纸箱上盖穿孔引入），使灯泡吊在纸箱下方正中。然后将经过浸种的蔬菜种子，放在离电灯泡下5厘米左右的位置，盖好纸箱保温催芽。要每隔4～5小时检查一次，可取出种子，用温水浸湿纱布后再包好种子，当胚根露出后即可播种。

（2）火炕催芽　就是在热炕上铺一层塑料薄膜，在薄膜上再铺一层湿布，然后将浸过的蔬菜种子和一支管式温度计用纱布包好，放在湿布上，上面再覆盖一层塑料薄膜，最上面盖棉被等保温。每隔4～5小时看一下温度计，使催芽温度维持在该菜种发芽的适宜温度下，当胚根露出后即可播种。如温度低时应烧火加温；温度高时可将种子由炕头向炕尾温度较低处移动，也可在放种子的炕面上垫一层隔热物（纸或布等）。尤其是夜间应特别注意观察温度的变化情况。

（3）保温瓶催芽　利用保温瓶催芽是近年来菜农创造的一种简易催芽法，具体做法是先将保温瓶及包裹用的纱布用开水烫过，然后将浸过种的蔬菜种子用湿纱布包起来放入保温瓶内，瓶口不要加塞，只用纱布或棉花盖一下即可。这种方法催芽时间稍长些。

（4）体温催芽　利用人的体温进行催芽，这是山东、河北、天津、河南等省市老蔬菜产区经常采用的一种催芽方法。其做法是将浸过种的蔬菜种子用湿纱布包好，放在清洁的塑料袋内，使塑料袋敞着口，再放入布袋，缠于腰间即可。由于人的体温十分恒定，而且衬衣外、外衣内的温度均在30℃左右，很适合蔬菜种子发芽所需的温度。

（5）热水催芽　先在较大的盆内放入40～50℃的热水，再将浸过种的西瓜种子用湿纱布包好放在另外一个小盆内，并将小盆放于盛热水的大盆中，上面用麻袋片盖好。当大盆内水温降低后，再及时加入热水，使温度保持在40～50℃。

（6）注意　任何方法催芽都不要让种芽过长（见图3-8，图3-9）。

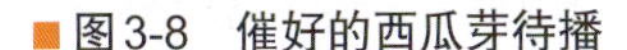

■图3-8　催好的西瓜芽待播

■图3-9　催芽方法不当种芽过长

2.催芽时出现种皮开口的原因

瓜类种子在催芽过程中，有时会出现种皮从发芽孔（种子嘴）处开口，甚至整个种子皮张开的现象。种皮开口后，水分浸入易造成浆种（种仁积水而发酵）、烂种、胚根不能伸长等。就是暂时不浆不烂的种子，也不能顺利完成发芽过程而夭折。发生这种情况的原因有以下几种：

（1）浸种时间过短　瓜类种子的种皮是由四层不同的细胞组织构成的，其中外面的两层分别是由比较厚的角质层和木栓层组成的，吸水和透水性较差。如果种子在水中浸泡时间短，水分便不能渗透到内层去，当外层吸水膨胀后，内层仍未吸水膨胀，这样外层种皮对内层种皮就会产生一种胀力；但由于内外层种皮是紧密地连在一起的，而且外层种皮厚，内层种皮薄，所以内层种皮便在外层种皮的胀力作用下，被迫从发芽孔的“薄弱环节”处裂开口。

（2）催芽时湿度过小　瓜类种子经浸种后，整个种皮都会吸水而膨胀。在进行催芽时，由于温度较高，水分蒸发较快；如果湿度过小，则外层种皮很容易失水而收缩，但内层种皮仍处于湿润而膨胀的状态。这样一来，内外层种皮之间便产生了胀力差，又因内外层种皮是紧密地连在一起的，加之内层种皮较薄，所以内层种皮便会在外层种皮收缩力的作用下被迫裂开口。

（3）催芽时温度过高　瓜类蔬菜种子催芽温度一般应维持在25～30℃的范围内。如果催芽时，温度超过40℃的时间在2小时以上，就很容易发生种皮开口现象。这是因为高温使西瓜外层种皮失水而收缩，从而出现因与催芽时湿度过小相同的原因而使种子裂开口。

三、播种

（一）适宜播期的确定

播种的最佳时间叫做适宜播种期，简称播种适期。西瓜的播种适期应根据品种、栽培季节、栽培方式和苗龄要求等条件来确定。

1.品种

不同品种有不同的生育期。同时，不同品种之间，在耐低温、抗旱及耐涝等方面也有一些差别。所以，生产中一般将生育期较长的早播种，生育期较短的晚播种；将耐低温的早春播种，将抗旱的品种旱季播种，将耐涝的品种雨季播种。

2.栽培季节

由于我国地域辽阔，气候复杂，从而形成了不同的栽培季节。在不同的栽培季节里，都有最适宜的播种期。播种适期根据当地的气温、光照、降雨、霜期等气候条件和栽培方式来确定。春季露地直播栽培，最适宜的播种期是在当地终霜后开始播种。夏季栽培，最早播种时间一般在5月底或6月上旬，最晚播种时间应考虑西瓜成熟前不受初霜危害，一般可在当地初霜前90～120天（主要根据品种生育期而定）播种。我国秋季栽培和冬季栽培除海南岛外，必须有保护设施，适宜的播种期可因保护设施的不同而异。

3.育苗方式

西瓜育苗方式主要有露地直播、阳畦育苗、温床育苗、棚室育苗、嫁接育苗、无土育苗和工厂化育苗等。由于各地气候不同，不仅不同的育苗方式其播种适期不同，就是同一育苗方式其播种适期也不尽相同。

4.苗龄要求

不同的栽培方式对苗龄有不同的要求。苗龄通常以育苗期的天数和相应的幼苗形态标准来表示。如：在阳畦育苗条件下，西瓜苗龄30天左右。当定植时间确定后，以适宜苗龄的天数向前推算，即为育苗适宜的播种期。

总之，播种期的确定，要以早熟丰产为目标，以培育适龄壮苗为前提，根据西瓜生长发育特点、育苗设备、育苗技术水平等条件，因地制宜的灵活掌握。要特别防止不顾实际条件，盲目追求早播早成苗，造成适龄壮苗不能及时定植，在苗床中拥挤徒长或因过度靠苗形成小老苗。

（二）播种方法

播种前，育苗畦要浇足底水。冬春育苗时，为了避免因浇水降低土（基质）温，浇水后覆盖保温，当土温升高后再进行播种。播种后出苗前一定不要再浇水。

播种要选晴暖天气，最好能在午前播完，使播种后有一定时间接收阳光，以提升畦温。但遇到天气阴冷不能播种时，决不能凑合下种，一定要等到晴天再播种，否则播后床温提不起来更不好。在这种情况下，可把种子放到冷凉的地方，上面盖上湿布防止根芽干燥，等好天再播种。提前浇底水的，若畦面不湿润时，播种之前要再喷些温水，以保持畦面湿润；若畦面过湿时，可先在畦面撒一层薄薄的细干土再播种。播种时，让瓜种平放点播，即在营养土块、营养钵或育苗盘基质中浇足底水，当水渗下后，将种子（芽）放于这些育苗容器的中间位置，随播种随用少量细湿土覆盖种子。当全畦播完后再全畦面覆土。覆土厚度1.2厘米左右，并要掌握厚薄均匀一致。覆土后，立即把苗床及其加温、保温设施盖好，以利提高苗床温度，促进幼苗出土。

露地育苗直播时，为了出苗快而整齐，播种后还可分期多次覆土。尤其是无籽西瓜和种粒很小的品种，更适宜分期多次覆土。具体做法是：播种当天进行第一次覆土，覆土厚度0.5厘米左右；第二次覆土在播种后2～3天幼苗刚刚出土时，覆土厚度0.3厘米左右；第三次覆土在幼苗出齐后，子叶展开时，再覆土0.3厘米左右。为什么要进行分期覆土？一是先薄覆土易升高土温促进种芽生长，及早出土；二是能把种芽顶土和出苗时破裂的土缝堵严，并有利于种皮脱帽；三是保持床土湿润，有利于保墒和根系发育。见图3-10～图3-12。

图3-10　在营养纸筒内播种

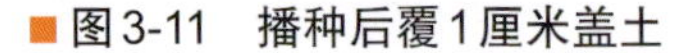

■ 图3-11　播种后覆1厘米盖土

■ 图3-12　西瓜幼苗出土

四、苗床管理

（一）温度管理

苗床在温度的控制与调节上应掌握几个关键时期：从种子萌动到子叶（指90%子叶，下同）出土前要求床温较高，一般要求晴天28～30℃，阴天25℃左右。这时如果床温低，会使出土时间延长，种子消耗养分多，出苗后幼苗瘦弱变黄。子叶出土后应适当降温，晴天22～25℃，阴天18～20℃，以防下胚轴过长（图3-13）。当90%植株的第一片真叶展出后，再逐渐提高床温到25～27℃。定植前一周应逐渐降温蹲苗，使床温由27℃降到20℃左右，直到和外界气温相一致。

苗床温度的控制与调节，因育苗设施的不同而异。阳畦育苗或温床育苗主要靠揭盖草帘和开关通风口来进行。通风口的大小，是靠掀开覆盖苗床塑料薄膜部分的大小来调节（可用两块砖头或石块支起，中间形成通风口），掀开的部分越大，通风量越大。斜面阳畦、温床的通风口，一般都设在南侧和两头；拱形阳畦、温床的通风口，可设在建床覆盖塑料薄膜时没有固定死的临时压膜一侧。子叶出土后，为了加强光照和延长光照时间，除阴雨天外，可于每天上午10时至下午4时揭开草帘日晒，下午4时以后再盖上草帘。

■ 图3-13　徒长的子叶苗

随着天气渐暖，真叶展出后，要及时通风降温，随气温的回升，通风口由小到大，通风时间由短到长，直到除掉所有覆盖物进行锻炼。

另外，通风口的位置也应及时调换。一般每隔5天左右调换一次，以保持苗床内温度、湿度及气体等条件相对一致，促使幼苗健壮而整齐。

温室和塑料大棚内苗床温度的控制与调节，主要依靠天窗的开闭及草帘的揭盖进行。如果属加温温室或大棚，还可通过提高或降低加温温度来进行调节。

电热温床的温度，可通过电热线功率、布线时的线距来控制。电热线功率越大，升温越快，床温越高。线间距越小升温越快，床温越高。反之，电热线功率越小，升温越慢，床温越低；线间距越大，升温越慢，床温越低。调节电热温床的温度，还可通过控温仪进行。转动控温仪的调节旋钮，可改变通向电热线的电流强度，从而改变电热线功率的大小，以达到调节床温的目的。

（二）湿度管理

苗期要求较高的土壤湿度。一般要求土壤湿度达到田间池水量的85%～90%（以下简称相对湿度）。尤其是种子萌发时需要更大的湿度，通常为90%～95%的土壤相对湿度。幼苗期单株需水量虽然不大，但由于根系不甚发达，吸水面积小，而且苗床中瓜苗密挤，温度又常较外界高，地面和叶面总蒸发量很大，所以应当使苗床内土壤经常保持湿润，否则出苗时种壳不易脱落。

西瓜苗床湿度管理总的要求，一般应维持80%左右的空气相对湿度。播种时浇足底水后，直到瓜苗出土前一般可不浇水。子叶展平阶段控制地面见干见湿，以保墒为主。苗床保墒主要是在床面撒一层薄薄的细沙土（俗称描土），以降低土壤水分蒸发量，并可以预防幼苗猝倒病和立枯病。真叶展出后，若地面见干时可用喷壶喷水。喷水一般要在晴天上午进行。以后随着温度的回升及地上部幼苗叶面积的扩大，喷水量可逐渐增加，一般可每隔3～5天喷水一次。直到定植前数日停止喷水，进行蹲苗。到幼苗第3～4片真叶展出时，即可定植于大田中。

上述湿度的管理，适用于温室、大棚、电热温床及阳畦、温床等设施内的所有苗床，但特别值得注意的是，阳畦苗床喷水时，每次的喷水量以充分湿透营养土块或营养纸袋为限度。如果吸水太大，容易降低苗床温度，根系长期处于温度低、湿度大的环境中，有可能引起沤根。如果每次喷水量很小，必然要增加喷水次数，这样一方面会造成苗床土壤板结，另一方面会影响幼苗根系的正常生长。其他有加温设备或有酿热物的苗床，由于床温较高，每次喷水量可适当多一些（每平方米苗床喷水10～15千克）。喷水时最好能将井水晒温或加入少量热水，使水温在15℃以上。

各种设施内的苗床，分别通过相应的通风设备（如天窗、通风口）及揭盖塑料薄膜部分进行通风换气，使苗床内湿度大的气体与外界湿度小的气体进行交换，从而降低了苗床内的空气湿度。

（三）光照管理

阳光是幼苗叶片光合作用的能量来源，育苗期间的光照条件好坏直接关系到幼苗的生长和苗的壮弱。因此，出苗后要千方百计增加床内光照。若光照不足，幼苗茎细叶薄，光合产物积累少，容易徒长，并致使根系生长不良，移栽后缓苗慢，生育期延迟，进而还会影响到产量。增加光照的措施主要是及时揭开覆盖物，一般当日出后气温回升（一般在上午8～9时）就应及时揭开草苫等覆盖物，使幼苗接受阳光，下午在苗床温度降低不太大的情况下适当晚盖覆盖物，以延长幼苗受光时间。同时，也要经常扫除塑料薄膜上面的污物，如草、泥土、灰尘等，以提高薄膜的透光率。到育苗后期，瓜苗较大，外界气温稳定在20℃左右时，即可将塑料膜揭开，使幼苗直接接受日光照射，提高叶片光合能力。揭膜要由小到大逐渐进行，循序渐进，使幼苗逐步适应外界环境，防止一次揭开，而使幼苗受害。当揭开薄膜，发现幼苗萎蔫叶子下垂时要立刻盖好，待幼苗恢复正常后，再慢慢揭开。

值得特别注意的是遇有阴雨天气时。不要因为没有阳光而一直不揭草苫，幼苗长期处于黑暗条件下也会发生徒长，造成弱苗。所以可在阴雨天气尤其是连阴天的情况下，白天只要床内气温不低于16℃，也要揭开草苫，靠周围的散射光，幼苗仍可进行一定的光合作用。如果气温较低时，可采取一边揭一边盖的方法，既不降低床温，又可增加光照。

（四）其他管理

1.西瓜育苗期间的浇水

培育健壮的幼苗，除了通过揭盖草帘，增加光照，控制床温，适当通风外，浇水是一项十分重要的技术措施。育苗期间，除按幼苗正常生长发育对苗床湿度的要求合理浇水外，苗床浇水时，应注意以下几项具体技术问题：

（1）育苗前期要浇温水　育苗前期，气温、地温均低，菜苗幼小，需要浇水时，尽量不要浇冷水，以免降低床温，影响幼苗根系的吸收和根毛的生长。确实需要浇水时，可浇15℃左右的水。

（2）要分次浇水　苗床浇水一般采用喷水的方法，为了准确掌握浇水量，要分次喷水，不要对准一处一次喷水过多。对于苗床同一部位要均衡地先少量喷水，等水渗下后再喷第二次，以防止局部喷水过多。

（3）苗床不同部位的浇水量要不同　苗床的中间部分要多喷水，靠近苗床的四周要适量少喷水。这样，可使整个苗床水分一致，能够保证整个苗床内的幼苗生长整齐一致。这是因为，在苗床内靠近南壁的床土，由于床壁挡光，土温较低，蒸发量也较小，依靠由中部床土浸润过来的水分基本上就能满足幼苗生长的需要，故应少喷水或不喷水。苗床的中间部分接受阳光较多，温度较高，蒸发量也很大，故应多喷水。靠近苗床北壁的床土，由于床壁反光反热，温度条件较好，如果浇水量和苗床中部一样多，幼苗就容易徒长（高温高湿幼苗极易徒长），但也不可浇水过少，因为如果浇水不足，又容易使幼苗老化，所以这一部位可比苗床中部适当少浇水。

2.松土

在育苗期间，适当进行中耕松土，不仅可以增加土壤中的空气含量，提高土壤的透气性，促进根系生长；还可以调节土壤湿度，提高床土温度。在床土湿度大、温度低的情况下，其效果更为明显，中耕的时间一般可从出全苗后开始。当瓜苗出全以后，将床面松锄一下，但深度要浅，一般1厘米左右为宜，这时松土的主要作用是弥补床面裂缝。当幼苗破心时再锄1次，以促进根系发育，有利于培育壮苗，以后可根据实际情况中耕2～3次。一般是在每次浇水后的1～2天，进行1次松土，可以消灭杂草，破除板结，提高土壤温度，调节其湿度。松锄时开始要浅，以防伤害根系，随着瓜苗的长大，可逐步加深，深度以2～3厘米为宜，但也不宜过深。

3.追肥

幼苗期视苗情追施1～2次有机肥和氮素化肥，以促进幼苗生长。幼苗长势良好时，追肥1次，在3～4片真叶时进行，在植株南侧20厘米处开沟，深15厘米左右，每公顷施腐熟饼肥600～750千克，或人畜粪肥3000～4500千克；若幼苗长势较弱，可追肥2次。第一次在二叶期，在瓜苗南侧15厘米处开穴，每公顷施尿素90～112.5千克。第二次在团棵后，在瓜苗北侧开沟，每公顷施腐熟饼肥600千克，或芝麻酱900～1200千克。另外，当幼苗生长不整齐时，可对个别小苗、弱苗增施“偏心肥”。施用方法是：在离幼苗基部10厘米处，用木棍捅一直径2～3厘米、深10厘米左右的洞，施入适量尿素后点水盖土；或将尿素溶于水中，配成浓度为0.5%的溶液，在幼苗基部开穴浇施，每株用液量0.5千克左右。

4.保护好子叶

子叶是发芽后最早长出的营养器官，也是幼小植株最早能进行光合作用的器官，从而开始由异养阶段走向自养阶段。以后的根、茎、叶等器官的生长发育也都是在此基础上进行的。所以，子叶大而厚，色浓绿，在光照条件下，就意味着有旺盛的光合作用，因而幼苗就会生长健壮。与此相反，当子叶受伤、缺损或子叶小而薄，色淡黄时，同样在光照条件下，光合作用就低下，制造的养分很少，因而幼苗生长就会衰弱，以后的根、茎、叶等器官的生长发育也会受到不良影响：根系细弱，次生根很少；茎细弱，抗逆性差；真叶展出推迟，花芽发育受阻。

在子叶正常发育情况下，经3～4天真叶即可展出，此时光合作用逐渐增强。当子叶展开后15～20天，幼苗可有2～3片真叶展出，这时，幼苗就主要依靠真叶进行光合作用了。但这时只要子叶还健在，就仍然能对根系和茎叶提供某些特定物质，如氨基酸、生物酶等。因此，育苗时一定要保护好子叶。

5. 育苗期间遇不良天气的对策

我国北方冬春育苗期间常受不良天气（如阴天、雨雪天甚至遭受寒流）侵袭，因此做好不良天气的苗床管理，是育苗成败的关键。

连阴天气温下降时，应尽量早揭晚盖草帘子，使幼苗有一定的见光时间，更不可连续几天不揭帘子。因为幼苗在黑暗环境中，植株体内营养物质消耗大，时间一长叶绿素分解，叶色变黄，幼苗软弱，晴天后突然揭帘，秧苗会萎蔫死亡。当然揭帘子要在外界温度稍高时进行。对于有加温设备的苗床（如温室、电热温床及酿热温床等），阴天温度的控制应比晴天低3～4℃，切不可在阴天加温过高，造成幼苗徒长。阳畦育苗无加温设备，要增加覆盖物保温。降雪天气要盖好草帘，雪停后应立即扫雪，以保持草帘干燥，并及时揭开草帘使幼苗见光。下雨天要防止草帘淋湿而降低保温作用，最好在草帘上再覆盖一层塑料薄膜；白天气温较高时，可揭开草帘，但要防止雨水进入苗床内而降低苗床温度和增加了湿度；如夜间有降温可能，还要盖上帘子，以防冻害。

另外，如果连阴天或雨天过后，天气突然转晴，应当逐渐增加幼苗的光照时间。第一次揭帘子后，要对苗子仔细观察，如果幼苗有萎蔫现象，应当适当盖帘子遮阴，待幼苗恢复正常后再揭去帘子。这样反复进行，直到幼苗不再有萎蔫现象为止。

五、育子叶苗

育子叶苗是许多老瓜区早年在直播栽培的基础上采用的一种提早播种的措施，通常可比露地直播提早10～12天播种，而且方法简便，不需要育苗设施，节约育苗地，省钱省工，是最早推广的一种瓜菜育苗方法。这一方法在某些小面积栽培、庭院种植和试验研究中仍有应用。其缺点是只能培育子叶苗，不能培育大规格苗。具体方法是先选择好瓦盆、木箱或条筐等作为育苗容器，底层垫入6～8厘米的麦糠，其上放10厘米左右的细沙，整平浇透。将催过芽的瓜种均匀地平卧在沙面上，再覆细沙约1.5厘米厚。播好种后放在25～30℃条件下（覆盖塑料薄膜和草苫）保温保湿。至胚颈开始露出沙面时（顶鼻阶段），用喷壶喷1次水，以后每隔2～3天喷水1次。喷水最好在晴天上午。此外，可在每天上午10时至下午3时揭开草苫让阳光照射，夜间盖好保温。出苗后，为防止徒长，可适当降低温度，维持在22～25℃。待子叶展开后就可以定植了。定植前应进行通风降温锻炼，以便使幼苗适应大田条件。育苗示意图如图3-14。

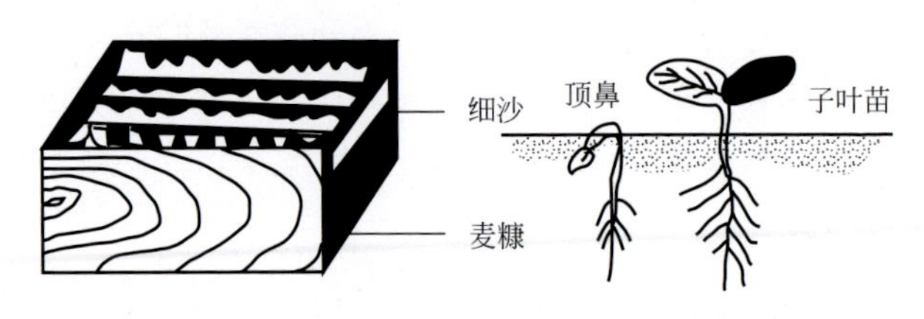

图3-14　育西瓜子叶苗示意图

六、嫁接育苗

（一）实用主要砧木

1.新土佐南瓜

系印度南瓜与中国南瓜的一代杂交种，作西瓜嫁接砧木，嫁接亲和力和共生亲和力均强，幼苗低温下生长良好，长势强，发育快，高抗枯萎病；对果实品质无不良影响。

2.勇士

我国台湾农友种苗公司育成的野生西瓜杂交种，为西瓜专用砧木。勇士嫁接西瓜高抗枯萎病，生长健壮，低温下生长良好，嫁接亲和力和共生亲和力均强。坐果良好，果实品质和口味与同品种非嫁接株所结果实完全一样。

3.长颈葫芦

果实圆柱形，蒂部圆大，近果柄处细长。作西瓜砧木，嫁接亲和力和共生亲和力都很强，植株生长健壮，根系发达，对土壤环境适应性广，吸肥力强，耐旱、耐涝、耐低温。抗枯萎病，坐果稳定，对西瓜品质无不良影响。

4. 长瓠瓜

又名瓠子、扁蒲。各地均有栽培。根系发达，茎蔓生长旺盛。与西瓜亲缘关系较近，亲和力强。抗枯萎病、耐低温、耐高温。嫁接西瓜后，表现抗病、耐低温、坐果稳定，对西瓜果实品质无不良影响。

5. 圆瓠瓜

属大葫芦变种，果实扁圆形，茎蔓生长茂盛，根系入土深，耐旱性强。做西瓜嫁接砧木亲和性好，植株生长健壮，抗枯萎病，坐果好，果实大，品质好。

6. 相生

日本米可多公司培育的瓠瓜杂交种。嫁接亲和力和共生亲和力均强。西瓜嫁接苗植株生长健壮，根系发达，高抗枯萎病，低温下生长良好，优质高产。

（二）嫁接程序与方法

1. 先分别播种砧木和西瓜接穗

见图3-15、图3-16。

■图3-15 新土佐南瓜砧木苗

■图3-16 西瓜接穗苗

2. 嫁接适期

砧木苗和接穗苗大小最适宜的时间因不同嫁接方法而异。图3-17、图3-18为贴接方法的嫁接适期。

■ 图3-17 砧木1 ~ 2片真叶

■ 图3-18 接穗1片真叶

3.嫁接操作流程图

以顶插接为例，见图3-19至图3-24。

■ 图3-19 嫁接时切除砧木真叶和生长点

■ 图3-20 切除真叶和生长点后的砧木

■ 图3-21 插入与接穗茎同粗的竹签

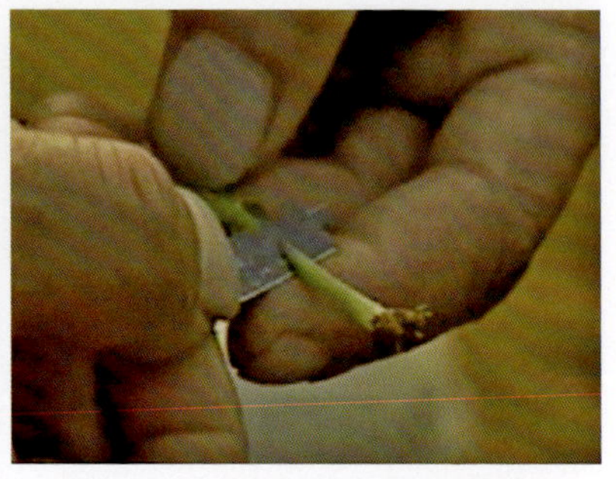

■ 图3-22 用刀片将接穗茎斜切

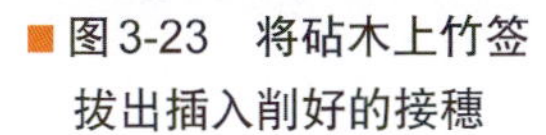

■ 图3-23 将砧木上竹签拔出插入削好的接穗

■ 图3-24 完成顶插接

4.嫁接方法的详细说明

（1）顶插接 又称斜插接。此法最好由两人配合，其中一人持特制竹签（用宽、厚与幼苗下胚轴相仿的竹签，其前端约1厘米长度的部分削成楔形）负责插接，另一人持刀片负责切割接穗。嫁接前要保证苗床湿润，并喷一次百菌清或对多菌灵之类的杀菌剂。首先去掉砧木的第一片真叶和生长点，然后用左手食指和中指夹住砧木的茎上部，拇指和中指捏住砧木内侧一片子叶，右手持竹签从内侧子叶的主叶脉基部插入竹签，尖端和楔形斜面朝下呈45°角向对面插入5～7毫米，以竹尖透出茎外为宜。与此同时，另一个人用左手中指托住接穗的基部偏上部位，右手用刀片从接穗茎两侧距接穗子叶8～10毫米处斜切断茎，使切口长略大于插入砧木的插口深度。然后插接人拔出竹签，将接穗切口朝下迅速插入砧木，以接穗尖端透出砧木茎外为宜（图3-25）。待定植的插接西瓜苗见图3-26。插接法两人一天可嫁接2000棵以上，成活率一般在90%以上。

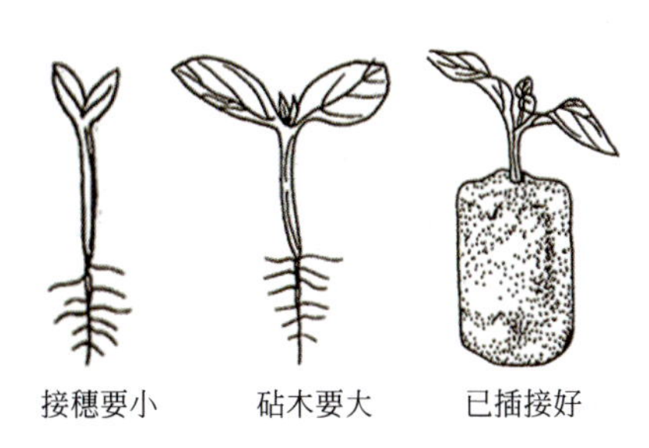

■ 图3-25 顶插接

■ 图3-26 待定植的插接西瓜苗

（2）腹插接　又叫侧接，是在胚轴一侧切口嫁接。嫁接时，在砧木下胚轴离子叶节0.5～1.0厘米处无子叶着生的一侧，由上向下斜切，与下胚轴成30°～40°斜角，深度约为茎粗的1/3，不能深切至砧木的中心（髓腔）。然后将接穗距子叶0.5～1.0厘米以下胚轴（根茎）斜切，削成楔形，插入砧木切口内，随即用嫁接夹固定。接穗顶端要略高于砧木的子叶。

（3）舌靠接　嫁接时先在砧木的下胚轴靠子叶处，用刮脸刀片向下作45°角斜切一刀，深达胚轴的2/5～1/2，长约1厘米，呈舌状。再在接穗的相应部位向上作45°角斜切一刀，深达胚轴的1/2～2/3，长度与砧木相等，也呈舌状。然后把砧木和接穗的舌部互相嵌入，用薄棉纸条或塑料嫁接夹夹住，同时栽培在营养钵中，要使基部稍稍离开地面，以免浇水时浸湿刀口，影响成活（图3-27）。嫁接苗置塑料小拱棚内愈合，要求保持一定的温度和湿度，特别是湿度，在最初3～5天应为95%～99%，同时要加以遮阴，以后逐渐通风见光，一般1周后即可愈合，接穗开始生长。半月后，将接穗的根剪断，再生长一段时间即可于大田定植。值得注意的是，舌靠接时砧木和接穗的咬合必须很紧密（图3-28，图3-29）。

（4）劈接　先将拔取的接穗冲去泥沙，放入带水的碗（盘）中，然后用刮脸刀片将砧木的生长点和真叶削去，在幼茎一侧向下纵切约1.5厘米长。切时注意不可将幼茎两侧全劈开，否则砧木子叶下垂影响成活率。砧木劈口后，立即将接穗子叶下1.5～2厘米的根茎，沿子叶方向削去，并使两侧削面呈楔形，接着插入砧木劈口内，用塑料嫁接夹夹住。

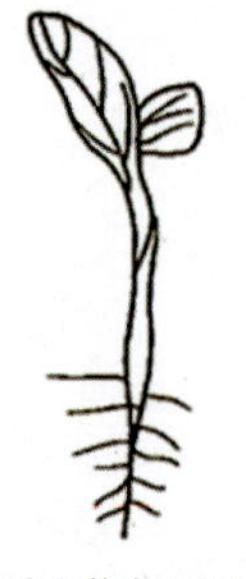

砧木苗向下切口

接穗苗向上切口

砧木与接穗切口嵌合

图3-27　舌靠接

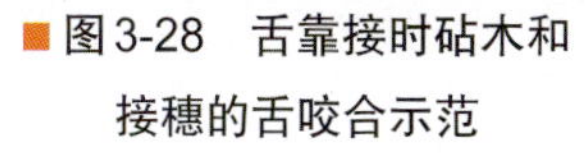

■图3-28 舌靠接时砧木和接穗的舌咬合示范

■图3-29 西瓜靠接苗

（5）贴接 当砧木长到3～4片真叶时进行嫁接。嫁接时将砧木留2片真叶，用刀片在第二片真叶上方斜削，去掉顶端，形成30°左右的斜面，使斜面长1～1.5厘米。再将接穗取来，保留1～2片真叶，用刀片削成一个与砧木相反的斜面，大小与砧木的斜面一致。然后将砧木的斜面与接穗的斜面贴合在一起，用嫁接夹固定好。

（三）嫁接苗管理

嫁接苗的管理要点是保温、保湿、遮光、除萌和防病等。

1.保温

嫁接后砧木与接穗的愈合需要一定的温度，因此要注意苗床的保温。嫁接苗适宜的温度：白天应维持在22～25℃，夜间维持在14～16℃。由于早春气温变化大，特别是在塑料薄膜覆盖下，温度昼夜变化更大，即使白天晴天或阴雨天，中午和早晚温度变化都很大。所以，应特别防止高温灼苗和低温冻苗，如果夜间气温低于14℃，或者有寒流侵袭，应及时加盖草帘防寒，并密封苗床保温。

2.保湿

嫁接苗由于砧木和接穗均有伤口，尤其是顶插接和劈接的接穗，因失去根部，所以极易失水而萎蔫。因此，要保持苗床内较高的湿度。一般要求嫁接苗栽植后，随即浇一次透水，盖好塑料薄膜，在2～3天内不必通风，使苗床内相对湿度保持在95%左右。3天以后，可根据苗床内温度和湿度情况适当进行通风。

3.遮光

为了减少接穗的水分消耗，防止萎蔫，嫁接后应将苗床透光面用草帘遮盖起来。但当嫁接苗成活后，应即去掉遮光物。嫁接苗的成活与否，主要应看接穗是否明显生长，并较快地展叶。但应注意，这期间遮光的时间，并不是每日全天遮光，一般是嫁接后2～3日内全天遮光，以后可以上午10时至下午4时遮光，成活前后则只在中午烈日下短时间遮光即可。在遮光期间，如遇阴雨天时，就要揭除遮光物。这样，既可防止接穗因光照强烈而发生萎蔫，有利于成活，又可防止嫁接苗长期不见光致使徒长和叶片黄化，影响以后健壮生长。

4.除萌

在嫁接时虽然切除了砧木的生长点和已发出的真叶，但随着生长，砧木上还会萌发出新的腋芽。对砧木上的萌芽，应及早抹除，否则将会影响接穗生长。如果砧木上的萌芽保留到结果期还不抹除，不但会影响接穗生长，而且还会使果实品质变劣。

5.防病虫

嫁接育苗轮作周期短，前作多为秋菜，种类复杂，土壤中病虫害种类也多，因而大大增加了嫁接苗遭受病虫危害的机会，特别是炭疽病、疫霉病、线虫病、蛴螬、地老虎等最易发生。所以，嫁接育苗应从苗期即加强防治病虫害。

■ 图3-30 西瓜嫁接小苗

6.其他管理

嫁接苗成活后苗床大通风时，应注意随时检查和去掉砧木上萌生的新芽，以防影响接穗生长；同时，应根据嫁接苗成活和生长状况，进行分级排放、分别管理，使秧苗生长整齐一致，提高好苗率（图3-30）。一般插接苗接后

10～12天、靠接苗接后8～10天即可判定成活与否。有时因嫁接技术不熟练，部分嫁接苗恢复生长的速度慢，可单独加强管理，促进生长。靠接苗成活即可切断接穗接口下的接穗苗茎（又称断根），同时取下夹子收存，以备再用。为防止断根过早而引起接穗凋萎，可先做少量断根实验，当确认无问题时再行全部断根。

（四）嫁接应注意的问题

嫁接育苗不论采用哪种方法，要想提高成活率，都必须注意接穗的切削方法和砧木与接穗的嫁接适期。此外，还要有清洁的嫁接用具和熟练的嫁接手法。

1.接穗的切削方法

接穗切削的方法与嫁接的成活率有一定的关系。两面斜削时，插入砧木后形成层与砧木的接触面大，成活率也较高。至于接穗插入的方向，即接穗子叶与砧木子叶呈平行或垂直，没有明显的差别。

切削时，下刀要直，使切口平直。这样接穗与砧木的接触面也就容易紧密无隙，有利于刀口愈合。

2.砧木和接穗的嫁接适期

采用顶插接方法的，砧木的适宜时期是第一片真叶开展时，砧木的下胚轴要粗壮，以便打孔插入接穗。接穗苗以子叶充分长成为宜。有人误认为，子叶面积愈小，蒸发量也少，成活率也愈高。实际上子叶幼小时嫁接，成活率虽然较高，但嫁接成活后子叶不能充分展开，真叶的开展也较缓慢。但如接穗过大（真叶展开以后），则又影响了成活。为使砧木、接穗适期相遇，一般先播种砧木，当子叶出土后移入营养钵，与此同时播种催过芽的接穗。这样，当接穗子叶展开时，砧木刚好出现第一片真叶，为砧木与接穗嫁接最适期。

采用舌靠接方法的，砧木和接穗的大小应相近，因此接穗要比砧木提前5～7天播种。

采用劈接方法的，砧木比接穗提前播种，当接穗出苗后即可进行嫁接。如果采用葫芦作砧木时，应较接穗提早7～10天播种；如果采用南瓜作砧木时，较接穗提前5～7天播种即可。

3. 留叶面积

一般说来，接穗的叶面积越小，其水分蒸发量越少，成活率相对较高。但从西瓜嫁接实例看，子叶幼小时嫁接，成活率虽然较高些，但嫁接成活后，子叶迟迟不能充分扩大，真叶的展出也较缓慢。当然，接穗叶面积过大，易失水萎蔫，的确会降低成活率。所以接穗的留叶面积最好根据砧木的种类和根系发育状况来确定，以便使嫁接后植株的地上部与地下部相平衡。

4. 嫁接用具和操作要洁净

嫁接用的刀片、竹签、夹子等要消毒或洗净。嫁接时，手上和秧苗上不能带泥土或沙子。

5. 嫁接手法要熟练

无论采用哪种嫁接方法，在操作中都要求稳、准、快。用手拿苗、拿刀及下刀时，一定要稳。对切口的方向、深度和角度一定要准确。对接穗与砧木的接合，一定要快。这就要求每个操作人员勤学多练。

6. 及时遮荫防止萎蔫

嫁接时不可在露天阳光直射下进行操作，一般都在背风遮荫条件下嫁接。最好采用流水作业，随嫁接随栽植入保温、保湿、防晒、防风的棚室中。

7. 注意接口位置

接口位置低，栽植后易被埋入土中，产生不定根，从而失去嫁接的意义。对某些根茎短的砧木，在嫁接时，需保留2～3片真叶。劈接时，切口的位置应处于砧木茎中间，不要偏向一侧。斜切接时，斜面要削得平整，且应有一定长度，不可过短，否则不易接牢。

8. 选择嫁接方法应灵活

当砧木与接穗茎粗接近时，宜采用斜切接或舌靠接；当砧木较粗、接穗较细时，宜采用劈接。劈接苗初期较斜切接苗愈合牢固，除夹后不易出现问题。但插接操作简单、速度快、效率高，适合于大量嫁接。

第二节　集约育苗

一、工厂化育苗

（一）主要设施和设备

1.播种车间

播种车间占地面积视育苗数量和播种机的体积而定，一般面积为100平方米，主要放置精量播种流水线和一部分基质、肥料、育苗车、育苗盘等，播种车间要求有足够的空间，便于播种操作，使操作人员和育苗车的出入快速顺畅，不发生拥堵。同时要求车间内的水、电、暖设备完备，不出故障。

2.催芽室

催芽室是促进种子萌发出芽的设备，是工厂化育苗必不可少的设备之一。催芽室可用于大量种子浸种后催芽，也可将播种后的苗盘放进催芽室，待种子60%出芽时挪出。一般大型育苗场要建30平方米的催芽室。育苗盘架用角铁焊成，架高1.8米、长2.2米、宽1.1米，每20厘米高一层。具体设计要根据育苗量的大小、催芽室的面积而定。

建造催芽室应考虑以下几个问题：

（1）催芽室要与育苗规模相匹配。

（2）催芽室与育苗温室的距离要尽可能地近些。

（3）催芽时要有较好的保温性，在寒冷季节，白天能维持30～35℃，夜间不低于18～20℃。

（4）催芽室内应配备水源，播种后当催芽室内空气湿度不足时，可以向穴盘和地面上喷水，最好使用微雾设施以保证雾滴在室内漂移，以保持较高的空气湿度。

（5）催芽室设有加热、增湿和空气交换等自动控制和显示系统，室内温度在20～35℃范围内可以调节，相对湿度能保持在85%～90%

范围内，而且上下温、湿度在允许范围内相对均匀一致。

3.育苗温室

大规模的工厂化育苗企业要求建设现代化的连栋温室作为育苗温室。温室要求南北走向、透明屋面东西朝向、保证光照均匀。

4.穴盘精量播种设备和生产流水线

育苗播种生产线、基质破碎机、基质混料机、斜坡输送带、基质填料机、针式精量播种机、覆料淋水机、平板输送带。

5.育苗环境自动控制系统

育苗环境自动控制系统主要指育苗过程中的温、湿度、光照等的环境控制系统。

（1）加温系统　育苗温室内的温度控制要求冬季白天温度晴天达25℃，阴雪天达20℃，夜间温度能保持14～16℃，以配备若干台15万千焦/小时燃油热风炉为宜，水暖加温往往不利于出苗前后的温度升温控制。育苗床架内埋设电加热线可以保证秧苗根部温度在10～30℃范围内任意调控，以便满足在同一温室内培育不同园艺作物秧苗的需要。

（2）保温系统　温室内设置遮阴保温帘，四周有侧卷帘，入冬前四周加装薄膜保温。

（3）降温排湿系统　育苗温室上部可设置外遮阳网，在夏季有效地阻挡部分直射光的照射，在基本满足秧苗光合作用的前提下，通过遮光降低温室内的温度。温室一侧配置大功率排风扇，高温季节育苗时可显著降低温室内的温、湿度。通过温室的天窗和侧墙的开启或关闭，也能实现对温、湿度的有效调控。在夏季干燥地区，还可通过湿帘风机设备降温加湿。

（4）补光系统　苗床上部配置光通量1.6万勒克斯、光谱波长550～600纳米的高压钠灯，在自然光照不足时，开启补光系统可增加光照强度，满足各种园艺作物幼苗健壮生长的要求。

（5）控制系统　工厂化育苗的控制系统对环境的温度、光照、空气湿度和水分、营养液灌溉实行有效的监控和调节，由传感器、计算机、电源、监视和控制软件等组成，对加温、保温、降温排湿、补光和微灌系统实施准确而有效的控制。

（6）灌溉和营养液控制设备　种苗工厂化生产必须有高精度的喷灌设备，要求供水量和喷淋时间可以调节，并能兼顾营养液的补充和喷施农药；对于灌溉控制系统，最理想的是能根据水分张力或基质含水量、温度变化控制调节灌水时间和灌水量。应根据种苗的生长速度、生长量、叶片大小以及环境的温、湿度状况决定育苗过程中的灌溉时间和灌水量。苗床上部设行走式喷灌系统，保证穴盘每个孔浇入的水分均匀。

6.运苗车和育苗床架

运苗车包括穴盘转移车和成苗转移车。穴盘转移车将播完中的穴盘运往催芽室，车的高度和宽度应根据穴盘的尺寸、催芽室的空间和育苗数量来确定。成苗转移车采用多层结构，根据商品苗的高度确定放置架的高度，车体可设计成分体组合式，以利于不同种类园艺作物种苗的搬运和装卸。

育苗床架可选用固定床架和育苗框组合结构或移动式育苗床架。

应根据温室的宽度和长度设计育苗床架，育苗床上铺设电加温线、珍珠岩填料和无纺布，以保证育苗时根部的温度，每行育苗床的电加温由独立的组合式控温仪控制。

移动式苗床设计只需留一条走道，通过苗床的滚轴任意移动苗床，可扩大苗床的面积，使育苗温室的空间利用率由60%提高到80%以上。

育苗车间育苗的设置以经济有效地利用空间、提高单位面积的种苗产出率、便于机械化操作为目标，选材以坚固、耐用、低耗为原则（图3-31～图3-34）。

■图3-31　工厂化育苗的播种车间

■图3-32　工厂化育苗的育苗床架

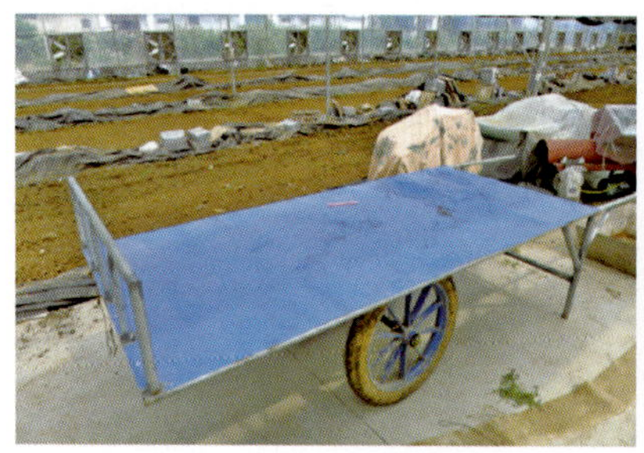

■图3-33 工厂化育苗的运苗车

■图3-34 工厂化育苗的喷浇水设施

（二）工厂化育苗的方式

播种育苗方式主要包括穴盘育苗、塑料钵育苗、聚氨酯泡沫育苗块育苗、基菲育苗块育苗。

■图3-35 工厂化育苗的各种育苗盘

1.穴盘育苗

穴盘采用塑料片经过吸塑加工制成，在塑料育苗穴盘上具有许多上大下小的倒梯形或圆形的小穴。育苗时将育苗基质装入小穴中，播种后压实，浇水后即可（图3-35）。

2.塑料钵育苗

育苗用的塑料钵具有两种类型：硬质塑料钵和软质塑料钵。容积600～800毫升，主要作为培育大苗；容积为400～600毫升的可培育较小的瓜苗。

3.聚氨酯泡沫育苗块育苗

将聚氨酯育苗块平铺在不漏水的育苗盘上，每一块育苗块又分切为仅底部相连的小方块，每一小方块上部的中间有一“X”形的切缝；将种子逐个放入每一个小方块的切缝中，然后在育苗盘中加入营养液，直至浸透育苗块后育苗盘内保持0.5～1厘米厚的营养液层为止；待出苗之后，可将每一育苗小块从整个育苗块中掰下来，然后定植到水培或基质培的种植槽中。

4.基菲育苗块育苗

这是由挪威最早生产的一种有30%纸浆、70%泥炭和混入一些肥料及胶黏剂压缩成圆饼状的育苗小块，外面包以有弹性的尼龙网，直径约4.5毫米，厚度7毫米；育苗时把它放在不漏水的育苗盘中，然后在育苗块中播入种子，浇水使其膨胀，每一块育苗块可膨胀至约4厘米厚；这种育苗方法很简单，但只适用于育瓜果类作物。

（三）基质选择与配制

1.对育苗基质的基本要求

穴盘育苗对基质的总体要求是尽可能使幼苗在水分、氧气、温度和养分供应得到满足。

影响基质理化性状主要有基质的pH值、基质的阳离子交换量与缓冲性能、基质的总孔隙度等。有机基质的分解程度直接关系到基质的容量、总孔隙度以及吸附性与缓冲性，分解程度越高，容重越大，总孔隙度越小，一般以中等分解程度的基质为好。

不同基质的pH值各不相同，泥炭的pH值为4.0～6.6，蛭石的pH值为7.7，珍珠岩的pH值为7.0左右，多数蔬菜幼苗要求pH值为微酸至中性。

孔隙度适中是基质水、气协调的前提，孔隙度与大小空隙比例是控制水分的基础。风干基质的总孔隙度以84%～95%为好，茄果类育苗比叶菜类育苗略高。另外，基质的导热性、水分蒸发蒸腾总量与辐射能等均对种苗的质量产生较大的影响。

2.工厂化育苗基质选材的原则

（1）尽量选择当地资源丰富、价格低廉的物料。

（2）育苗基质不带病菌、虫卵，不含有毒物质。

（3）基质随幼苗植入生产田后不污染环境与食物链。

（4）能起到土壤的基本功能与效果。

（5）有机物与无机材料复合基质为好。

（6）比重小，便于运输。

3.育苗基质的配制

（1）选用基础物料　配制育苗基质的基础物料有草炭、蛭石、珍珠岩等。

草炭被国内外认为是基质育苗最好的基质材料，我国吉林、黑龙江等地的低位泥炭储量丰富，具有很高的开发价值，有机质含量高达37%，水解氮270～290毫克/千克，pH 5.0，总孔隙度大于80%，阳离子交换量700毫摩尔/千克，这些指标都达到或超过国外同类产品的质量标准。

蛭石是次生云母石在760℃以上的高温下膨化制成，具有比重轻、透气性好、保水性强等特点，总孔隙度133.5%，pH 6.5，速效钾含量达501.6毫克/千克。

（2）调制　需特殊发酵处理后的有机物如芦苇渣、麦秸、稻草、食用菌生产下脚料等可以与珍珠岩、草炭等按体积比混合（1∶2∶1或1∶1∶1）制成育苗基质。

（3）消毒　育苗基质的消毒处理主要是蒸汽消毒或药物处理等。其中，多菌灵处理成本低，应用较普遍，每1.5～2.0立方米基质加50%多菌灵粉剂500克拌匀消毒。

（4）基肥　在育苗基质中加入适量的生物活性肥料，有促进秧苗生长的良好效果。不同育苗方法、不同基质和育苗规格，其肥料种类和数量不同，应根据具体情况在配制时加入。

（四）穴盘苗的培育

1.选盘与消毒

在育苗之前，要按照育苗数量并结合计划苗龄来确定育苗盘的种类和数量。国际上使用的穴盘，外形大小多为54.9厘米×27.8厘米，每个穴盘有50～800个孔，西瓜一次育成成品苗的常用穴盘为50孔和72孔两个规格。夏季育苗要使用孔数少的苗盘，冬季育苗要使用孔数多的苗盘，因为夏季苗子生长较快，冬季苗子生长较慢些，这里主要是考虑到叶面积的因素。近年来我国生产了西瓜专用育苗盘，由塑料压制而成。其规格为540毫米×280毫米×5.5毫米的50孔穴盘，每育1000株西瓜苗需20个盘。此外还生产36孔嫁接育苗专用穴盘。

孔穴深度对孔穴中空气含量有一定的影响，深盘较浅盘为幼苗提供了较多的氧气，可促进根系的生长发育。小孔穴的苗盘因基质水分变化较快，管理技术水平要求也较高，相反，大孔穴的苗盘管理较为容易。

穴盘使用前应进行清洗和消毒，其方法是，先用清水冲洗苗盘，黏附在苗盘上较多的脏物，可用刷子刷干净。洗干净的苗盘可以扣着散放在苗架上，以利于尽快将水控干，然后进行消毒。

2.育苗基质的选择

育苗基质的选择是穴盘育苗成功与否的关键因素之一，总的要求是应选用养分较全、质地松软、质量稳定的优良基质。目前用于穴盘育苗的基质材料，主要是草炭、蛭石和珍珠岩等。草炭分为水鲜草炭和灰鲜草炭两种，水鲜草炭多为深位草炭，pH3.0～4.0，营养成分较低，其氮含量为0.6%～1.4%，表面含有蜡质层，因此亲水性较差；灰鲜草炭为浅位草炭，pH5.0～5.5，养分含量较高，因为表层蜡质较少，故亲水性较好。蛭石比重轻，透气性好，具有很强的保水能力，含有较高的盐基代换量，钾的含量相当高。育苗时，草炭与蛭石的配比为2∶1或3∶1，播种之后覆盖料全部为蛭石。根据蛭石粒径大小分为很多类型，西瓜无土育苗多选用粒径2～3毫米的蛭石。珍珠岩是火山灰岩高温发泡制成，pH7.0～7.5。珍珠岩不具有保水能力和盐基代换能力，加入基质后增加其透气性，可减少基质水分含量，有些花卉育苗中常加入30%，西瓜育苗中珍珠岩用量不多，一般只加入10%左右，夏季育苗中不加入珍珠岩。

3.计算基质用量和苗床面积

西瓜专用基质一般每袋50升，可装50孔穴盘11～12盘，每育1000株西瓜苗需90升基质。穴盘育苗每1000株需3～4平方米苗床。苗床大小最好根据穴盘规格确定，以充分利用设施内育苗场地。

4.拌基质和育苗场地消毒

装盘前需对基质拌水。基质与水的比例约为2:1，即20千克基质拌入10千克水，在水泥地面或下铺塑料膜的地方，将基质摊开，分次泼水，进行搅拌，达到手握基质时指缝滴水即可。对育苗场地如大棚、温室及保温设备等均应进行消毒。一般可用硫黄或百菌清烟雾剂密闭熏蒸48小时。

5.装盘与播种

（1）装盘　装盘时应注意不要用力压紧，因为压紧后基质的物理性状受到了破坏，使基质中空气含量和可吸收的水分含量减少，正确的方法是用刮板从穴盘的一方刮向另一方，使每个孔穴都装满基质，尤其是四角和盘边的孔穴，一定要与中间的孔穴一样，基质不能装得过满，装满后各个格室应能清晰可见（图3-36）。

（2）压穴　装好的盘要进行压穴，以利于将种子播入其中，可用专门制作的压穴器压穴，也可将装好基质的穴盘垂直码放在一起，4～5盘一摞，上面放一支空盘，两手平放在盘上均匀下压至达到要求深度为止。

■ 图3-36　装盘

（3）播种　适期播种是西瓜育苗的基础。具体时间尽量选择天气冷尾暖头的晴朗天。穴盘育苗播种时间可比营养钵育苗晚3～5天。穴盘装好后，均匀浇足底水，使基质自然下沉。浇水时，以水不流出穴盘为宜。然后在每个穴中央打一个深度约1厘米的播种孔即可播种或将种子点在压好的盘穴中，手动播种，每穴一粒，避免漏播。播种如图3-37、图3-38。

■ 图3-37　播种

■ 图3-38　播种后的穴盘

（4）覆盖　播种后用蛭石覆盖穴盘，方法是将蛭石倒在穴盘上，用刮板从穴盘的一方刮向另一方，去掉多余的蛭石，覆盖蛭石不要过厚，与格室相平为宜。手工播种时，播后可用穴盘内基质盖好瓜种并整平，使全部穴盘整齐地排放在苗床内。

■ 图3-39 播种后喷水

（5）浇水 播种覆盖后的穴盘要及时浇水，浇水一定要浇透，目测时以穴盘底部的渗水口看到水滴为宜（图3-39）。

6. 苗期环境条件控制

（1）水分条件 水分是西瓜幼苗生长发育的重要条件，所以，水质的好坏、基质湿度的大小至关重要。穴盘育苗的灌溉水应符合理想的灌溉水要求。在不同生育阶段，基质水分的含量也不同，具体品种不同时期应根据品种特性分别管理。

（2）基质肥料条件 适宜的基质条件是培育壮苗的基础，基质不仅对秧苗起着固着作用，而且秧苗的根系除了从基质中吸收养分外，还吸收多种矿质元素以维持正常的生理活动。基质营养条件和基质酸碱度对秧苗的生命活动影响很大，基质中矿质元素的多寡影响秧苗的营养生长，而基质酸碱度又影响根系对矿质元素的吸收，因此，育苗期间应十分注意基质的营养状况和酸碱度。

配置好的基质除含有一定量的肥料外，还应有一定的含水量，如用草炭加蛭石做基质，播种使基质的含水量以40%～45%为宜，基质过干过湿都会影响到播种质量。

（3）气体条件 气体条件包括育苗温室的气体和育苗基质中的气体。育苗温室的氧气是提供秧苗进行呼吸作用的，经常进行通风换气，保持温室内空气新鲜，就可以满足蔬菜幼苗进行呼吸作用所需要的氧气。

育苗基质中的气体是指基质中的氧气，当基质中的氧气含量充足时，根系才能生成大量的根毛，形成强大的根系。如果基质中水分含量过多，或基质过于黏重，根系就会缺氧窒息，使地上部萎蔫，生长停止。因此，在配制育苗基质时，一定要注意土质疏松、透气性好。

（4）温度条件　温度条件是指育苗温室的气温和幼苗根际周围的地温，以及昼夜温差三个方面。

（5）光照条件　光照条件直接影响秧苗的素质，秧苗干物质的积累90%～95%来自于光合作用，而光合作用的强弱主要受光照条件的影响。对于穴盘育苗来说，由于单株营养较小、幼苗密度大，对光照强度的要求更加严格。

水、肥、气、热、光这五个条件，在育苗生产中要分阶段地抓住主要矛盾，在生产上要不断地总结经验，认真调控好这几个因子，使之协调发展，为西瓜穴盘育苗提供良好的生长发育环境。

二、无土育苗

（一）无土育苗的方式

上图为无土育苗方式的示意图（图3-40），具体方法介绍如下：

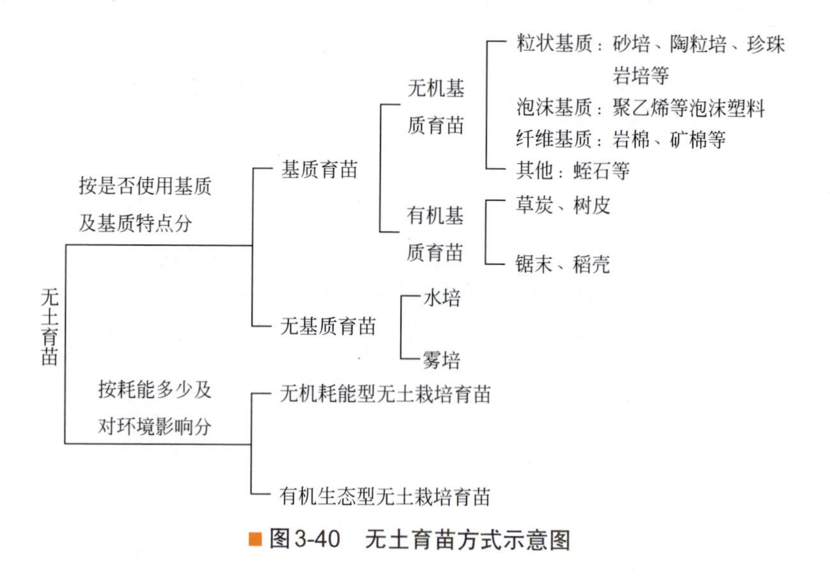

■ 图3-40　无土育苗方式示意图

1.沙砾栽培法

此法是在一定栽培容器中，用沙或砾石作基质，定时定量地供应营养液而进行的栽培。根据其栽培容器不同，又可分为盆栽法和槽栽法。

（1）盆栽　以直径40厘米左右、深50～60厘米的釉瓷钵、瓷瓦钵等作栽培容器，在容器内装入沙砾及石块等作为栽培基质。即先在盆底部装卵石块一层，厚约10厘米，其上再铺砾石（直径大于3毫米）厚5厘米，最上层铺粗沙（直径2毫米左右）25厘米。在盆的上部植株附近安装供液管，定时定量均匀地使营养液湿润沙石，或用勺浇供液。在盆下部安装排液管，集中回收废液，以便循环使用（图3-41、图3-42）。

■ 图3-41　西瓜无土栽培-盆栽（原盆直播）

■ 图3-42　无土育苗移植盆栽

（2）槽栽　原理与盆栽相同，其装置由栽培床、储液池、电泵和输液管道等部分组成。栽培床多为铁制或硬质塑料做成的三角槽，槽内装入沙砾，营养液由电泵从储液池中泵出，经供液管输入栽培槽，在栽培槽末端底部设有营养液流出口，经栽培床后的营养液从出口流入储液池，再由电泵打入注入口，循环使用。

2. 营养液膜法

营养液膜法是在水栽的基础上发展起来的一种栽培形式，这种方法不需要沙砾等物质做栽培基质，其原理是使一层很薄的营养液，在栽培沟槽中循环流经根系，而进行育苗栽培。栽培沟槽一般用硬质塑料或其他防水材料制成，可以用塑料布折叠在一起形成一个口袋的样子，边缘用扣子或夹子连在一起，植株由缝固定，使营养液在袋中循环流动。或者在平底长槽中，放上一个微孔的厚塑料覆盖板，其上按一定株行距开种植孔进行播种。由于覆盖板差不多是停放在槽中的，随着根系的生长，覆盖板也可以上升，用电动抽水机使营养液在槽中流动，小规模的也可以用手工操作使之流动，以供植株吸收。

3.雾栽法

又称气培，就是作物根系悬挂于栽培槽的空气中，用喷雾的方法供应根系营养液，使根系连续或不连续地浸在营养液细滴（雾或气溶胶）的饱和环境中。此法对根系供氧效果较好，便于控制根系发育，节约用水。但对喷雾质量的要求较高，根系温度受气温影响波动较大，不易控制。日本已将喷雾法进一步改进，形成多种形式的喷雾水栽装置，已大面积应用于生产，取得良好效果。

4.营养液膜栽培（NFT）

又称浅液流栽培，由英国温室作物研究所最早研究推出，是指营养液以浅层流动的形式在种植槽中从较高的一端流向较低的另一端的一种水培方式。营养液在泵的驱动下从贮液池流到种植槽内，不断循环流经作物根系，提供一层很薄的营养液（0.5～1厘米厚的营养液薄层），然后通过回水管回到贮液池内，形成循环式供液体系。

5.深液流技术（DFT）育苗

是指植株根系生长在较为深厚并且是流动的营养液层的一种水培技术。种植槽中盛放5～10厘米有时甚至更深厚的营养液，将作物根系置于其中，同时采用水泵间歇开启供液使得营养液循环流动，以补充营养液中氧气并使营养液中养分更加均匀。

（二）无土育苗的基质

基质的作用在于固定幼苗根系、稳定植株，为根系的生长发育提供良好的条件。基质的好坏决定了地下部分水、肥、气三大因素之间的合理调节，尤其是水、气两者之间的调节。国内外选作蔬菜育苗的基质有砂、砾石、泥炭、泥炭藓、煤渣、锯末、炭化砻糠、珍珠岩、蛭石、矿棉（石绒棉）、酚类树脂泡沫颗粒等材料。优良的育苗基质要求容重小、总孔隙度大、大孔隙（空气容积）与小孔隙（毛管容重）有一定比例，引水力、持水力较大，经过消毒不带病虫害，能就地取材，价格便宜，资源丰富。

对优良基质的几项具体要求如下。

（1）容重 经试验认为容重以0.7克/立方厘米为适当。菜园土容重在1.1～1.5之间太重，搬动育苗盘时费力；蛭石、珍珠岩、炭化砻糠等容重在0.15～0.25克/立方厘米之间，太轻，压不住根，浇水时易倒苗。实际使用时，可以用多种基质相互掺和，将容重调整至0.7克/立方厘米左右。

（2）总孔隙度 一般育苗盘内总孔隙度应该大于55%以上。总孔隙度较大有利于水、气贮存及根系发育。若田间土壤总孔隙度过大，则播下的种子悬在土粒之间，在这种情况下，土壤失水大、吸水难、出苗慢，应在播种以后镇压表土，以弥补其缺点。但在育苗盘内播种，上有覆盖，下不渗漏，象蛭石等总孔隙达133.5%，出苗仍然很好。

（3）空气容积 试验证明，基质中空气容积应占总孔隙度的25%～30%为好。如炭化砻糠空气容积占总孔隙的57.5%时，育苗盘中易失水干燥，而珍珠岩及蛭石空气容积只占总容积的25%～30%，持水多，不易干燥。

（4）毛管水 基质的每一颗粒上毛管水含量应大，颗粒之间的毛管水应小。这样有利于水分的贮存和减少水分的散失。如蛭石、煤渣、珍珠岩的毛管水的含量分别为基质重量的108%、33%和30.75%。

（5）基质中营养元素的含量 采用无土育苗时，基质的主要任务是固定根系、供给氧气。但炭化砻糠、煤渣等基质中含有一定数量的营养元素。南京农业大学会同中国农业科学院土壤肥料研究所分析室测定表明：象炭化砻糠、煤渣等基质中还含有相当多的全氮、速效磷、速效钾及丰富的微量元素锰、硼、锌等。这些元素的含量可为今后使用不同基质、配置不同营养液的依据。试验证明，以煤渣基质育苗时，在营养液中施用微量元素是多余的。

（三）无土育苗的营养液

1.配制营养液的基本要求

（1）必须含有作物生长发育所必需的全部营养元素，包括大量元素和微量元素。

（2）这些矿质元素应根据不同作物的需要，按其适当比例配合成平衡营养液。所配制的无机盐类，在水中的溶解度要高，并且是离子状态，易被作物所吸收。

（3）不含有有害及有毒成分，并保持适于根系生长、利于养分被吸收的酸碱度和离子浓度。

（4）应用的效果要好，能使作物的生长发育良好，且能获得优质高产。

（5）取材容易，用量小，成本低。

（6）营养液配制既可用单质肥料如氮肥、磷肥、钾肥和微量元素肥料，也可用配方复合肥。

2.营养液的配制

生产上配制营养液一般分为浓缩贮备液（也叫母液）的配制和工作营养液（也叫栽培营养液）的配制两个步骤，前者是为方便后者的配制而设的。配制浓缩贮备液时，不能将所有盐类化合物溶解在一起，因为浓度较高，有些阴、阳离子间会形成难溶性电解质引起沉淀，所以一般将浓缩贮备液分成A、B、C 3种，即A母液、B母液、C母液。A母液以钙盐为中心，凡不与钙作用而产生沉淀的盐都可溶于其中，如$Ca(NO_3)_2$和KNO_3等；B母液以磷酸盐为中心，凡不与磷酸根形成沉淀的盐都可溶于其中，如$NH_4H_2PO_4$和$MgSO_4$等；C母液为微量元素母液，由铁（如$Na_2FeEDTA$）和各微量元素合在一起配制而成。母液的倍数，根据营养液配方规定的用量和各种盐类化合物在水中的溶解度来确定，以不致过饱和而析出为准。如大量元素A、B母液可浓缩为原来的1/200，微量元素C母液，因其用量小可浓缩为原来的1/1000。母液在长时间贮存时，可用HNO_3酸化至pH3～4，以防沉淀的产生。母液应贮存于黑暗容器中。工作营养液一般用浓缩贮备液来配制，在加入各种母液的过程中，也要防止局部沉淀出现。首先在大贮液池内先放入相当于要配制的营养液体积40%的水量，将A母液应加入量倒入其中，开动水泵使其流动扩散均匀。然后再将应加入的B母液慢慢注入水泵口的水源中，让水源冲稀B母液后带入贮液池中参与流动扩散，此过程所加的水量以达到总液量的80%为好。最后，将C母液的应加入量也随水冲洗带入贮液池中参与流动扩散。加足水量后，继续流动搅拌一段时间使达到均匀。营养液的配制要避免难溶性物质沉淀的产生。合格的平衡营养液配方配制的营养液应不出现难溶性物质沉淀。

配制时应运用难溶性电解质溶度积法则来指导，以免产生沉淀。在称量肥料和配制过程中，应注意名实相符，防止称错肥料，并反复核对确定无误后才配制，同时应详细填写记录。

3. 调整营养液的pH值

大多数作物根系在pH 5.5 ～ 6.5的酸性环境下生长良好，营养液pH值在栽培过程中也应尽可能保持在这一范围之内，以促进根系的正常生长。此外，pH直接影响营养液中各元素的有效性，使作物出现缺素或元素过剩症状。营养液的pH变化是以盐类组成和水的性质（软硬度）等为物质基础，以植物的主动吸收为主导而产生的。尤其是营养液中生理酸性盐和生理碱性盐的用量比例，其中以氮源和钾源的盐类起作用最大。例如，$(NH_4)_2SO_4$、NH_4Cl、NH_4NO_3和K_2SO_4等可使营养液的pH下降到3以下。为了减轻营养液pH变化的强度，延缓其变化的速度，可以适当加大每株植物营养液的占有体积。营养液pH的监测，最简单的方法可以用石蕊试纸进行比色，测出大致的pH范围。现在市场上已有多种便携式pH仪，测试方法简单、快速、准确，是进行无土栽培必备的仪器。当营养液pH过高时，可用H_2SO_4、HNO_3或H_3PO_4调节；pH过低时，可用氢氧化钠或氢氧化钾来调节。具体做法是取出定量体积的营养液，用已知浓度的酸或碱逐渐滴定加入，达到要求pH值后计算出其酸或碱用量，推算出整个栽培系统的总用量。加入时，要用水稀释为1 ～ 2摩尔/升的浓度，然后缓缓注入贮液池中，随注随拌。注意不要造成局部过浓而产生$CaSO_4$或$Mg(OH)_2$、$Ca(OH)_2$等沉淀。一般一次调整pH的范围以不超过0.5为宜，以免对作物生长产生影响。

（四）有机生态型无土育苗

有机生态型无土育苗，是指全部使用固态有机肥代替营养液，灌溉时只浇清水，排出液对环境无污染，能生产合格的绿色幼苗，其应用前景广阔。它具有一般无土育苗的特点，操作管理过程，降低了设施系统的投资，节省生产费用，产品洁净卫生，可达“绿色食品”标准，而且对环境无污染。制作有机基质的原料丰富易得。农产品的废弃物，玉米、小麦、水稻、向日葵等作物秸秆；农产品加工后的废弃物，椰壳、酒渣、醋渣、蔗渣等；木材加工的副产品，锯末、刨花、树皮等；还有造纸工业下脚料、食用菌下脚料等各种各样的工农副业有机废弃物都可用来制作有机栽培基质。这些有机废弃物经粉碎，加入一定量的鸡粪、发酵菌种等辅料，堆制发酵合成有机基质。为了改善有机基质的理化性状，在使用时可加入一定量的其他固体基质，如蛭石、珍珠岩、炉渣、沙等。如国际通用的一半泥炭一半蛭石混合，一半椰子壳一半沙混合，7份苇末基质3份蛭石或3份炉渣等。总之混配后的复合基质努力达到容重0.5克/立方厘米左右、总孔隙度60%左右、大小孔隙比0.5左右、pH值6.8左右、电导率2.5毫西门子/厘米以下，每立方米基质内应含有全氮0.6～1.8千克、全磷（P_2O_5）0.4～0.6千克、全钾（K_2O）0.8～1.8千克。有机基质的使用年限一般为3年左右。有机基质培一般采用槽式栽培。栽培槽可用砖、水泥、混凝土、泡沫板、硬质塑料板、竹竿或木板条等材料来制作。建槽的基本要求是槽与土壤隔绝，在作物栽培过程中能把基质拦在栽培槽内。为了降低成本，各地可就地取材制作各种形式的栽培槽。为了防止渗漏并使基质与土壤隔离，应在槽的底部铺1～2层塑料薄膜。槽的大小和形状因作物而异，甜瓜、洋香瓜、迷你番茄、迷你西瓜、西洋南瓜、普通番茄、黄瓜等大株型作物，槽一般内径为40厘米，每槽种植2行，槽深15厘米。槽的长度可视灌溉条件、设施结构及所需人行道等因素来决定。槽坡降应不少于1 ∶ 250，还可在槽的底部铺设粗炉渣等基质或一根多孔的排水管，有利于排水，增加通气性。有机基质培无土栽培系统的灌溉一般采用膜下滴灌装置，在设施内设置贮液（水）池或贮液（水）罐。贮液池为地下式，通过水泵向植株供液或供水；贮液罐为地上式，距地面1米左右，靠重力作用向植株供液或供水。滴灌一般采用多孔的软壁管，40厘米宽的槽铺设1根，70～95厘米宽的栽培槽铺设2根。滴灌带上盖一层薄膜，既可防止水分喷射到槽外，又可使基质保湿、保温，也可以降低设施内空气湿度。滴灌系统的水或营养液，要经过一个装有100目纱网的过滤器，以防杂质堵塞滴头。

（五）无土育苗的基本程序及管理

1.育苗前的准备

（1）选择育苗方式　西瓜育苗可选用50～72穴盘育苗，也可用营养钵或岩棉块育苗。根据当地实际情况因地制宜选择育苗方式和育苗材料。育苗材料使用前要进行消毒。

（2）基质准备　选择草炭、蛭石、珍珠岩等。一般的配比含量为草炭∶蛭石∶珍珠岩＝3∶1∶1。在基质中加入适量的无机肥和有机肥，一般每立方米基质中加入2.6～3.1千克氮磷钾复合肥（15∶15∶15）及10～15千克脱味鸡粪等，拌匀基质，然后将基质消毒。如果基质过于干燥，应加水进行调节。

（3）装基质　用穴盘或营养钵育苗时，播种前要做好育苗床或育苗畦，并装好基质，码排好育苗盘或育苗钵备用。

（4）播种　把经过催芽后的种子点播于苗盘、营养钵内或岩棉块上，播种后用蛭石均匀覆盖在种子上，浇透水，然后盖上一层白色地膜，保温保湿。

2.无土育苗的管理关键

（1）基质消毒　育苗基质和育苗装置使用前要进行消毒，杀灭残留病菌和虫卵。

（2）水质管理　水质与营养液的配制有密切关系。水质标准的主要指标是电导度（EC）、pH值和有害物质含量是否超标。无土栽培对水质要求严格，尤其是水培，因为它不像土栽培具有缓冲能力，所以许多元素含量都比土壤栽培允许的浓度标准低，否则就会发生毒害，一些农田用水不一定适合无土栽培，收集雨水做无土栽培是很好的方法。电导度（EC）是溶液含盐浓度的指标，通常用毫西门子表示。无土栽培的水，pH值不要太高或太低，因为西瓜对营养液pH值的要求以中性为好，如果水本身pH值偏低，就要用酸或碱进行调整，既浪费药品又费时费工。

（3）营养液的管理　营养液是无土栽培的关键。配制营养液要考虑到化学试剂的纯度和成本，生产上可以使用化肥以降低成本。配制的方法是先配出母液（原液），再进行稀释，可以节省容器便于保存。

需将含钙的物质单独盛在一容器内，使用时将母液稀释后再与含钙物质的稀释液相混合，尽量避免形成沉淀。营养液的pH值要经过测定，必须调整到适于作物生育的pH值范围，以免发生毒害。营养液配方在使用过程中，要根据西瓜不同生育期、季节或因营养不当而发生的异常表现等，酌情进行配方成分的调整。西瓜苗期以营养生长为中心，对氮素的需要量较大，而且比较严格。因此，应适当增加营养液中的氮量。在氮素使用方面，应以硝态氮为主，少用或不用铵态氮。在日照较长的春季育苗时，可适当增加铵态氮用量。缺氮时往往是叶黄而形小，全株发育不良。温室无土育苗易发生徒长，营养液中应适当增加钾素用量。在无土栽培中，由于缺铁而造成叶片变黄等较为多见，缺铁表现叶脉间失绿比较明显，其原因往往是由于营养液的pH较高，铁化物发生沉淀，不能为植株吸收而发生铁素缺乏。可通过加入硫酸等使pH降低，并适量补铁。

3.提高供液温度

无土栽培中无论哪一种形式，营养液温度都直接影响幼苗根系的生长和对水分、矿质营养的吸收。例如，黄瓜根系的生长适温为18～20℃，如果营养液温度长期高于25℃或低于13℃，均对根系生长不利。冬春蔬菜无土育苗极易发生温度过低的问题，可采取营养液加温措施（如用电热水器加温等），以使液温符合根系要求。如果为砂砾盆栽或槽栽方法，可尽量把栽培容器设置在地面以上，棚室内保持适宜的温度，以提高根系的温度。

4.补充二氧化碳

二氧化碳是幼苗进行光合作用，制造营养物质的重要原料。棚室内进行无土栽培，幼苗吸收二氧化碳速度很快，由于基质中不施用有机肥料，因而二氧化碳含量较少。因此，二氧化碳不足是重要限制因子。温室内补充二氧化碳的具体方法有：第一，开窗通气，上午10时以后，在不影响室温的前提下，开窗通气，以大气中的二氧化碳补充棚室内的不足；第二，碳酸铵加硫酸产生，方法详见“设施育苗中怎样补充二氧化碳气”；第三，施用干冰或压缩二氧化碳，国外一般用二氧化碳发生机和燃烧白煤油来产生二氧化碳。

5.其他管理

无土育苗如采用砂砾盆栽法，一般每天供液2～3次，上午和下午各1～2次，晴朗、高温的中午增加一次，幼苗期量小一些，后期量大一些。营养液膜法和雾栽法两次供液间隔时间一般不超过半小时。

三、扦插育苗

（一）扦插育苗的意义

1.节约种子

用种子生产无籽西瓜，由于发芽率和成苗率低，一般需5～7粒种子保1棵苗。采用插蔓繁殖，只要开始有1棵苗，切取茎蔓扦插就可以大量繁殖无籽西瓜苗。如果利用田间无籽西瓜整枝时剪下的多余分枝进行扦插，则可以完全不用种子（1粒也不用）而大量地繁殖无籽西瓜苗。同时，对新引进的珍贵品种的加速繁殖也有很大意义。

2.繁殖系数高

西瓜的分枝性很强，在生长过程中能够不断地发生分枝，而每一分枝又可产生许多节，因为扦插时每根插蔓只需2～3节即可，所以每株西瓜一生中能提供插条1200根左右。

3.方法简便易行，成本低

西瓜插蔓繁殖方法比较简单，只要预先培养好扦插所用瓜蔓（如果延迟栽培可用整枝时剪下的瓜蔓进行截段扦插），整好畦灌水后即可扦插。无籽西瓜利用插蔓繁殖，成本很低，如果利用田间无籽西瓜整枝剪下的瓜蔓扦插时，则可节省下种子和育苗费用；如果先利用采蔓圃培养瓜苗，然后再用采蔓圃的瓜蔓进行扦插时，可节省种子费用。

4.保存种质资源

通过插蔓繁殖的西瓜，具有原母体品种相对稳定的植物学特征和生物学特性，而且这种稳定性在以后的继代插蔓繁殖后代中仍能保存下来，使来自同一株瓜蔓的各世后代形成了无性繁殖系，并能使历代都相对稳定地保持其原祖代品种的特征和特性。因此，西瓜插蔓繁殖可作为保存种质资源的一种特殊方法，用于某些珍贵稀有品种种质资源的保存。

（二）扦插育苗方法

西瓜插蔓繁殖，可根据瓜蔓来源考虑设采蔓圃或不设采蔓圃。设采蔓圃时，应利用温室、火坑或电热线提前育苗，培养出健壮母株，方法与早熟栽培中的苗期管理相同。一般结合西瓜的保护地栽培（如温室、塑料大棚或中型拱棚等），可不单设采苗圃，利用整枝时剪下的分枝截段扦插即可。

1.扦插畦的准备

扦插畦设在塑料小拱棚内，以便保温、保湿和防风遮荫等。畦宽1.2～1.5米、长10～15米、深0.20～0.25米。畦内放入高10厘米、直径8～10厘米的塑料钵或营养纸袋，钵（袋）内装满营养土。也可将畦内填入营养土，踩实整平，使厚度达10厘米，灌透水，当水刚渗下时，立即用刀等切割成10厘米×10厘米×10厘米的营养土块。营养土是先用沙质壤土6份、厩肥4份掺和好，然后每立方米掺和土内再加入1千克复合化肥，充分混合均匀配成。土和厩肥要过筛后使用。

2.采蔓

先将采蔓用的刀或剪子用75%酒精消毒，然后从田间或采蔓圃内采取瓜蔓，立即放入塑料袋里，防止失水萎蔫。

3.插扦

插前先将扦插畦内的营养土浇透水，再将采集的西瓜蔓用保险刀片（用75%酒精消毒）切成每根带有2～3片叶的小段，并将每段基部的一个叶连同叶柄切去（如有苞叶、卷须、花蕾等也应切去），但要保留花茎节，以利产生不定根，下切口削成马蹄形，在生根液内浸泡半分钟，即可进行扦插。扦插时瓜蔓与畦面呈45°倾角，深度为3.5厘米左右。也可以先插蔓后浇水，但扦插深度要控制适宜，并应防止因浇水而倒蔓。采蔓、浸泡、扦插操作应连续进行，插完后立即盖膜。

4.盖膜

盖膜前先用小竹竿扎好覆盖塑料膜的拱型骨架，方法与建小拱棚育苗苗床相同。每畦扦插完毕立即覆盖塑料薄膜，以保温、保湿和防风。棚下可于一侧固定封死，另一侧暂时封住，留为进出管理的活口。

（三）扦插育苗要点

1.提高扦插成活率是扦插育苗管理的基本出发点

西瓜扦插苗的成活率与所采取的瓜蔓节位高低、分枝级次和叶片多少等有一定关系。根据多年试验发现扦插苗成活率的规律是：同一条分枝不同节位的瓜蔓，基部切段的成活率大于中部切段，中部切段的成活率大于顶部切段。不同分枝相同节位的瓜蔓，母蔓切段的成活率大于子蔓，子蔓切段的成活率大于孙蔓。同一条瓜蔓上，顶部切段以具有5片叶，中部切段以具有2片叶，基部切段以具有1片叶，其扦插成活率最高。

2.生根液对提高无籽西瓜蔓扦插成活率有显著作用

比对照一般可提高成活率1.9～2.7倍。同时生根液对幼龄分枝或同一分枝较高节位的作用更大些。

3.除生根液外，无籽西瓜茎蔓中的营养物质及内源生长激素可能对瓜蔓切段的成活率也有一定影响

（四）提高扦插成活率的管理要点

1.遮阳

插后3天以内要在塑料拱棚上加盖草帘遮阳，防止阳光直射。第四至第六天，只在中午前后进行遮阳。7天以后则不需再遮阳。

2.保温调温

插蔓后畦内表土下2厘米处地温最好保持在白天28～32℃、夜间20～22℃，以利生根。当畦内表土下2厘米地温在14℃以下时，不能插蔓，插后也不会生根。保温调温可通过塑料薄膜和草帘揭盖时间的长短进行调节。

3.湿度的调节

插蔓后1～3天，畦内相对湿度应保持在95%～99%，4～6天降为90%～95%，7～10天降为85%～90%，10天以后再降为80%～85%，直至移栽定植。

4.叶面喷肥

插蔓后3天内，在叶面上每天上午和下午各喷1次0.3%尿素及磷酸二氢钾。以供给叶面光合作用所需的水分及矿物质。

5.浇生根液

插蔓后1～7天内，每隔1～2天在插蔓基部喷洒1次生根液，每次每株浇10毫升左右。如果株数较少可用滴管滴，每天上午和下午各滴1次，每次3～4滴。

6.移栽定植

插蔓后15～20天，插条基部就能发生许多不定根，这时即可进行大田的移栽定植，大田的移栽定植及栽培管理措施与普通栽培相同。栽培中一般均采用三蔓式整枝，选留主蔓坐瓜，每株只留1个瓜。

四、试管育苗

试管育苗也称组织培养，就是利用植物的一部分组织或器官，在无菌条件下培养成完整植株的一种新的无性繁殖方法。此法也是无籽西瓜和其他珍稀名贵品种育苗、实现优良品种快速繁殖的一条有效途径。尤其结合嫁接栽培，借用砧木较强的适应能力和发达的根系，可比常规的试管苗直接生根移栽效果好。这样，既提高了瓜秧质量、保证有较高的成活率和抗病性，又解决了西瓜的连作障碍问题。

（一）培养材料和培养基

1.培养材料

无籽西瓜或其他珍贵品种的种胚、茎尖、根尖、花粉及子房等均可用于组织培养，目前应用最多的是种胚和茎尖组织培养。

2.培养基

无籽西瓜组织培养的培养基因所选用的材料及培养阶段的不同而有差异，一般分为种胚培养基、芽团分化培养基和生根培养基三种。

（1）培养基的成分　培养基的成分包括无机盐（常量元素和微量元素）、有机化合物（蔗糖、维生素类、氨基酸、其他水解物等）、螯合剂（乙二胺四乙酸）和植物生长调节剂等。常量元素除氮、磷、钾外，还有碳、氢、氧、钙、镁、硫等。常用的氮素有硝态氮和铵态氮，多数培养基都用硝态氮。微量元素主要需加入0.1～10毫摩尔/升浓度的铁、硼、铜、钼、锌、锰、钴、钠等。一定浓度的无机盐有利于保证培养组织生发育所需的矿质营养，使其生长加快。

有机化合物中的糖类是组织培养不可缺少的碳源，并能使培养基保持一定的渗透压。维生素类主要需加维生素B_1、维生素B_6、维生素B_{12}、维生素PP、生物素等。此外，还有肌醇（环己六醇）、甘氨酸等。

植物生长调节剂对于组织培养中器官形成起着主要的调节作用，其中影响最显著的是生长素和细胞分裂素。使用生长调节剂要注意其种类、浓度以及生长素和细胞分裂素之间的比例。一般认为生长素与细胞分裂素之比值大时，利于根的形成，比值小时，则可促进芽的形成。常用的生长素主要有有吲哚乙酸（IAA）、萘乙酸（NAA）、吲哚丁酸（IBA）和2,4-D（2,4-二氯苯氧乙酸）等。常用的细胞分裂素主要是激动素（KT）、6-苄基氨基嘌呤（6-BA）、玉米素（Z）等。

琼脂是常用的凝固剂，系培养基质，用以固定、着生培养物。通常用量为0.6%～1%。

（2）培养基的配方及其配制　三种培养基中常量元素、微量元素、维生素类及有机物等完全相同，只有生长调节剂类有所不同。无籽西瓜芽团培养基的配方如表3-2。

无籽西瓜种胚培养基的配方中常量元素、微量元素、维生素及有机物等全部与芽团培养基相同，但生长调节剂去掉吲哚乙酸（IAA）和6-苄基氨嘌呤（6-BA），蔗糖改为每升20克（食用白糖33.3克），pH值调至6～6.4。

无籽西瓜生根培养基的配方是将芽团培养基中的吲哚乙酸和6-苄基氨基嘌呤去掉，换用吲哚丁酸（IBA）（每升1毫克），其余各类元素不变。

配制培养基时，首先依次按需要量吸取各种成分，并混合在一起。将蔗糖或食用白糖加入溶化的琼脂中，再将混合液倒入，加蒸馏水定容至所需体积。随即用氢氧化钠或盐酸将pH值调至要求值，然后分装于培养容器内。

表3-2 无籽西瓜芽团培养基配方

成分	含量/（毫克/升）	成分	含量/（毫克/升）
硝酸铵（NH_4NO_3）	1650	维生素B_6	0.5
硝酸（KNO_3）	1900	肌醇	100.0
氯化钙（$CaCl_2 \cdot 2H_2O$）	440	二乙胺四乙酸铁盐（EDTA-Fe_2）	74.5
硫酸镁（$MgSO_4 \cdot 7H_2O$）	370	甘氨酸	2.0
磷酸二氢钾（KH_2PO_4）	170	烟酸	0.5
硫酸锰（$MnSO_4 \cdot 4H_2O$）	22.3	维生素B_1	0.4
硫酸锌（$ZnSO_4 \cdot 7H_2O$）	8.6	硫酸亚铁（$FeSO_4 \cdot 7H_2O$）	55.7
硼酸（H_3BO_3）	6.2	吲哚乙酸（IAA）	1.0
碘化钾（KI）	0.83	6-苄基氨基嘌呤（6-BA）	0.5
钼酸钠（$NaMoO_4 \cdot 2H_2O$）	0.25	琼脂	7000.0
硫酸铜（$CuSO_4 \cdot 5H_2O$）	0.025	蔗糖（或白糖）	30000（50000）
氯化钴（$CoCl_2 \cdot 6H_2O$）	0.025	pH值	5.5～6.4

（二）培养方法

1.消毒灭菌

将无籽西瓜种子先用70%酒精浸泡5分钟，再用饱和的漂白粉溶液浸泡3小时，用无菌水冲洗3次，然后在无菌条件下剥取种胶，接种到种胚培养基上进行培养。

2.接种及转瓶

（1）接种　接种一般在超净工作台或接种箱内进行，应严格按无菌操作规程认真进行。每接种一批要及时放入培养室，随接种随培养，使形成工厂化连续生产。在适宜的条件下，胚根首先萌发，2周后两片子叶展开转缘时，将带子叶的胚芽切下，进行转移培养。以后每隔3～4周切割1次，将顶芽和侧芽分离，植于芽团培养基中进行继代培养。

如果从田间无籽西瓜苗上直接取茎尖或侧芽则应先将取来的材料用自来水冲洗干净，再用70%的酒精消毒10秒钟，然后用0.1%的升汞消毒2分钟，最后用无菌水冲洗4～5次，接种于芽团培养基上进行培养。

（2）转瓶的适宜时间　无论种胚培养基还是芽团培养基所培养的无菌苗，当其增殖到3个芽时，应立即转瓶（分列转移到另一个三角瓶中），特别是在芽团培养基上，时间越晚分化形成的幼芽越多，不仅芽细弱，而且不便于将每个芽完整地分离。

（三）培养条件

无籽西瓜组织培养过程中，受温度、光照、培养基、pH值和渗透压等各种环境因素的影响，需要严格控制培养条件。

1.温度

无籽西瓜种胚培养最适宜的温度为28～30℃，芽（茎尖）培养最适宜的温度为25～28℃。低于16℃，高于36℃，均对生长不利。温度不仅影响细胞增殖，而且影响器官的形成。

2.光照

光照强度、光照时间及光的成分，对无籽西瓜组织培养中细胞的增殖和器官的分化都有很大的影响。在育苗中，培养室内每100厘米×50厘米的面积安装40瓦日光灯1盏，光照每日10小时，瓜苗生长快而健壮。

3.pH值

由于培养基的成分不同，要求pH值也有差异。例如，虽然无籽西瓜种胚培养基适宜的pH值为6～6.4，但如果培养基中无机铁源是$FeCl_2$，当pH值超过6.2时即表现缺铁症。如果培养基中改用二乙胺四乙酸铁盐时，即使pH值为7时也不会表现出缺铁症。芽团分化培养适宜的pH值为5.5～6.4。

4.渗透压

培养基的渗透压对器官的分化有较大影响。例如，适当提高培养基中蔗糖或食用白糖的浓度，对提高无籽西瓜愈伤组织的诱导频率和质量起着重要作用。

5.气体

愈伤组织的生长需要充足的氧气。在实践中，为了保证供给培养物以足够的氧气，通常用疏松透气的棉花做瓶塞，而且将培养瓶放置在通风良好的环境中。

（四）嫁接与管理

当芽团培养基中经分离培养的无根瓜苗长3～4厘米时，可从基部剪断，作为接穗嫁接在葫芦或南瓜砧木上。当砧木子叶充分展开并出现1片小真叶时，切除真叶，用插接法或半劈接法进行嫁接。

嫁接后的管理，主要是保湿、保温。相对湿度维持在95%以上，温度保持在26～30℃的范围内。经过15天左右，当接穗长出3～5片较大叶片时，即可定植于田间。在定植前5～7天，应将嫁接苗放到培养室外进行炼苗。炼苗前1～2天，应将培养温度降至20～24℃，相对湿度降至对75%～85%。

（五）加快幼苗繁殖的措施

1.及时调整培养基中生长调节剂的种类和浓度

在无籽西瓜组织培养过程中，芽的分化数量与培养基中所加入的细胞分裂素的种类和数量有关。例如培养基中加入2毫克/升6-苄基氨基嘌呤，培养3～4周后，能形成10～15个芽团，加入2毫克/升激动素，只能形成2～3个芽团。但是从芽的伸长生长来看，激动素的作用优于6-苄基氨基嘌呤。附加激动素培养3～4周后，芽长可达4厘米左右，可以剪取芽作继代分株培养，也可直接作接穗用于嫁接栽培。附加6-苄基氨基嘌呤的培养苗，则一直处于丛生芽的芽团状态。因此，为了尽快增加芽的数量，可加入6-苄基氨基嘌呤，以加速芽的增殖。而为了尽快取得足够的嫁接接穗或剪取一定长度的幼芽作继代培养时，可加入激动素。

此外，用高浓度的激动素（3 ～ 8毫克/升）加低浓度的吲哚乙酸（1毫克/升），附加赤霉素（GA_3，2毫克/升），能促进苗的生长。将幼芽转瓶后两周，即能长到3 ～ 4厘米高，带有4 ～ 5片小叶，且生长健壮，可供嫁接用。

2.加强管理，保持适宜的培养条件

在培养过程中，要尽量满足无籽西瓜细胞分化和器官形成对环境条件的要求。如果发现培养苗黄化并逐渐萎缩甚至死亡时，可将培养基中的铵盐适当降低并把铁盐增加1倍，pH值调到6.4。

3.改生根培养为嫁接培养

按照植物组织培养常规程序，无论利用种胚还是茎尖培养，要形成独立生长的植株，最后均需移植于生根培养基中，待形成一定的根系后才能定植到田间。但培养材料在生根培养基中生根不仅需一定的时间，而且操作较复杂，期间还有污染感病的危险，根系亦不甚发达。如果将分化形成的无籽西瓜小苗或2 ～ 4厘米长的无根丛生苗，从基部剪取作为接穗，残留部分仍可继续培养利用。由于接穗幼嫩，嫁接培养除应熟练掌握嫁接技术外，还要注意选择适宜的砧木，以提高嫁接成活率。长度不足1.5厘米的细弱接穗，嫁接成活率很低，一般只有20% ～ 25%。封顶的芽嫁接成活率更低，即使嫁接成活后也长期不能伸长生长，无法在田间定植应用，这是在嫁接时应避免的。用插接或劈接法嫁接时，砧木应粗壮或达到一定粗度时再嫁接。嫁接后要保持95%以上相对湿度和26 ～ 30℃的温度，并注意遮成花荫。嫁接后7 ～ 10天愈合成活，15 ～ 20天当接穗长出4 ～ 5片叶片时即可定植于田间。

第四章　露地栽培技术

第一节　栽前准备

一、整地做畦

种植西瓜的地块，应于封冻前进行深翻，使土壤充分风化并积纳大量雨雪。结合深翻可施入基肥。深翻后即可根据当地实际需要作成各种瓜畦。

（一）挖西瓜丰产沟

西瓜丰产沟简称瓜沟，就是在西瓜的种植行挖一条深沟，然后将熟土和基肥填入沟内，以备作畦。

春西瓜地最好在上年封冻前挖沟，以便使土壤充分风化，而且沟内可以积纳大量雨雪。西瓜沟多为东西走向、南北排列。这是因为，我国北方各省春季仍有寒冷的北风侵袭，如果瓜沟南北走向，“顺沟北风”将会对瓜苗造成严重威胁。挖沟时可以用深耕犁，也可以用铁锨。西瓜沟宽40厘米左右、深50厘米左右（约两锨宽、两锨深）。先把翻出的熟土放在西瓜沟两边，再把下层生土紧靠熟土放在外侧（图4-1）。挖沟时要尽量取直，两壁也要垂直，沟宽要求均匀一致，沟底要平整。沟底土壤坚实，应用铁锨翻或镢头刨一遍，以加深疏松和风化土层。

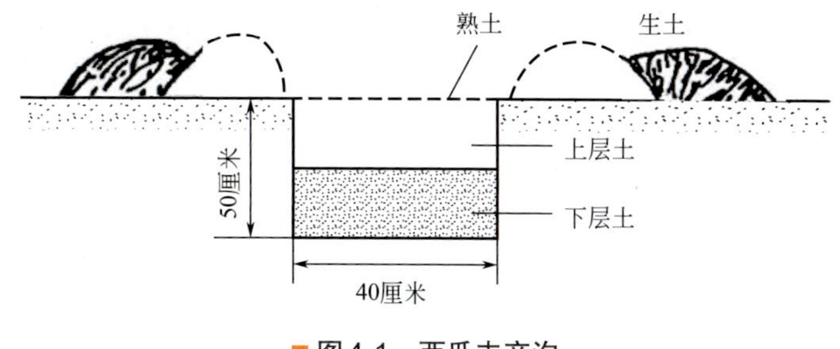

图4-1 西瓜丰产沟

西瓜沟挖好后不要马上回填土，以利土壤风化。一般可待作畦时再回填。

在作畦前要施基肥、平沟。平沟前先用镢头沿瓜沟两侧各刨一镢，使挖沟时挖出的熟土和原处上层熟土落入沟内，然后将应施入的土杂肥沿沟撒入，与土搅和均匀。从沟底翻出的生土不要填入沟内，留在地面上以利风化。整平沟面后即可作畦。

在长江流域以南地区，因为春季雨水较多，所以多结合挖瓜沟开挖排水沟，具体做法是：每条瓜沟（畦）两边开竖沟，瓜田四周开围沟，围沟与进水沟和出水沟连接，做到沟沟相通。竖沟深30～35厘米，围沟深45～50厘米，出水沟的沟底要低于围沟，以利于排水通畅。

（二）西瓜畦方向的确定

西瓜畦的方向应当依据当地的地势条件、栽培方式及温度条件确定。一般来讲，我国北方各省春季多有寒冷的北风侵袭，冷空气的危害是早春影响西瓜缓苗和生长的主要因素。所以西瓜畦以东西走向为好（表4-1）。采用龟背形西瓜沟畦，西瓜苗定植于沟底，沟底距离畦顶的垂直高度为10～20厘米，那么畦顶便成为西瓜苗挡风御寒的主要屏障。对于早春冷空气较少侵袭的地区，西瓜地北侧有建筑物或比较背风向阳的地方，以及支架栽培或采用塑料拱棚覆盖栽培等，均可采用南北走向的西瓜畦。西瓜的株距比其他作物大，而且西瓜蔓多为爬地生长，所以无论西瓜畦南北向还是东西向，一般不存在植株间相互遮荫的问题。另外，对于坡耕地，应以防止水土流失，保水保肥，便于排灌为主，不能过分强调畦向，应使西瓜畦与坡向垂直延伸。

表4-1 畦向对瓜苗生育的影响

畦向	主蔓长度/厘米	侧蔓数/条	侧蔓总长/厘米	雌花开放植株/%
东西向	1505	3.6	216.2	54.9
南北向	109.9	2.5	116.5	2.0

（三）西瓜畦式的选择与制作

在栽培上，为了便于田间管理，常常先要做成适当的畦式。在播种或定植前半月左右，将瓜沟两侧的部分熟土与肥料混匀填入沟内，再将其余熟土填入，恢复到原地面高度，整平做成瓜畦。瓜畦的形式有多种，南、北方各不相同。常见的有平畦、低畦、锯齿畦、龟背畦、高畦等。北方多采用平畦或锯齿畦，南方则多为高畦。

1. 平畦

分大小两个畦。畦面与地平线相齐，故称平畦。将瓜沟位置整平，做成宽约50厘米的小畦，称为老畦或老沟，用来播种或定植瓜苗。将从瓜沟中挖出的生土在老畦前整平做成大畦，称为加畦或坐瓜畦，作为伸展瓜蔓和坐果留瓜之用。大畦和小畦之间筑起畦埂以利档水（图4-2）。

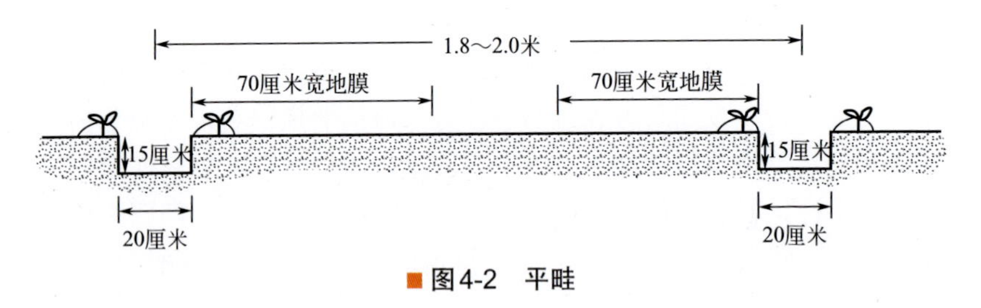

图4-2 平畦

2. 锯齿畦

将原瓜沟整平做成宽50厘米左右的畦底，北侧的生土筑成高30厘米左右的畦埂并整成南高北低的斜坡，从侧面看上去，整个瓜田呈“锯齿”形，故称锯齿形瓜畦。锯齿形瓜畦具有良好的挡风、反光、增温和保温作用，适于我国北方地区早春栽培西瓜应用。

3.龟背畦

把原挖的瓜沟做成畦底，整成宽30厘米左右的平面，再将畦底两侧的土分别向畦背（挖瓜沟时放生土的地方）扒，使两沟间形成龟背形，即成龟背畦。龟背畦的坡度要适宜，因为多在畦底处播种或栽苗，所以畦底的深度应根据地势、土质和春季风向而定。高地宜深些，低洼地宜浅些；沙土宜深些，壤土宜浅些；春季顺沟风多宜浅些，横沟风多宜深些。一般畦底深度为20厘米左右（畦底与龟背之间的高度差）。

4.高畦

南方春季雨多易涝，故多采用高畦栽培。高畦有两种规格：一种畦宽2米，高40～50厘米，两畦间有一宽30～40厘米的排水沟，在畦中央种1行西瓜；另一种畦宽4米，在畦面两侧各种1行西瓜，使其瓜蔓对爬（图4-3）。同样在畦间开挖排水沟。做高畦前将土壤深翻40～50厘米，施入基肥后整平。瓜田四周要挖好与畦间排水沟相通的深沟，以利排水。在地下水位特高或雨水特多的地区，常在高畦上再作圆形瓜墩以利排水通气。

为了便于浇水和田间其他农艺操作，瓜畦均要平整，各种瓜畦长度以不超过30米为宜。

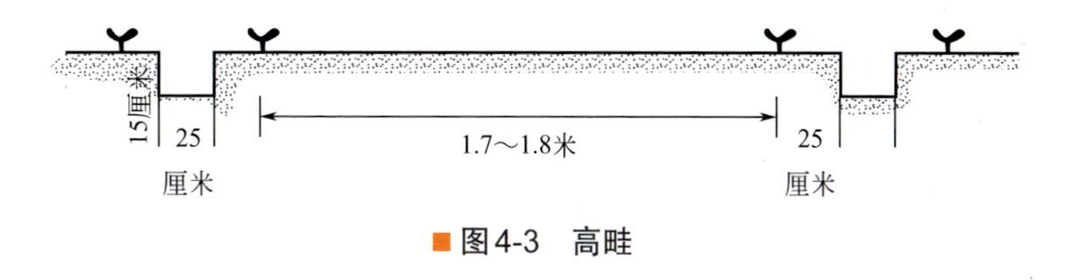

■图4-3　高畦

二、基肥的施用

（一）肥料种类

基肥以肥效较长、养分完全的有机肥料为主，再加入适量速效化肥。西瓜对肥料种类的要求比较严格。各地瓜农普遍认为肥料种类与西瓜品质的好坏关系密切。瓜田常用的有机肥料有厩肥、堆肥、草粪、土杂肥等粗肥以及大粪干、饼肥、鸡肥、鱼肥、骨粉等细肥，而以含磷、钾量高的饼肥、鸡肥和鱼肥为最好。

（二）施肥量

基肥施用量根据土壤的肥力情况而定。在土质瘠薄、肥力较差的土壤上，每公顷可施土杂肥60000～75000千克或厩肥45000～52500千克，加饼肥2250千克；中等以上肥力的土壤，每公顷施土杂肥45000～60000千克或厩肥30000～45000千克，加饼肥1500千克，在肥料中要注意氮、磷、钾三要素的配合。在北方地区一般土壤缺磷，另外西瓜需钾量较大。因此，基肥中要适当增加磷、钾肥的比例。每公顷可以加入硝基磷酸铵450～500千克和硫酸钾225～375千克或复合肥550～600千克。

（三）施肥方法

基肥的施用方法根据肥料种类和施肥量来确定。土杂肥或厩肥数量较多时，一部分可在耕地前撒施。其余的在作畦时集中沟施；数量较少时，结合作畦一次施入瓜沟即可。沟施时应将肥料和回填的熟上掺和均匀。饼肥和化肥调匀后，在作畦前施入瓜沟表层土壤中。有机肥在施用前必须集中堆沤腐熟，避免在地里发酵烧苗和滋生地下害虫。在定植畦两侧各开一条深宽各20～30厘米的施肥沟，然后将肥料一次性施放沟内，然后整平畦面，瓜苗定植在两条施肥沟的中间，这样有利于植株根系吸肥均匀。

（四）间作套种地块的整地施肥

西瓜与早春蔬菜间作套种的，冬前可不挖瓜沟，于早春将基肥撒施于地面。基肥施用量应比西瓜单作时多一些，每公顷可施用土杂肥75000～90000千克、硝酸磷钾450～600千克，然后全面深耕20～30厘米。整平耙细，按预定行距留出西瓜行。在西瓜行间做成0.8～1.2米宽的菜畦，畦埂距西瓜定植行不应少于40厘米。西瓜与冬小麦间作套种的，应在小麦播种时留出西瓜沟，一般每9行小麦留一个80厘米宽的空畦。可在小麦播种前挖西瓜沟时施入基肥。

第二节　露地栽植

一、播种与定植

（一）播种方法

田间直播和育苗多采用点播的方法，如果没有催芽时，发芽率在85%以上的每穴播1～2粒种子，发芽率在80%左右的最好不少于2粒。进行催芽的种子，一般每穴中播1粒或每穴播1粒有芽与1粒无芽种子。播种可以在播种处开穴播种，也可以先播在钵面上，播完后再覆盖床土。没出芽或刚露白的种子，播种时可用手拿种子直接播入；但已出芽，尤其是出芽较长的种子，最好用镊子或筷子夹取，用竹木小细棒亦可，但不要用手拿种芽播，因为用手取时容易折断幼芽。

（二）播种深度

播种的深度要适当，当过深时出苗时间延长，若遇床土湿度大、温度又低时易影响出苗，甚至发生烂种。播种过浅时，虽然出苗较快，但容易发生带壳出土现象，如果床土较硬，会严重影响根系的下扎，若床土失水较快时很易造成落干，特别在覆盖薄膜的苗床上，更容易发生这种现象，会直接影响到出苗或幼苗生长。据试验，播种深度以1.5～2厘米的出苗率最高，出苗速度快，带壳出土率低。超过3厘米出苗时间延迟。

（三）播种注意事项

（1）由于西瓜种子出土脱壳，是依靠土壤阻力和胚栓伸长生长共同作用的结果。因此，播种时最好将种子平放，以便使种壳受到土壤的阻力，有利于子叶脱壳，防止带帽出土。

（2）播种时土壤温度不要低于16℃，否则会大大延迟出苗时间。采用设施育苗时，可以待床温升到25℃左右时播种。

（3）播种时，土壤的湿度要适宜，如果底墒不足，应先浇足水后再播。特别是播催芽的种子，土壤湿度低时，易发生落干而使幼芽干枯，失去出苗能力，造成不应有的损失。另外，土壤墒情不足时，也会使种皮干燥变硬，影响子叶脱壳，引起带壳出土。只有在适宜的土壤湿度条件下，胚根顺利吸水，并能正常生长发育，子叶才会顺利出壳。当然，土壤湿度过大，空气缺乏，也会影响出苗，甚至发生烂种。如果出苗前或幼苗顶土时，床土过干，可适当喷洒温水。

（4）播种完毕要及时盖土或地膜，以保温保湿。

（四）移栽定植

1.定植前瓜苗的锻炼

适时、适当地进行幼苗锻炼是西瓜育苗过程中不可缺少的环节。通过炼苗可以增强幼苗的适应性和抗逆性，使瓜苗健壮，移栽后缓苗时间短，恢复生长快。西瓜幼苗经过锻炼，植株中干物质和细胞液浓度增加，茎叶表皮增厚，角质和蜡质增多，叶色浓绿。这样的瓜苗抗寒、抗旱能力强，定植后保苗率高，缓苗速度快。

西瓜苗的锻炼一般从定植前5～7天开始进行。瓜苗锻炼前选晴暖天气浇1次足水（锻炼期间不要再浇水），然后逐渐增大通风量，使床内温度由25～27℃逐渐降到20℃左右。电热温床应减少通电次数和通电时间。在这期间夜间一般不再盖草帘，塑料薄膜边缘所开的通风口夜间也不关闭。随着外界气温的回升，定植前2～3天当气温稳定在18℃以上时，苗床除掉所有覆盖物（电热温床还应停止通电），使瓜苗得到充分的锻炼。在瓜苗锻炼期间，如果遇到不良天气，例如大风、阴雨、寒流、防霜冻等，则应立即停止锻炼并采取相应的防风、防雨、防寒、防霜等保护措施。另外，如果锻炼时间已达到要求，但因天气不良或突然遇到某种特殊情况时，可暂不定植，在瓜苗不受冻害的前提下，继续进行锻炼。

2.西瓜定植适期的确定

早春定植西瓜苗最重要的是考虑地温和霜冻。各地历年的终霜期不一。为了西瓜生产的安全，早春露地栽培和地膜覆盖栽培一般应在终霜期过后定植为宜。定植时的天气情况对定植后的幼苗生长发育有很大影响，如遇连阴雨天或寒流天气，宁肯晚定植几天也比阴雨天、寒流天早定植好得多。中小拱棚覆盖栽培，或地膜加小拱棚双覆盖栽培的定植期，一般可比露地定植提早20天左右。塑料大棚保护栽培，或塑料小拱棚夜间覆盖草帘保护栽培，一般可比露地栽培提早1个月定植。早春冷风较多的地区和风大的地区，对于适期露地早定植的瓜苗应加强防风措施。

另外，为了提高西瓜生产的经济效益，避免西瓜集中上市，延长西瓜供应期，生产中应当根据自己的实际情况和条件，尽量使西瓜的品种做到早、中、晚熟合理搭配，分期播种。也可根据天气的变化情况和瓜苗的大小，进行分期定植。

3.提高西瓜定植成活率的措施

我国北方春季风大，又常有寒流（倒春寒）天气，西瓜苗定植后有时遇到灾害性天气，成活率不高。特别是质量不高或未经充分锻炼的瓜苗，定植成活率更低，影响早熟高产。提高西瓜苗定植的成活率可采取下列措施：

（1）增强瓜苗的抗逆能力　加强苗床管理，提高瓜苗质量，加强定植前的瓜苗锻炼，使植株本身的抗逆能力增强。

（2）提高地温　春季地温低是影响缓苗和成活率低的重要原因。因此要在定植前15天整好畦面，以便充分晒土，提高地温。定植时不要灌大水，以免降低地温。最好进行穴灌或开浅沟浇小水，以定植瓜苗根系周围的土壤充分湿润为度，浇水后封堰，定植后要结合封堰将土铲细铲松，既增加土壤透气性，又能提高地温。

（3）定植深浅要适宜　定植深度一般以覆土后子叶距地面1～2厘米为宜，切不可过深或过浅。定植过深土温低，缓苗慢，潮湿地块还易烂根。定植过浅则表土易干、影响成活。

（4）避免伤苗和伤根　定植时应仔细操作，以免碰伤瓜苗或碰破营养土块。采用营养纸袋育苗者，定植时一般不需将纸撕去。采用营养土块育苗者，应将苗床设在瓜田附近，以尽量缩短运苗距离。采用塑料营养钵育苗者，要在栽苗时才将瓜苗连同培养土一起轻轻从钵中取出，以尽量减少伤根。

■图4-4　西瓜田间定植

4.定植方法

定植就是将育成的西瓜苗按一定的株行距栽植于大田中（或栽培设施中）（图4-4）。

在定植前5～7天，平整好瓜沟，使其土壤充分日晒，以提高土温。土温高定植后能加速次生根的生长，有利于水分和矿物质的吸收，有利于缓苗。定植时，用瓜铲或瓜苗定植器按株、行距开穴栽植，封土按实。然后浇水。

二、田间管理

（一）查苗补苗

西瓜苗齐、苗全、苗壮是高产的基础。种植西瓜时，如果严格按照播种、育苗和瓜苗定植的技术要求操作，一般不会出现缺苗的现象。但有时由于地下害虫的危害、田间鼠害，或者在播种、育苗和定植时某些技术环节失误，会造成出苗不齐不全或栽植后成活率不高的现象。遇此情况，可采取以下的补救办法：

1.催芽补种

西瓜直播时，如果播种过深或湿度过大时，会造成烂种或烂芽，而形成缺苗。这时要抓紧将备用的瓜种进行浸种、催芽，待瓜种露出胚根后，用瓜铲挖埯补种。

2.就地移苗，疏密补缺

把一埯多株的西瓜苗，用瓜铲将多余的带土瓜苗移到缺苗处。栽好后浇少量水，并适时浅划锄，促苗快长。

3.移栽预备苗

在西瓜播种时，于地头地边集中播种部分预备苗，或者定植时留下部分预备苗。当瓜田出现缺苗时，可移苗补栽。这种方法易使瓜苗生长整齐一致，效果较好。

4.加肥水促苗

对于瓜苗生长不整齐的瓜田，要在瓜苗长出3～4片真叶时，或定植缓苗后，对生长势弱、叶色淡黄的三类瓜苗，追一次偏心肥。办法是在距瓜苗15～20厘米处，揭开地膜挖一小穴，每株浇施约0.2千克腐熟的人粪尿或0.5%的尿素化肥水0.5千克，待肥水渗下后埋土覆膜，以促使弱苗快长。此外，对个别弱苗，施偏心肥7～10天后，还可距瓜苗15～20厘米开沟，每株追施尿素20～30克或复合化肥50克，然后覆土，浇0.5千克左右水，待水渗下后盖好地膜。

（二）促进西瓜苗早发棵的几项措施

促进西瓜幼苗的旺盛生长，保障瓜田苗全苗旺，是西瓜早熟、高产栽培的重要环节。早春西瓜苗出土或定植到大田后，可采取如下措施，以促进西瓜苗早发棵。

1.提高播种或定植质量

西瓜播种或定植前要把瓜沟充分浇透，并结合作畦将畦面整平耙细，使整个瓜畦下实上松。播种和定植瓜苗要选在晴暖天气的上午进行，并要保证播种和定植后有2～3个晴天天气。播种或定植时一定要浇透底水，以利出苗和缓苗。定植瓜苗时要仔细操作，不能碰破或起破营养土块或营养纸袋，不能碰伤瓜苗，播种或定植后应用细土覆盖，并使覆土厚度按照要求保持一致。如果采用地膜覆盖栽培，要适当多施基肥，可将全部用肥量的80%左右作为基肥，将第一次追肥的时间比不覆地膜的推迟10～15天，并要在定植或播种前浇透底水。同时，将畦面整细拉平，以提高覆膜质量。

2.及时中耕松土

西瓜苗出土或大田定植以后，要经常中耕松土。中耕松土的作用，一方面可切断土壤毛细管，减少水分蒸发，保持墒情；另一方面可使表土层经常保持疏松，以增加土壤通气性能，并能提高地温。因此，中耕松土是促进幼苗根系发育的重要措施。直播西瓜，在苗期一般要中耕6～7次。第一次中耕在瓜苗拉十字阶段前，用锄（或瓜铲）在西瓜苗周围及瓜沟处趟锄，深5～6厘米，将杂草除掉，土块打碎，并将地面稍拍实整平。以后每隔4～5天中耕1次，方法与第1次相同，但随瓜苗的生长和根系的扩展，中耕深度应较浅，一般3～4厘米即可。移栽定植的瓜苗，中耕次数可以减少，一般3～5次。第一次中耕应在缓苗后进行，方法与直播者相同。以后每隔5～7天中耕1次，深度5～6厘米。最好在浇水和雨后进行中耕。有条件时，最好在西瓜幼苗根部地面铺放一层厚2厘米左右的沙子，可防止土壤板结，保持土壤湿润，减少中耕次数，并且白天能提高地温，促进幼苗生长。此外，覆盖地膜的瓜田，只在地膜外围趟锄除草3～5次即可。

3.适当加大肥水

选择气温较高的晴天上午加大浇水量，每公顷可浇灌450～600立方水。如果基肥不足时，可在浇水前先追施尿素，及促进其加快生长。具体做法是，离弱苗根部20厘米左右，开一3～4厘米浅沟，每株追施尿素20～30克，覆土后浇水。

（三）直播西瓜壮苗与徒长苗的主要区别

西瓜直播栽培，在田间定苗时也应选留壮苗，间掉徒长苗和弱苗。壮苗和弱苗容易区分，但壮苗与徒长苗却容易混淆。这是因为，徒长苗看来似乎比壮苗生长较大的缘故。其实，这只是表面现象。西瓜的壮苗与徒长苗，在形态特征上有明显的不同，通过对1000多株子叶苗的调查发现，凡是壮苗，其子叶不但肥厚，而且纵径与横径之比平均为1.53；徒长苗不但子叶较薄，而且纵径与横径之比平均为1.72。壮苗下胚轴长与粗之比平均为11.87；徒长苗下胚轴长与粗之比平均为26.17（图4-5）。所以，壮苗子叶宽厚，下胚轴粗短；根系发达，已发生许多一次侧根，4片真叶时一般可发生2～3次侧根，主根长可达20～30厘米；叶柄粗短，叶片肥大，叶脉粗壮，叶色浓绿。徒长苗下胚轴细长，而且呈现上部细、基部粗的长锥形；根系不发达，侧根少；叶柄细长，叶片狭长而薄，叶脉细，叶

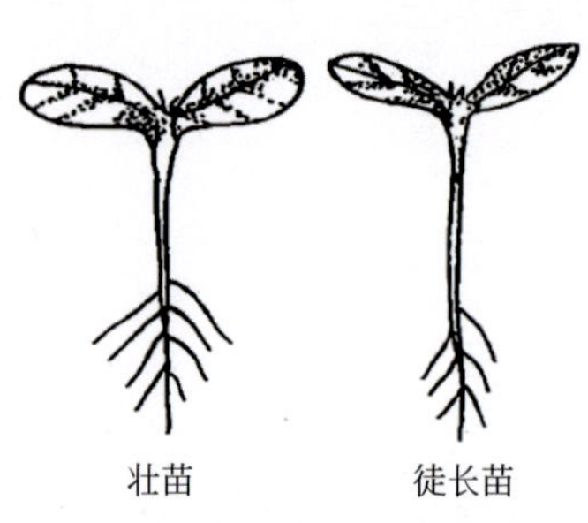

■图4-5 西瓜壮苗与徒长苗

色较淡。

（四）防止西瓜植株徒长的主要措施

西瓜蔓叶生长中心转移，营养过分集中到蔓叶生长方面，表现在植株上被称为徒长，俗叫跑蔓、疯长、旺长等。西瓜徒长后，一般表现为瓜蔓变细而脆，节间变长；叶柄细而长，叶片薄而狭长，叶色淡；雌花出现延迟，不易坐瓜；雌花开放时，瓜梗细且短，子房纤小，易萎缩而化瓜。生产中一般采用控制肥水和整枝措施控制西瓜徒长。

肥水施用过量，特别是氮肥过量，磷、钾肥不足时，很容易使植株徒长。肥水使用时期掌握不当，也易造成徒长。例如在坐瓜前肥水过大，营养集中供应蔓叶生长，而花果孕育期则得不到足够的营养，即生长中心不能适时由营养生长转至生殖生长而形不成生长中心，因而肥者愈旺，弱者愈弱。如果控制肥水，则可抑制营养生长，使生长中心及时转移到生殖生长方面。据试验，雌花出现节位距瓜蔓顶端的距离，是衡量生长中心是否转移的标志。例如鲁瓜1号，当雌花开放时，以雌花到生长点距离为25～30厘米时，生长发育十分协调，证明生长中心已由营养生长转到生殖生长方面；若从雌花到生长点距离大于60厘米时，则蔓叶生长过旺，节间变长，不易坐瓜，证明生长中心仍在营养生长方面而没有转移；如果从雌花到生长点距离小于15厘米时，则蔓叶生长过弱，证明生长中心已过早地由营养生长转移到生殖生长方面。

（五）植株调整

在西瓜生产中，对植株进行整枝、压蔓、打杈、摘心等，通常总称为植株调整。其作用可调整或控制西瓜蔓叶的营养生长，促进花果的生殖生长，改善田间或空间群体结构和通风透光条件，提高西瓜产量和品质。

1.西瓜植株调整的意义

西瓜植株调整，实质上就是调整叶面积系数（指单位面积土地上西瓜全部绿叶面积与土地面积的比值），改善群体结构（指西瓜植株在一定范围内的分布状态），有利于碳水化合物的积累，提高西瓜的产量和品质。因此，整枝、压蔓是西瓜高产栽培的一项不可缺少的重要措施。但不同品种对植株调整的反应不同，这与其生长结果习性，特别是生长势及分枝性有关，此外与栽培方式和栽植密度也有关。一般晚熟品种较早熟品种，保护地栽培较露地栽培，植株调整有其更重要的意义。

整枝的作用主要是让植株在田间按一定方向伸展，使蔓叶尽量均匀地占有地面，以便形成一个合理的群体结构。压蔓的作用主要是固定瓜蔓，防止蔓叶和幼瓜被风吹动而造成损伤；同时压蔓还可以产生不定根，增加吸收能力。打杈和摘心能够调整植株体内的营养分配，控制蔓叶生长，促进西瓜生长。

植株调整除了调整营养分配，促进坐瓜和瓜发育外，还可缩短生长周期，提早成熟。西瓜是喜光喜温作物，当栽植较密，风光郁闭，或播种较晚，受到温度限制时，生长后期所形成的叶子，不但不能制造养分供应西瓜生长，反而会消耗前期形成的叶片所制造的养分。及时打杈或摘心，就可以减少后期蔓叶，使前期所结的瓜充分吸收营养，缩短生长时间，达到提早成熟的目的。

2.西瓜的整枝方式

整枝即对西瓜的秧蔓进行适当整理，使其有合理的营养体，并在田间分布均匀，改善通风透光条件，控制茎叶过旺生长，减少养分消耗，促进坐果和果实发育。整枝方式因品种，种植密度和土壤肥力等条件而异，有单蔓式、双蔓式、三蔓式、多蔓式。此外，还有单向整枝和双向整枝之分（图4-6～图4-9）。

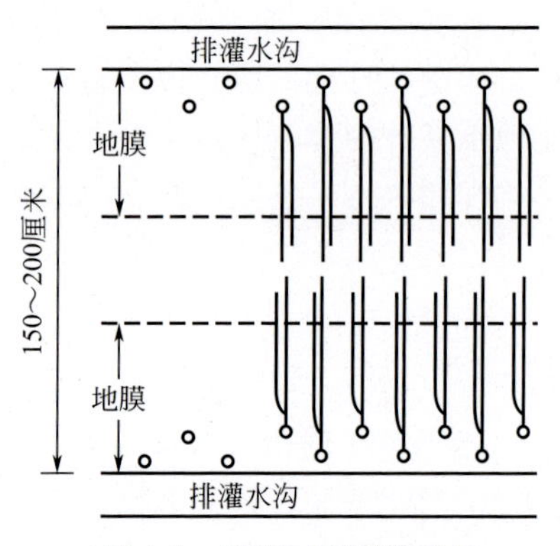

图4-6　双行对爬双蔓整枝

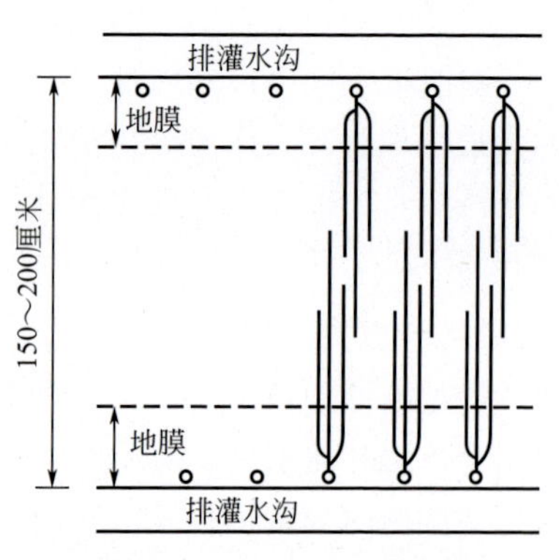

图4-7　双行对爬三蔓整枝

■图4-8　单向顺爬整枝

■图4-9　双向对爬整枝

（1）单蔓整枝　单蔓整枝即只保留一条主蔓，其余侧蔓全部摘除。由于它长势旺盛，又无侧蔓备用，因此，坐果不易，要求技术性强。采用单蔓整枝，通常果实稍小，坐果率不高，但成熟较早，适于早熟密植栽培。东北、内蒙古、山西等地有部分瓜田采用这种整枝方式。

（2）双蔓整枝　双蔓整枝即保留主蔓和主蔓基部一条健壮侧蔓，其余侧蔓及早摘除。当株距较小、行距较大时，主、侧蔓可以向相反的方向生长；若株距较大、行距较小时，则以双蔓同向生长为宜。这种整枝方式管理简便，适于密植，坐果率高，在早熟栽培或土壤比较瘠薄的地块较多采用。

（3）三蔓整枝　即除保留主蔓外，还要在主蔓基部选留2条生长健壮、生长势基本相同的侧蔓，其他的侧蔓予以摘除。三蔓式整枝又可分为老三蔓、两面拉等形式。老三蔓是在植株基部选留两条健壮侧蔓，与主蔓同向延伸；两面拉即两条侧蔓与主蔓反向延伸。此外，还有的在主蔓压头刀后（距根部30～50厘米远处）选留两条侧蔓，这种方法晚熟品种应用的比较多。三蔓整枝坐果率高，单株叶面积较大，容易获得高产。各地西瓜栽培中应用较为普遍，也是旱瓜栽培地区应用最广泛的一种整枝方式。

（4）多蔓整枝　除保留主蔓外，还选留3条以上的侧蔓，称为多蔓整枝。如广东、江西等地的稀植地块，每公顷仅种植3000～4500株，除主蔓外还选留3～5条侧蔓。华北晚熟大果型品种有采用四蔓式或六蔓式整枝两面拉的方法，每公顷种瓜4500株左右。采用多蔓式整枝的，一般表现为结瓜多、瓜个大，但由于管理费工、不便密植，在生产上已很少采用。

另外，还有不打杈、保留所有分枝的乱秧栽培。它适用于生长势较弱、分枝力较差的品种。在籽瓜栽培中应用较多。

各种整枝方式，都有其优点和缺点。单蔓式和双蔓式整枝，可以进行高密度栽植，利用肥水比较经济，西瓜重量占全部植株重量的百分比（称为经济系数）较高，缺点是费工，植株伤口较多，易染病。特别是单蔓式整枝，生长旺盛，成熟较早，但要求技术性强，瓜个小，不易坐瓜，一旦主蔓坐不住瓜或被地老虎截断，没有副蔓备用，就会造成空蔓。三蔓式或多蔓式整枝，管理比较省工，植株伤口少，一旦主蔓受伤或坐不住瓜时，可再选留副蔓坐瓜；同时，只要密度适宜，有效叶面积较大，同样的品种，三蔓式要比单蔓式和双蔓式整枝结瓜多或单瓜重量大、产量高；缺点是不宜高密度栽植，浇水施肥不当时易徒长，留瓜定瓜技术要求较高，瓜成熟较晚。

3.西瓜的倒秧和盘条

（1）倒秧　又称“板根”，系在西瓜幼苗团棵后，蔓长30～50厘米时，将还处于半直立生长状态的瓜秧按预定方向放倒成匍匐生长，这一作业俗称“倒秧”或“板根”。由于西瓜伸蔓期，瓜秧处于由直立生长转向匍匐生长的过渡时期，此期最容易被风吹摇动而使西瓜下胚轴折断，并且也不便于压蔓，因此需先将瓜蔓向预定一侧压倒，使瓜秧稳定。倒秧的做法各地也不一样。北京大兴区有“大板根”和“小板根”两种方法。大板根是在瓜苗一侧用瓜铲挖一深、宽各5厘米的小沟，再将根（下胚轴）部周围的土铲松，一手持住西瓜秧根茎处，另一只手拿住主蔓顶端，轻轻扭转瓜苗，向延伸瓜蔓的方向压倒于沟内，再将根际表土整平，并用土封严地膜破口。同时，在瓜秧根颈处用泥土封成半圆形小土堆、拍实。这种“大板根”方法较适用于西瓜植株生长势强或沙土地情况下，可防止徒长。“小板根”的做法与“大板根”不同处在于，将瓜秧自地上部近根处板倒，而根茎部依旧直立，只是地上部压入地下1～2厘米，拍实，留蔓顶端4～7厘米任其继续自然生长，随后用土封住地膜破口。这种“小板根”法适用于植株生长势弱和黏土地情况下，有增强长势，利于坐果的作用。一般在进行“板根”作业前，要先去掉未选留的多余小侧蔓。山东地区西瓜田的植株管理较精细，自古有盘条压蔓习惯，而在“盘条”前也有类似北京大兴区的“板根”措施，当地俗称“压腚”或“打椅子”，即当西瓜主蔓长40厘米左右时，扒开瓜秧基部的土，将瓜秧向一侧压倒，用湿土培成小土堆使其稳定，随后可进行盘条。

（2）盘条　通常所谓“盘条”，是指在“板根”或“压腚”之后，瓜蔓长40～50厘米时，将西瓜主蔓和侧蔓（在双蔓整枝情况下）分别先引向植株根际左右斜后方，并弯曲成半圆形，使瓜蔓龙头再回转朝向前方，将瓜蔓压入土中（但不可埋叶）。一般主蔓较长，弯的弧大些；侧蔓短，则弯的弧小些，使主侧蔓齐头并进。“盘条”作业要及时，若过晚则“盘条”部位的叶片已长大，“盘条”后瓜蔓弯曲处的叶片紊乱和拥挤重叠，且长时间不能恢复正常，对生长和坐瓜不利。

盘条可以缩短西瓜的行距，宜于密植，同时能缓和植株的生长势，使主侧蔓整齐一致，便于田间管理。老瓜区露地栽培的晚熟西瓜品种多进行此项工作。

4.西瓜的压蔓

用泥土或枝条将秧蔓压住或固定，称为压蔓。压蔓的作用一是可以固定秧蔓，防止因风吹摆动乃至滚秧而使秧蔓及幼果受伤，影响结果。二是可以使茎叶积聚更多的养分而变粗加厚，有利于植株健壮生长。三是可使茎叶在田间分布均匀，充分利用光照，提高光能利用率。四是压入土中的茎节上可产生不定根，扩大了根系吸收面积，增强了对肥水的吸收能力。

压蔓有明压、暗压、压阴阳蔓等方式。

（1）明压法　明压亦称明刀、压土坷垃，就是不把瓜蔓压入土中，而是隔一定距离（30～40厘米）压一土块或插一带杈的枝条将蔓固定。明压时一般先把压蔓处整平，再将瓜蔓轻轻拉紧放平，然后把准备好的土块或取行间泥土握成长条形泥块。压在节间上。也可用鲜树枝折成“A”形或选带杈的枝条、棉柴等将瓜蔓叉住。明压法对植株生长影响较小，因而适用于早熟、生长势较弱的品种。一般在土质黏重、雨水较多、地下水位高的地区，或进行水瓜栽培，多采用明压法。

（2）暗压法　暗压即压闷刀，就是连续将一定长度的瓜蔓全部压入土内，称为暗压法，又称压阴蔓。具体做法是：先用瓜铲将压蔓的地面松土拍平，然后挖成深8～10厘米、宽3～5厘米的小沟，将蔓理顺、拉直、埋入沟内，只露出叶片和秧头，并覆土拍实。暗压法对生长势旺、容易徒长的品种效果较好，但费工多，而且对压蔓技术要求较高。在沙性土壤或丘陵坡地栽培旱瓜，一般要用暗压法。

（3）压阴阳蔓法　将瓜蔓隔一段埋入土中一段，称为压阴阳蔓法。压蔓时，先将压蔓处的土壤松土拍平，然后左手捏住瓜蔓压蔓节，右手将瓜铲横立切下，挤压出一条沟槽，深6～8厘米，左手将瓜蔓拉直，把压蔓节顺放沟内，使瓜蔓顶端露出地面一小段，然后将沟土挤压紧实即可。每隔30～40厘米压一次。在平原或低洼地栽培旱瓜，压阴阳蔓较好。

南方种瓜很少压蔓，大多在瓜田铺草，或在西瓜伸蔓后，于植株前后左右每隔40～50厘米插一束草把，使瓜蔓卷绕其上，防止风吹滚秧。

西瓜压蔓有轻压、重压之分。轻压可使瓜蔓顶端生长加快，但较细弱；重压后瓜蔓顶端生长缓慢，但很粗壮。生长势较旺的植株可重压，如果植株徒长，可在秧蔓长到一定长度时将秧头埋住（俗称搁顶）。在雌花着生节位的前后几节不能压蔓，雌花节上更不能压蔓，以免使子房损伤或脱落。为了促进坐果，在雌花节到根端的蔓上轻压，以利于功能叶制造的营养物质向前运输，雌花节到顶端的2～3节重压，以抑制营养物质向顶端运输，控制瓜秧顶端生长，迫使营养物质流向子房或幼果。北方地区，西瓜伸蔓期正处在旱季，晴天多，风沙大，温度高，宜用重压，使其多生不定根，扩大根系吸水能力，且防风固秧。一般是头刀紧、二刀狠，第三刀开始留瓜，同时压侧蔓。西瓜压蔓宜在中午前后进行，早晨和傍晚瓜蔓较脆易折断，不宜压蔓。

应特别提出的是，采用嫁接栽培的西瓜一定不能压蔓！

（六）浇水

西瓜浇水应根据生育期、天气和土质等情况综合考虑。在生产中瓜农通常是“看天、看地、看苗”浇水。

1.西瓜定植水的施用

西瓜苗有浇水后定植和定植后浇水两种栽植方法。在西瓜生产中这两种方法都常采用。浇水后定植俗称座水定植，即先在瓜沟内开定植穴或定植沟，然后灌水，等水渗下时栽苗，栽后覆土。定植后浇水是先在瓜沟内开定植穴或定植沟，栽苗后覆土，适当压紧，然后浇水，待水全部渗下去以后，在定植穴的表面铺沙或覆以细干土。

一般来说，浇水后定植能充分保证土壤湿度，栽苗速度较快，定植后可以马上整平整细畦面，这对于覆盖地膜是非常有利的。因此，地膜覆盖栽培和双膜覆盖栽培的西瓜常用这种栽法。定植以后浇水，能使土壤与营养土块或营养纸袋密切接触，利于根系的恢复生长，但为了提高地温，不能一次浇水过多。栽后可先浇少量定植水，第2天再浇一次缓苗水，这对提高地温和防止早春的晚霜危害有一定的作用，一般春季露地栽培常用这种方法。

此外，移栽大苗采用先定植后浇水的方法比较方便；移栽小苗，特别是“贴大芽”，则以先浇水后定植的方法较好。

在采用先浇水后定植的方法时，应掌握在水渗下后马上栽植。如栽早了，穴或沟中尚有水，培土按压时可能在根部形成泥块，影响根系生长。如栽晚了，穴或沟中水分已蒸发，培土后根部土壤处于干燥状态，不利于瓜苗发根。

2.西瓜高产栽培浇水量的确定

西瓜浇水的多少，应根据西瓜不同品种的吸水特点、不同天气条件、不同的生育期以及要求达到的不同产量指标，进行具体的分析。

（1）根据不同品种的吸水特点确定浇水量　西瓜吸收水分的动力来自两方面，一是靠根压（由于根系本身的代谢活动而产生的从土壤吸取水分并将水分沿导管向上压送的力量称为根压），将土壤中的水分压送到地上部，二是靠叶子的蒸腾拉力，将植株内的水分散发到空气中，并以此为阶梯，将土壤里的水分不断“拉”到空气中，不同的品种，其根压和蒸腾拉力的大小均不相同，一般旱瓜生态型品种的根压比水瓜生态型品种大，而蒸腾拉力比水瓜生态型品种小。凡是蒸腾拉力较大的品种，需水量也大，不耐旱，浇水量就应多。这就是不同品种需水量和抗旱性不同的根本原因。西瓜的中熟品种对浇水最敏感。所以，旱瓜生态型品种浇水量可少，水瓜生态型品种浇水量应多；同一类生态型的西瓜，早熟品种浇水可少些，中熟品种浇水量应多。

（2）根据不同天气条件确定浇水量　不同的天气条件（如降雨、空气相对湿度和风力大小）对蒸腾拉力有很大影响。而蒸腾拉力又是西瓜吸水最主要的动力，根压居次要地位。只有当空气湿度很大而土壤水分又充足时，蒸腾拉力才变得很弱，也只有在这种情况下，根压才成为最主要的吸水动力。因此，愈是在干旱的季节，愈是在空气干燥的情况下，蒸腾拉力愈大，就需大量浇水。

（3）根据不同生育期的耗水量确定浇水　西瓜的耗水量不仅与品种、气候条件有关，而且还与生育期有关。幼苗期浇水宜少。如果土壤较干，瓜苗先端小叶中午时叶片灰暗、叶片萎蔫下垂即是缺水的象征，可以喷浇。移栽的瓜苗应在2～4天内及时浇缓苗水，以促进缓苗和幼苗生长。伸蔓期植株需水量增加，浇水量应适当加大。瓜苗“甩龙头”以后，在植株一侧30厘米处开沟浇水，浇水量不宜过大，采用小水缓浇，浸润根际土壤。最好在上午浇水，浇完后暂时不封沟，经午间阳光晒暖后，下午封沟，这种方法通常称为暗浇或“偷浇”，以后随着气温的升高，植株已经长大，可以改为畦面灌溉，进行明浇。结果期植株需水量最大，要保证充足的水分供应。从坐瓜节位雌花开放到谢花后3～5天，是西瓜植株从营养生长向生殖生长转移的时期，为了促进坐瓜，这一阶段要控制浇水，土壤不过干，植株不出现萎蔫一般不要浇水。幼瓜膨大阶段，即雌花开花后5～6天，要浇膨瓜水。由于此时的茎叶生长速度仍然较快，所以浇水量不要过大，以浇水后畦内无积水为好。当幼瓜长到鸡蛋大小以后可每隔3～4天浇一次水。当瓜长到直径15厘米左右时，正是果实生长的高峰阶段，需要大量的水分，可开始大水漫灌，天气干旱时，一般每隔1～2天浇一次水，始终保持土壤湿润。到瓜成熟前7～10天应逐渐减少浇水量，采收前2～3天停止浇水。

南方雨水较多，西瓜生育期间一般浇水较少，但长江中下游一带的西瓜生育后期进入旱季，常常要进行补充浇水。浇水方法可利用排水沟进行沟灌，或采用泼浇的方法。有条件可进行喷灌。

（4）根据产量确定浇水量　任何作物产量的形成都需要消耗一定的水分。因此，要求达到的产量指标越高，需要浇水的次数和水量也要越多。一般每生产100千克西瓜，大约需要消耗5600千克水。但实际浇水时，还要考虑到土壤贮水或流失以及田间蒸发失水。也就是说，每生产100千克西瓜，实际消耗水量还要大于5600千克水。在生产实践中证实，要获得西瓜高产、稳产，必须保证土壤在0～30厘米土层的含水量为田间最大持水量的70%以上，如果土壤相对湿度低于48%，则引起显著减产。因此，在以产定水时，应结合土壤中的含水量酌情增减。一般可按每生产100千克西瓜需消耗水分10吨（不包括地面蒸发的水分）。

3.西瓜生产中“三看浇水法”的运用

我国北方各地在春西瓜生产中，大部分时间是处在春旱少雨季节，春天沙质土壤水分蒸发又快，所以及时适量浇水是很重要的。西瓜要看天、看地、看苗浇水，简称“三看浇水法”。所谓看天，就是看天气的阴晴和气温的高低。一般是晴天浇水，阴天蹲苗；气温高，地面蒸发量大，浇水量大；气温低，空气湿度大，地面蒸发量小，浇水量也小。早春为防止降低地温应在晴天上午浇水；6月上旬以后，气温较高，以早晚浇水为宜，夏季雨后要进行复浇，以防雨过天晴引起瓜秧萎蔫。所谓看地，就是看地下水位高低、土壤类型和含水量的多少。地下水位高，浇水量宜小，地下水位低浇水量应大。黏质土地，持水量大，浇水次数应少；沙质土地持水量小，浇水次数应多；盐碱地则应用淡水大灌，并结合中耕；对漏水的土地，应小水勤浇，并在浇水时结合施用有机肥料。所谓看苗，就是看瓜苗长势和叶片颜色，也就是根据生长旺盛部分的特征来判断。在气温最高、日照最强的中午观察，当瓜苗的先端小叶向内并拢、叶色变深时，是缺水的特征。若瓜苗的茎蔓向上翘起，表示水分正常。如果叶片边缘变黄，显示水分过多。植株长大以后，当中午观察时，发现有叶片开始萎蔫，但中午过后尚可恢复，说明植株缺水。叶片萎蔫的轻重及其恢复的时间长短，则表明其缺水程度的大小。若看到叶子或茎蔓顶端的小叶舒展、叶子边缘颜色淡时，则表示水分过多。此外，茎蔓顶端（俗称龙头）翘起与下垂、叶片萎蔫的轻重及恢复的快慢等，都能反映出需水的程度。

4.西瓜结瓜期的浇水

西瓜进入结瓜期之后，蔓叶的生长仍很旺盛，同时瓜迅速膨大，植株的各种生理活动十分活跃。在这期间合理浇水，对于满足西瓜植株生长的需要、提高西瓜产量和品质都具有重要的意义。

从坐瓜节位雌花的开放到谢花后3～5天，是西瓜植株从营养生长向生殖生长转移的时期。为了促进坐瓜，这一阶段要控制浇水，土壤不过干，植株不出现萎蔫一般不要浇水。幼瓜膨大阶段，即雌花开花后5～6天，要浇膨瓜水。由于此时的蔓叶生长速度仍然较快，所以浇水不要过大，以浇水后畦内无积水为好。当幼瓜鸡蛋大小以后可每隔2～3天浇1次水。当瓜长到直径15厘米左右时，正是果实生长的高峰阶段，需要大量的水分，可开始大水漫灌，一般每1～2天浇1次水，甚至一天浇2次水。始终保持土壤湿润，以满足瓜迅速膨大的需要。到瓜成熟前7～10天应逐渐减少浇水，采收前2～3天停止浇水，以促进瓜内部各种糖分的转化，利于储藏和运输。

西瓜进入结瓜期以后，往往已进入当地的高温季节。因此，结瓜期间的浇水应当在每天的早、晚进行。这样可以避免因高温时浇水而引起的根系呼吸作用突然降低，吸水作用减弱以致使地上部蔓叶发生萎蔫；同时，早、晚浇水还能改善田间小气候，人为地造成昼夜温差加大，有利于光合产物的积累以及糖分的运输和转化。

（七）施肥

1.西瓜的施肥量

种西瓜习惯于大量施肥，例如我国北方大量使用基肥。但实际上并不是肥料越多越好。施肥量不足，减少产量，施肥量过大，不仅浪费肥料，还可能引起植株徒长，降低坐瓜率，造成减产。利用无土栽培测算的结果是，每生产100千克西瓜（鲜重），需纯氮（N）0.184千克、磷（P_2O_5）0.039千克、钾（K_2O）0.198千克。我们可以根据不同的产量指标，不同的土壤肥力，计算出所需要的施肥量。

（1）计算程序　首先查阅土壤普查时的档案找出该地块氮、磷、钾的含量；如果没有进行土壤普查的地块，可按相邻地块推算或进行取样实测。然后，再根据预定西瓜产量指标，分别计算出所需氮、磷、钾数量。最后，根据总需肥量、土壤肥力基础、各种肥料的利用率，计算出实际需要施用的各种肥料的数量。

（2）计算公式

$$Q=\frac{KW-T}{RS}$$

式中　Q——每公顷所需施用肥料数量，千克；

K——生产每千克西瓜所需氮（N）、磷（P_2O_5）、钾（K_2O）数量，千克；

W——计划西瓜公顷产量，千克；

T——每公顷土壤中氮（N）、磷（P_2O_5）、钾（K_2O）数量，千克；

R——所施肥料中氮（N）、磷（P_2O_5）、钾（K_2O）含量，%；

S——所施肥料的利用率（表4-2）；

K——已知试验常数：$K(N)=0.00184$，$K(P_2O_5)=000039$，$K(K_2O)=0.00198$。

以产定肥，不仅可以满足西瓜对肥料的需要，而且还可以做到经济合理用肥。以产定肥的科学依据是经过实验研究计算出来的。每生产100千克鲜西瓜需吸收纯氮（N）0.184千克、磷（P_2O_5）0.039千克、钾（K_2O）0.198千克。然后再根据土壤肥力和所施肥料氮、磷、钾有效含量及利用率（见表4-2），就可以较准确地计算出要达到某一产量指标需使用多少氮、磷、钾肥料。

表4-2　西瓜常用肥料氮、磷、钾含量及利用率表

肥料名称	全氮/%	磷（P_2O_5）		钾（K_2O）		利用率/%
		全量/%	速效/%	全量/%	速效/%	
土杂肥	0.2～0.5	0.18～0.25		0.7～5		15
人粪尿	0.73	0.3	0.1	0.25～0.3	0.14	30
炕土	0.28	0.1～0.2	0.05	0.3～0.8	0.17	20
草木灰		2.5	1.0	5～10	4～8.3	40
棉籽饼	4.85	2.02		1.9		30
豆饼	6.93	1.35		2.1		30
芝麻饼	6.28	2.95		1.4		30
磷酸二铵	18.0	45～46.0	20～22			50
尿素	46.3					60
海藻复混肥	13		5		18	70
硫酸钾					50	60
氯化钾					60	50
复合化肥	15.0		15		15	50

2.施肥时期

（1）提苗肥　在西瓜幼苗期施用少量的速效肥，可以加速幼苗生长，故称为提苗肥。提苗肥是在基肥不足或基肥的肥效还没有发挥出来时追施，这对加速幼苗生长十分必要。提苗肥用量要少，一般每株施多肽尿素8～10克。追肥时，在距幼苗15厘米处开一弧形浅沟，撒入化肥后封土，再用瓜铲整平地面，然后点浇小水（每株浇水2～3千克）。也可在距幼苗10厘米处捅孔施肥。当幼苗生长不整齐时，可对个别弱苗增施“偏心肥”。

（2）催蔓肥　西瓜伸蔓以后，生长速度加快，对养分的需要量增加，此期追肥可促进瓜蔓迅速伸长，故称催蔓肥。追施催蔓肥应在植株“甩龙头”前后适时进行，每株施用腐熟饼肥100克，或腐熟的大粪干等优质肥料500克左右。如果施用化肥，一每株可施多肽尿素10～15克、硝酸磷钾15克。其施用方法是：在两棵瓜苗中间开一条深10厘米、宽10厘米、长40厘米左右的追肥沟，施入肥料，用瓜铲将肥料与土拌匀，然后盖土封沟踩实。如果施用化肥，追肥沟可以小一些，深5～6厘米、宽7～8厘米、长30厘米左右即可。施后及时浇1次水，以促进肥料的吸收。

（3）膨瓜肥　当正常结瓜部位的雌花坐住瓜，幼瓜长到鸡蛋大小后，即进入膨瓜期，此时是西瓜一生需肥量最大的时期。因此，是追肥的关键时期。此期追肥可以促进果实的迅速膨大，故称之为膨瓜肥。膨瓜肥一般分2次追施，第一次在幼瓜鸡蛋大小时，在植株一侧距根部30～40厘米处开沟，每667平方米施入磷酸三铵15～20千克或双膜控释肥10～15千克。也可结合浇水追施入粪尿7500千克。第二次在瓜长到碗口大小时（坐瓜后15天左右），每667平方米追施多元水溶肥10～15千克或双酶水溶肥8～12千克或靓果高钾硫酸钾10～15千克或螯合复合肥12～15千克，可以随水冲施，或撒施后立即浇水。

此外，在西瓜生长期间，可以结合防治病虫害，在药液中加入0.2%～0.3%的尿素和磷酸二氢钾（二者各半），进行叶面喷肥，每隔10天左右喷1次。也可以单独喷施。

南方西瓜追肥，以速效性的人粪尿为多，故均用泼施法。施肥次数和施肥时期与北方相似，但各期追施的肥料浓度不同。幼苗期追施

1～2次，浓度为20%～30%；伸蔓期追施一次，浓度为30%～40%；结瓜期追施1～2次，浓度为50%左右，施用数量也比较多。上海金山县的西瓜，一般采用连续结果连续施肥的方法，促进多次结瓜。

3.西瓜常用的有机肥料

西瓜生产用肥，应以有机肥为主，化肥为辅。尤其是基肥，因为有机肥料来源广、成本低，同时增施有机肥不仅能满足西瓜对各种营养元素的需要，还能改善土壤的理化性状，提高西瓜品质。种植西瓜常用的有机肥除饼肥外，还有以下几种：

（1）土杂肥　土杂肥是农村中来源最广泛、使用最普遍的一种基肥。由于其肥甚“杂”，所以有效成分含量也差异甚大，从而施用量各地出入很大。据测定，土杂肥含全氮0.2%～0.5%、含磷（P_2O_5）0.18%～0.25%、含钾（K_2O）0.7%～5.0%，植株利用率约为15%。每公顷用量通常为60000～75000千克。一般在播种或定植前15～20天施入瓜沟内，也可在深翻前撒于地面，以便深翻时翻于地下。

（2）大粪干　我国北方习惯以大粪干做西瓜的基肥或追肥。大粪干系人粪尿掺少量土晒制而成，一般含全氮0.8%～0.9%、速效磷0.03%～0.04%、速效钾0.3%～0.4%，植株利用率约为30%。每公顷用量基肥通常为30000千克左右，追施一般为15000～22500千克。基肥多在定植前施于穴与土掺匀；追肥多在植株团棵后至伸蔓时开沟追施，施后封土、浇水。

（3）人粪尿　人粪尿含氮（N）0.5%～0.8%、磷（P_2O_5）0.2%～0.4%、钾（K_2O）0.2%～0.3%。人粪尿虽然是有机肥，但很容易发酵分解，植株吸收利用也比较快，所以主要用于追肥。做追肥常在西瓜生长期间结合浇水冲施，每公顷每次用量6000～7500千克。

积攒人粪尿要使用加盖的粪池或泥罐等，以免影响环境卫生，同时在贮存过程中，人粪尿不要与碱性物质如草木灰、石灰等混合，以免失效。另外，人粪尿一定要充分腐熟后才能施用。

（4）草木灰　是含钾量很高的一种有机肥。西瓜需钾肥量较多，在硫酸钾等无机钾肥缺少的地区，草木灰是十分宝贵的钾肥。据测定，草木灰中含钾（K_2O）8.3%～8.5%，6千克草木灰的含钾量相当于1千克硫酸钾。此外，草木灰中还含有约60毫克/千克的速效磷。草木灰的利用率为40%。草木灰既可以做基肥，也可以做追肥，但以做追肥效果最好。开沟穴施，施后封土浇水。每公顷用量1500～2250千克。追肥时为了防止风吹和散落叶面上，应将草木灰中洒上少量水拌和一下，并尽量在追肥沟沿地面追施。

（5）鸡粪　鸡粪是氮磷钾含量很高的一种有机肥，据测定，含有机质25.2%、氮1.63%、磷1.54%、钾0.85%。此外，还有较多的中微量元素。养分多，易发热，肥效长，是栽培西瓜的好肥料。一般结合深翻或整畦施入土下20厘米左右。每公顷施用量30000～45000千克。

4.西瓜常用的化肥

随着西瓜栽培面积扩大和有机肥料的不足，施用化肥种西瓜的越来越多。西瓜经常施用的化肥有以下几种：

（1）氮素化肥　常用的有尿素、多肽尿素、多肽双脲铵、含硫氮肥、硝酸铵钙和磷酸二铵等。尿素是含氮很高的一种化肥，目前国内外生产的尿素，含氮量为45%～46%。尿素通常做追肥施用，每次每667平方米用量为15千克左右。由于尿素易溶于水，所以施入土壤后不要立即浇大水，以免尿素被淋溶到土壤深层而降低肥效。另外，尿素还可以做根外追肥，常用浓度为0.3%～0.5%。多肽尿素、多肽双脲铵、含硫氮肥等是新型复合氮肥，既具有速效又具有缓释、长效功能。磷酸二铵含氮18%，易溶于水，并易被西瓜吸收。硝酸铵钙转化快、利用率高、易吸收，尤其在高温、高湿条件下吸收更快。上述肥料可做基肥，也可做追肥。做追肥时要比尿素施用深些，一般要求施用深度为5厘米以上，施后及时浇水。

（2）磷素化肥　西瓜常用的主要有硝基磷酸铵、硝酸磷肥、磷酸三铵和磷酸二铵。磷酸二铵含磷45%～46%，其中20%～22%为碱性速效肥。硝基磷酸铵含速效磷为13%，硝基磷肥含速效磷11.5%，磷酸三铵含速效磷17%。西瓜每667平方米用量30～40千克左右。为了提高肥效，多与有机肥（如土杂肥、猪栏粪等）混合施用。此外，在西瓜雌花开放前或坐瓜后，如果发现植株缺磷时，可以用硝基磷酸铵水溶液进行根外追肥，常用浓度为0.4%～0.5%，在上午或下午喷洒叶面，可促进幼瓜发育，提高西瓜含糖量和种子质量。

（3）钾素化肥　目前钾肥主要有硫酸钾、新型硫酸钾、靓果高钾、多元水溶肥、双酶水溶肥、黄腐酸钾水溶肥等。硫酸钾含钾50%，易溶于水，西瓜吸收利用率较高（可达60%以上）。硫酸钾、新型硫酸钾、黄腐酸钾既可以做基肥，也可以做追肥。基肥每667平方米用量20～30千克，追肥每次每667平方米15～20千克。硫酸钾不能与碳酸氢铵等碱性肥混合施用。靓果高钾、双酶水溶肥、多元水溶肥等以追肥较好。每次每667平方米15～20千克。

（4）复合化肥　复合化肥是含有两种或两种以上主要营养元素的化学肥料。它们的有效成分含量高，养分比较齐全，有利于西瓜的吸收利用。同时还可以减少单一化肥的施肥次数，对土壤的不良影响也比单一化肥小。种植西瓜常用的复合化肥主要有氮磷钾复合肥、多肽缓控复合肥、控释复合肥、双膜控释肥、磷酸三铵、螯合复合肥、磷酸二氢钾及多美施、奥林丹、黄金搭档等多元复合肥。

氮磷钾复合肥含氮、磷、钾各10%～15%，为淡褐色或灰褐色颗粒化肥，可溶于水，但分解较慢，肥效迟缓，西瓜主要用于穴施基肥或第一次追肥，每667平方米用量30～40千克。

磷酸三铵含氮17%、磷17%、钾17%。螯合复合肥含氮16%、磷9%、钾20%（见表4-3）。磷酸二氢钾含磷24%、钾1%，易溶于水，酸性。磷酸二氢钾可作根外追肥，一般配成0.2%～0.3%的水溶液叶面喷洒，每667平方米每次喷70～80千克水溶液。在西瓜生长中期和后期连续喷2～3次，可防止西瓜植株早衰，提高西瓜产量，改善品质。

（5）西瓜专用肥　西瓜专用肥，是根据西瓜的需肥特点及土壤营养水平，专为西瓜栽培而研制的肥料。因此，具有促进西瓜茎叶粗壮、增强抗病能力、增加含糖量、改善品质、提早成熟及提高产量等作用。根据各地的土壤肥力和施用时期（基肥或追肥），可施用不同型号的专用肥。西瓜植株全生育期较短，果实又很大，因此植株在一生中对肥料需求量相当大。如以亩产2500千克西瓜果实、果实与枝叶的重量比为4∶1计，每亩茎叶的重量为625千克，生物学总产为3125千克。考虑到土壤中原有的营养量、施肥的肥效和流失、植株的吸收利用率等各种因素，一般中等地力土壤的需施用氮11.5千克、五氧化二磷（P_2O_5）8.5千克、氧化钾（K_2O）10千克才能满足西瓜的营养需要。

西瓜不同生育时期对肥料的吸收量差别较大。据有关研究资料，西瓜植株幼苗期的氮、磷、钾吸收量占全生育期吸收量的0.54%；伸蔓期的氮、磷、钾吸收量占全生育期吸收量的14.67%；坐果及果实生长盛期对氮、磷、钾的吸收量占全生育期吸收量的84.78%。可见西瓜植株需肥量的最大时期为果实生长期，该期肥料约为全部肥料消耗量的85%，这一时期营养供应是否充足，直接影响西瓜的产量。

西瓜植株对氮、磷、钾的需求比例以钾最多、磷最少、氮居中。据广东省农科院测定西瓜植株在全生育期对氮、五氧化二磷和氧化钾的吸收量，一株西瓜全生育期吸收氮14.5克、五氧化二磷4.8克、氧化钾20.4克，氮、磷、钾的吸收比例为3 ∶ 1 ∶ 4。在西瓜植株的不同生育时期对氮、磷、钾的需求量也有不同，在坐果前的伸蔓、开花期，以氮、磷的吸收量较多，坐果后则以钾的吸收量最大，显示出西瓜作为高钾作物的特点。西瓜植株不同器官中氮、磷、钾含量差异也较大。叶片中氮含量占总吸收量的50%以上，果实中钾含量也较高。

氮、磷、钾是植物生长的三要素，对西瓜的生长发育具有重要作用，均不能缺少。氮是构成叶绿素的主要成分，增施氮肥能提高西瓜叶片中叶绿素含量，加速植株的茎叶生长，提高植株光合作用能力，有利于果实膨大、提高产量。植株缺氮时表现生长缓慢，个体偏小，叶色变黄。但氮肥过量则引起植株徒长，坐果困难，果实成熟期延迟，果实含糖量下降。磷在植株体内能参与细胞分裂、能量代谢、糖分转化等多种重要生理活动。增施磷肥可促进西瓜根系发达，提高幼苗抗逆性，增加果实中糖分积累。钾能增强植株的抗性，改善植物的营养输导能力，促使植株生长健壮，改善果实品质。增施钾肥对提高果实含糖量、增加果肉着色、提高植株抗病性有明显效果。

在合理施氮范围内时，西瓜产量可因氮肥量增加而提高。据研究当亩施氮量由23千克增到26.5千克时，西瓜亩产由2036千克提高到2810千克。同时，若增加钾肥施量，能增加西瓜对氮、磷的吸收利用率。如在施氮量一定情况下，氮与钾的用量比由1 ∶ 0.5升为1 ∶ 1时，每千克氮肥的产瓜量由90千克提高110千克。但在施钾量一定条件下，过量增施氮肥会降低产量。表明在生产中增加氮肥用量时，应相应提升钾肥的施量，才能有良好的增产效果。

试验还表明，钾肥无论与其他肥料配合施或单独施用，对西瓜果实糖分积累和果实含糖量提高均有明显的促进作用，但在植株不同生育时期施钾对果实含糖量的增加幅度则有一定差异。钾肥在定植时做基肥施用时，西瓜果实含糖量较不施钾肥增加23.0%；在团棵期追施钾肥果实含糖量增加21.0%；而在坐果期追施钾肥仅比对照增加12.7%。植株对钾肥吸收绝对量最大和三要素中钾肥的吸收比值最高的时期均为果实生长盛期。西瓜植株中氮、钾含量的峰值期在果实膨大期，植株含磷量的峰值期在果实成熟期。

5.西瓜常用的饼肥

（1）饼肥的种类　饼肥是西瓜生产中传统的优质肥料，主要种类有大豆饼、花生饼、棉籽饼、菜籽饼、芝麻饼、蓖麻饼等。

饼肥属细肥，养分含量较高，富含有机质、氮、磷、钾及各种微量元素。一般含有机质70%～85%、氮（N）3%～7%、磷（P_2O_5）1%～3%、钾（K_2O）1%～2%以及少量的钙、镁、铁、硫和微量的锌、锰、铜、钼、硼等。主要饼肥中的氮磷钾含量见表4-3。

表4-3　主要饼肥氮、磷、钾的平均含量

饼肥种类	氮（N）/%	磷（P_2O_5）/%	钾（K_2O）/%
大豆饼	7.00	1.32	2.13
花生饼	6.32	1.17	1.34
芝麻饼	5.80	3.00	1.30
菜籽饼	4.60	2.48	1.40
棉籽饼	3.41～5.32	1.62～2.50	0.97～1.71
蓖麻饼	5.00	2.00	1.90
桐籽饼	3.60	1.30	1.30
茶籽饼		0.37	1.23

饼肥中的氮、磷多呈有机态存在，钾则大多是水溶性的。这些有机态氮、磷不能直接被西瓜所吸收，必须经过微生物的分解后才能发挥作用。一般来讲，大豆饼、花生饼、芝麻饼施到土壤中分解速度较快；棉籽饼、菜籽饼的分解速度则较慢。

饼肥肥效持久，对土壤无不良影响，并且适用于各种土壤。施用饼肥种西瓜，对提高产量，特别是对改进西瓜品质有较显著的作用。

（2）西瓜饼肥的施用方法及用量　饼肥可作西瓜基肥，也可作追肥施用。为了使饼肥尽快地发挥作用，在施用前需进行加工处理。作基肥时，只要将饼肥粉碎后即可施用。但作追肥时，必须经过发酵腐熟，才能有利于西瓜根系尽快地吸收利用。饼肥一般采用与堆肥或猪栏粪混合堆积的方法，或者粉碎后用清水浸泡10～15天，待发酵后施用。

① 基肥的施用　饼肥作基肥，可以沟施，也可以穴施。如果数量较多时，可以将1/3沟施、2/3穴施。如果数量不多时，应全部穴施。沟施就是在定植或播种前20天左右施入瓜沟中，深度为25厘米左右。穴施就是按株距沿着行向分别挖深15厘米、直径15厘米的小穴，每穴施入100克左右，和土壤掺合均匀，再盖土2～3厘米。

② 追肥的施用　用饼肥作追肥，宜早不宜迟，一般当西瓜苗团棵后即可追施。如果追施过晚，饼肥的肥效尚未充分发挥出来，西瓜已经成熟了，这时对饼肥的利用就不经济了。但如果追施过早，饼肥的肥效便主要在西瓜蔓叶的生长方面，当西瓜需要大量肥料时，饼肥的肥效却已“过劲”了。这样饼肥就等于“好钢没用在刀刃上”。饼肥的追施方法，一般是沿西瓜行向，在西瓜植株一侧，距根部25厘米左右，开一条深10厘米、宽10厘米的追肥沟，沿沟每棵西瓜撒上100克豆饼或150克花生饼，与土拌匀，再盖土2～3厘米封严踩实。

（3）西瓜施用饼肥应注意的问题　随着西瓜栽培面积的扩大，饼肥的供应越来越不能满足西瓜生产的需要，同时，施用饼肥的成本也较高，所以并不提倡大量施用饼肥。但在大豆、花生、棉花、油菜、蓖麻等油料作物集中产区，肥源充足，又有长期施用饼肥的习惯，应掌握正确的施用饼肥以及在施用中应注意的一些问题是十分必要的。

① 施用时间应适时　无论作基肥还是作追肥，都要适时施用。基肥施用过早，对幼苗前期生长尚未发挥作用时已失去肥效；施用过晚，对幼苗后期生长继续发挥作用，引起徒长，延迟坐瓜，使坐瓜率降低。正确的施用时间应在定植前10天左右施入穴内。追肥施用过早，是造成植株徒长的重要原因之一。例如催蔓肥追施用过早，则可使节间伸长过早过快，使叶柄生长过长，同时当开花坐瓜需肥时，肥效却早已过去。追肥施用过晚，是造成早衰和减产的主要原因之一。因为饼肥不像化肥那样施后能很快发挥肥效，而需要一段时间在土壤里进行分解和转化，才能被根系吸收利用。

② 需粉碎及发酵　饼肥在压榨过程中形成坚硬的饼块，需粉碎成小颗粒才能施用均匀，并尽快地被土壤微生物分解。由于饼肥在被分解过程中能产生大量的热，可使附近的温度剧烈升高。所以，在作追肥施用时，一定要经过发酵分解后再追施，以免发生“烧根”。

③ 用量要恰当　饼肥是一种经济价值较高的细肥，为了尽量做到经济合理地施用饼肥，用量一定要恰当。根据山东德州、潍坊、烟台、济宁、菏泽等地区及河南、河北、辽宁、内蒙古及黑龙江等省、自治区的部分西瓜产区的调查，用饼肥作基肥，每667平方米用量一般为30～50千克，作追肥的用量一般为60～100千克。笔者的试验结果证明：每株施用100克、150克及200克的单瓜重差异不大，而施用50克和250克的则均减产（表4-4）。

表4-4　豆饼追肥用量与西瓜单瓜重的关系

每株用量/克	50	100	150	200	250
单瓜重/千克	3.5	4.8	5.9	6.1	4.3

④ 深浅远近要适宜　饼肥的施用深度应比化肥稍深一些，基肥为25厘米左右，追肥为15厘米左右。追肥时，不可距根太近，以免引起“烧根”；也不可距根太远，以免根系吸收不到，一般催蔓肥距根25厘米左右，膨瓜肥距根30厘米左右。

⑤ 施用后不可马上浇水　追施饼肥后一般不可马上浇水，以免造成植株徒长。通常在追饼肥后2～3天浇水为宜。如果在追施饼肥后2天内遇到降雨时，应在雨后及时中耕，以降低土壤湿度。

⑥ 其他　在饼肥较少时，可以与其他有机肥料混合施用，但一般不可与化肥混合施用，特别不能与速效化肥混合施用，以免造成植株徒长或引起“烧根”。

6.新型有机肥

有机肥是以有机质为原料，经多种微生物发酵、低温干燥新技术生产的有机质肥料。它以其养分全、肥效长、抗病增产、施用方便、特效无公害等特点受到广大农民的欢迎。目前，应用较多的有机肥主要有豆粕蛋白有机肥、豆粕有机肥、水解油渣有机肥、海藻生物有机肥等。

7.西瓜化肥的正确施用

化肥是化学肥料的简称，也叫无机肥料。由于化肥有效成分含量较高，一般都易溶于水，能直接为作物吸收利用，而且运输、使用方便，所以早就成为普遍使用的肥料。在瓜类栽培中，在具体施用中应掌握下列要点：

（1）成分完全，配比恰当　在施用单元素化肥时，必须做到氮、磷、钾三种元素配合使用，而且还要根据西瓜不同生育时期对主要元素的需要量提供与之相适应的配合比例。西瓜坐瓜前以氮为主，坐瓜后对钾的吸收量剧增。瓜的退毛阶段吸收氮、钾量基本相等；瓜的膨大阶段达到吸收高峰；瓜的成熟阶段氮、钾吸收量大大减少，磷的吸收量相对增加。氮、磷、钾三要素的比例，幼苗期应为3.8∶1∶2.8；抽蔓期应为3.6∶1∶1.7；果实生长盛期应为3.5∶1∶4.6。

（2）熟悉性质，品种对路　各种化肥都有不同性质，即使各元素配合比例恰当，当品种不对路，同样不能更好地发挥应有的作用，例如各种氮素化肥的性质就很不相同。硫酸铵系生理酸性肥料（肥料在化学反应上不是酸性，被作物吸收后残留下酸性溶液），吸湿性较小，易贮存。硝酸铵兼有硝态、铵态两种性质，肥效及利用率都很高，施用后土壤中不残留任何物质，粉状的吸湿性很强，易结成硬块。尿素是铵态氮，是目前含氮量最高的化肥，最适宜作追肥，但不宜作种肥。在磷肥中以硝基磷酸铵、硝酸磷肥等使用效果最好。在钾肥中以新型硝酸钾、多元水溶肥、靓果高钾肥及黄腐酸钾水溶肥等使用效果好。硫酸钾为生理酸性肥料，氯化钾含大量氯离子能影响西瓜品质。

（3）正确施用，提高肥效　为了提高肥料的利用率，减少损失，就要特别注意肥料的施用时期和施用方法。

①施用时期　作物在生长发育过程中，有一个时期对某种养分的要求非常迫切，如该养分供应不足、过多或比例不当，都将给作物的生长发育带来极为不良的影响，即使以后再施入、减少或调整这种养分的用量，也很难弥补所造成的损失。这个时期叫做营养的临界期。西瓜的氮、磷营养临界期都在幼苗期，而钾的营养临界期在抽蔓期。在作物生长发育的某一时期，所吸收的养分发挥最大的效果，称为营养最大效率期。西瓜的营养最大效率期在结瓜期。因此，西瓜幼苗期、

抽蔓期和结瓜期都是施肥的重要时期。

② 施肥方法　西瓜根系较浅，多呈水平分布，所以追肥时不宜深施。化肥有效成分较高，使用不当易“烧苗”。西瓜与其他作物相比，种植密度较小，单株营养面积较大，这就决定了西瓜施用化肥应具有与其他作物不同的特点，总的原则是局部浅施、少量多次，施后浇水。西瓜无论使用基肥或追肥，多数都在局部使用，例如基肥一般为沟施和穴施；追肥一般为株间或株旁开浅沟施用。每次追肥量较少，但追肥次数较多，且每次追肥后随即浇水。西瓜施用化肥时，距根部应稍远一些，更不可直接与叶片接触，以免发生“烧苗”。在磷肥较少的情况下，可全部用于基肥或幼苗前期追施，以保证西瓜营养临界期对磷素的需要。西瓜根外追肥所用的化肥主要有尿素、双酶水溶肥、硝酸磷钾、靓果高钾、磷酸二氢钾、硫酸钾以及微量元素肥料中的硼砂、硫酸锌等。此外，在多种化肥混合使用时，还要根据各种化肥的性质进行混合。

8.各种肥料的混合施用原则

西瓜的生育期不同，需要养分的种类、数量及各种肥料的比例也不相同。单独施用一种肥料，不能满足西瓜生长发育的需求；即使含有几种养分的复合肥料，其固定的养分比例也不适合西瓜各个生育期的需要。因此，根据西瓜不同发育期的需要和土壤条件，施用临时配合的混合肥料，是科学用肥、提高肥效的重要措施。随着西瓜栽培面积的不断扩大，有机肥越来越显得缺乏，因而在有机肥中混合化肥的情况越来越多，例如在基肥中土杂肥与过磷酸钙混合施用，在追肥中人粪尿、草木灰等与各种化肥的混合施用等。

各种肥料混合的原则是：混合后能够改善肥料的性状，养分不受损失，而且还可提高养分的有效性。比如硝酸铵与磷矿粉混合、尿素与过磷酸钙混合，可以降低硝酸铵和尿素的吸湿性。有些肥料混合后物理性状会变坏，如硝酸铵与过磷酸钙混合，由于吸湿性加强而改变成黏泥状，不便施用，因此不宜混合。有的肥料混合后能提高养分的有效性，如硫酸铵等生理酸性肥料，与骨粉、磷矿粉混合，可增加溶解度，从而提高了磷肥的肥效。草木灰不能与人粪尿、厩肥、硫酸铵、尿素、硝酸铵及碳酸氢铵等混合施用，因为草木灰与铵态氮肥混合后吸湿性增强，能促使氨挥发损失。碱性肥料都不能与铵态氮肥混合。碳酸氢铵与过磷酸钙混合后，氨与磷酸钙中的游离酸结合成磷酸铵，可减少氮的损失，但是会引起磷的变化。因此，混合后要立即使用。

（八）选胎留瓜

1.西瓜瓜胎的选留

正确地选留瓜胎，对西瓜优质高产具有十分重要的意义。所谓正确地选留瓜胎，包含两层意思：一是留瓜节位的确定，二是选择什么样的瓜胎。

（1）最理想的坐瓜节位　实践证明，西瓜的坐瓜节位过低，生长的西瓜个头小，瓜皮厚，纤维多，易畸形，使商品率大大降低。特别是无籽西瓜，除了上述不良性状外，还会出现空心、硬块及着色秕籽（种子空壳）等。但坐瓜节位过高时，则常常助长了西瓜蔓叶徒长，使高节位的瓜胎难以坐住瓜。而且节位过高，在西瓜发育后期往往植株生长势已大为减弱，使西瓜品质和产量大为降低。西瓜最理想的坐瓜节位，应根据栽培季节、栽培方式、不同品种等综合权衡而定。一般原则是采用加温保护设施栽培者，其坐瓜节位可低，阳畦育苗、地膜下直播栽培的，坐瓜节位应高；春季露地栽培的，其坐瓜节位应高；夏季露地栽培的，坐瓜节位可低；早熟品种坐瓜节位可低，晚熟品种坐瓜节位高，而中熟品种又比晚熟品种着生雌花的节位低。坐瓜前后，在低温、干旱、肥料不足、光照不良等条件较差的情况下，坐瓜节位应高。生产上一般选留主蔓上距根部1米左右远处的第二、第三雌花留瓜，在15～20节。采用晚熟品种与多蔓整枝的，留瓜节位可适当高一些；早熟品种与早熟密植少蔓整枝的，留瓜节位则应低一些。坐果前后，如遇低温、干旱、光照不良等不利条件，或植株脱肥长势较弱时，留瓜节位应高；反之，宜低。侧蔓为结果后备用，当主蔓受伤不宜坐果时可在侧蔓第一、第二雌花选留。

（2）西瓜雌花的选择　在生产中可以看到，西瓜花有单性雌花、单性雄花、雌性两性花和雄性两性花。

单性雌花和雌性两性花都能正常坐瓜，特别是雌性两性花，不但自然坐瓜率高，而且西瓜发育较快，容易长成大瓜，在选择雌花时应予注意。另外，当开花时，凡是子房大而长（与同一品种相对比较）、花柄粗而长的雌花，一般均能发育成较大的瓜。西瓜雌花如图4-10。

图4-10 西瓜雌花

为了使理想节位的理想雌花坐住瓜，除采用先进的栽培技术并提供良好的栽培条件外，人工授粉十分重要。

2.西瓜每株的留瓜数量

西瓜早熟高产栽培，每株留瓜个数主要根据栽植密度、瓜型大小、整枝方式及肥水条件而定。一般说来，每667平方米栽植500～600株，大、中型瓜，三蔓或多蔓式整枝，肥水条件较好，每株可留1～2个瓜；每667平方米栽植700～800株，大中型瓜、双蔓式整枝、肥水条件中等，每株留1个瓜为宜；每667平方米栽植500～600株，大型瓜、双蔓或三蔓式整枝、肥水条件中等，每株留1个瓜较好；每667平方米栽植700～800株，中小型瓜、三蔓或多蔓式整枝、肥水条件好，每株可留2个瓜；每667平方米栽植600～700株，中小型瓜、三蔓或多蔓式整枝、肥水条件好，每株可留2～3个瓜。总之，栽植密度小，可适当多留瓜；栽植密度大，可适当少留瓜；大型瓜少留瓜，小型瓜多留瓜；单蔓或双蔓式整枝少留瓜，三蔓或多蔓式整枝多留瓜；肥水条件好，适当多留瓜，肥水条件较差，适当少留瓜。此外，还应根据下茬作物的安排计划确定是否留二茬瓜来考虑每株的留瓜数。如果下茬为大葱、萝卜、大白菜或冬小麦等秋播作物，一般每株只留1～2个瓜；如果下茬为春播作物，则可让西瓜陆续坐瓜，每株最多可结3～4个商品瓜。

当每株选留2个以上瓜时，应特别注意留瓜方法。一般可分同时选留和错开时间选留两种方法。同时选留法就是在同一株西瓜生长健壮、势力均等的不同分枝上，同时选留2个以上瓜胎坐瓜。这种方法适用于株距较大、密度较小、三蔓式或多蔓式整枝、肥水条件较好的地方。这种方法的技术要点是，整枝时一般不保留主蔓，利用侧蔓结瓜。同时不要在同一分枝上选留2个以上瓜胎。错开时间选留法是在一株西瓜上分两次选留2个以上瓜胎坐瓜。这种方法也叫留“二茬瓜”，适用于株距较小、密度较大、双蔓式整枝、肥水条件中等的情况。这种方法的技术要点是，整枝时保留主蔓，在主蔓上先选留1个瓜，当主蔓的瓜成熟前10～15天再在健壮的侧蔓上选留1个瓜（在同一条侧蔓上只能留1个瓜）。大型瓜当第一瓜采收前7～10天选留第二瓜胎坐瓜。

3.西瓜人工授粉的意义

西瓜是虫媒花，在自然条件下，西瓜的授粉昆虫主要有花蜂、蜜蜂、花虻、蝇及蝴蝶等。如果在晴天，早晨5～6点钟西瓜即开始开花。但在阴天、低温、有大风或降雨等不良天气情况下，常因上述昆虫活动较少而影响正常的授粉坐瓜。采用人工授粉，除了能代替上述昆虫在不良天气条件下进行授粉外，还有以下好处。

（1）人工控制坐瓜节位　在良好的天气情况下，依靠昆虫传粉，虽然能够正常坐瓜，但不能按照生产者的意志控制在一定节位上坐瓜。所以常常出现这样的情况：最理想的节位没坐住瓜，不理想的节位却坐了瓜。如果采用人工授粉，就可以避免坐瓜的盲目性，做到人工控制在最理想的节位上坐瓜。

（2）提高坐瓜率　人工授粉比昆虫自然授粉可显著提高坐瓜率。瓜农普遍反映，采用人工授粉后，不仅没有空秧（不坐瓜的植株），而且每株坐2个以上瓜的植株大大增加了。尤其是当植株出现徒长或阴雨天开花时，人工授粉对提高坐瓜率的效果更为突出。据试验，人工授粉比自然授粉在晴天无风时可提高坐瓜率10%左右，在阴雨天时可提高坐瓜率1倍以上（表4-5）。

表4-5　人工授粉对西瓜的影响

处理	晴天无风			上午阴、下午1点半钟降小雨		
	开花数	坐瓜数	坐瓜率/%	开花数	坐瓜数	坐瓜率/%
自然授粉	32	29	92.6	26	11	42.3
人工授粉	30	30	100.0	24	21	87.5

注：3月21日阳畦育苗，4月23日定植，覆盖地膜，三蔓式整枝，6月22日分别调查6月13日和17日两天自然授粉和人工授粉静坐瓜数。品种为鲁瓜1号，开花数系指调查株数中当日开放的雌花数目。

（3）减少畸形瓜　在自然授粉的情况下，产生的畸形瓜较多，而人工授粉时，很少出现畸形瓜。这是因为花粉的萌芽除受气候条件影响外，还与落到柱头上的花粉多少有关；落到柱头的花粉越多，花粉发芽越多，花粉管的伸长也越快。由于1粒花粉发芽后只能为1粒种子受精，所以，发芽的花粉粒越多，瓜内产生的种子数也就越多。同时，因为西瓜雌花每根柱头（花柱顶端膨大的部分，能分泌黏液接受花粉）又各自分为两部分，它们又分别与子房和胚珠相联系。所以，如果授粉偏向某一根柱头，或者在某一根柱头上黏附的花粉较多时，种子和子房的发育也就会偏向于该侧。于是便形成了畸形瓜。在通常情况下，自然授粉不仅花粉量较少，同时花粉落到柱头上的部位及密度也会不均匀，而人工授粉由于花粉量较多，且花粉在柱头上的分布也比较均匀，所以人工授粉的西瓜很少产生畸形瓜。

（4）有利于种子和瓜的发育　科学实验和生产实践都证明，人工授粉的西瓜种子数量较多，并且种仁充实饱满，白籽、瘪粒较少。同时，子房内种子数量多的，瓜发育得也大。因此，人工授粉尤其是重复授粉的西瓜，明显增产。

（5）用于杂交制种和自交保纯　人工授粉还可以人为地利用事前选择的父母本进行杂交，也可以将原种自交系或原始材料进行自交保纯。而自然授粉时，则达不到这些要求。

4.西瓜人工授粉的方法

西瓜人工授粉时间要求性强、雌雄花选择准确、授粉方法恰当等。因此，对授粉人员最好能在授粉前进行技术训练。训练重点详见图4-11、图4-13。

（1）授粉时间　西瓜的开花时间与温度、光照条件有关。西瓜花为半日花，即上午开放，下午闭合。在春播条件下，晴天通常在凌晨5时左右花冠开始松动，6时左右花药开始裂开散出花粉，花冠全部展开，12时左右花冠颜色变淡，下午3～4时花冠闭合。这个过程的长短和开花时间的早晚，往往受当时气温条件影响，气温高时，开花早，闭花也早，花期较短；气温低时，开花晚，闭花也晚，花期较长。由于上午7～10时是雌花柱头和雄花花粉生理活动最旺盛的时期，所以这时也是人工授粉最适宜的时间。晴天温度较高时，一般10时以后授粉的坐瓜率就显著降低。授粉时，气温在21～25℃时，花粉粒的发芽最旺

■图4-11　雌花授粉最佳状态

■图4-12　人工授粉

■图4-13　授粉的雄花

盛，花粉管的伸长能力也最强。当气温在15℃以下，或35℃以上时，花粉粒的发芽困难；降雨时，花粉粒吸水破裂而失去发芽能力。阴雨天气开花晚，授粉时间也应推迟。因此，适宜的授粉时间为晴天上午7～10时，阴天8～11时。同时，有人还测定出：完成授粉和受精的理想气温是21～25℃。

（2）雌雄花的选择　雌花的质量对果实发育影响很大。雌花花蕾发育好、子房大、生长旺盛，授粉后就容易坐果并长成优质大瓜。其主要特征是果柄粗、子房肥大、外形正常（符合本品种的形态特征）、皮色嫩绿而有光泽、密生茸毛等（见图4-11）。如果子房瘦弱短小，茸毛稀少的雌花授粉后则不易坐瓜，或即便坐瓜也难以发育成大瓜。因此，授粉时应当选择主蔓和侧蔓上发育良好的雌花。一般主蔓坐瓜较早，侧蔓上的雌花瓜纽为候补预备瓜。雄花是提供花粉的，除选用健康无病、充分成熟、具有大量花粉的雄花外（见图4-13），还应根据人工授粉的目的选择雄花。

如果人工授粉的目的是提高坐瓜率和减少畸形瓜，那么，除按预定坐瓜节位选择雌花外，可以就近选择当日开放的同株或异株、同品种或不同品种的雄花进行授粉。如果人工授粉的目的是杂交制种，那么应选择预定的父本当日开放的雄花，并且在父母本的雄、雌花开放前1天，将花冠卡住或套上纸袋。如果人工授粉的目的是自交保纯，则应选择同一品种或同株当日开放的雌花和雄花进行授粉，并且在该雌、雄花开放前1天将花冠卡住或套上纸袋。

（3）授粉方法　对于以生产商品西瓜为目的的瓜田，授粉时不必提前选花套袋，只要将当天开放且已散粉的新鲜雄花采下，将花瓣向花柄方向一捋，用手捏住，然后将雄花的雄蕊对准雌花的柱头，全面而均匀地轻轻沾几下，看到柱头上有明显的黄色花粉即可。对于以生产种子为目的的瓜田或植株，就要在开花前1天下午巡视瓜田，选择翌日开放的父本的雄花和母本的雌花（此时花冠顶端稍现松裂，花瓣呈浅黄绿色），用长约4厘米、宽约3毫米的薄铁片或铝片做成卡子，在花冠上部1/3处把花冠夹住。夹花时防止夹得过重，以免将花瓣夹破，也不可太轻，以免翌晨花冠开张时铁片容易脱落。以自交保纯或杂交育种为目的时，一般都采用花器隔离（套袋）或空间隔离。夹好花（套袋）后，应在花梗处作好标记，以便第2天上午授粉时寻找。已选好的雄花，也可于下午4～6时连同花柄一起摘下来，插入铺有湿沙的木盘内，也可将含苞待放的雄花连同花柄在开花前1天下午摘下，放入玻璃瓶或塑料袋内，以备翌日授粉用。对以生产商品西瓜为目的的，还可以采集大量花粉混合后，用新毛笔人工授粉（见图4-12）。

授粉时，先把雄花取下，除去花冠上的铁（铝）片卡子，或从盛放雄花的沙盘、玻璃瓶、塑料袋内取出雄花，剥掉花瓣，用指甲轻碰一下花药，看有无花粉散出，若已有花粉粒散出时，就将雌花上的卡子打开取下，使花瓣展开，然后拿雄花的花药在已经露出的雌花柱头上轻轻地涂抹几下，使花粉均匀地散落在柱头各处。授粉后，再将雌花的花冠用卡子夹好或套袋，并在花柄上拴1个授粉卡片或彩色塑料做出标记。

对于稀有珍贵品种或少量原种、自交材料等的保种保纯，也可采用上述人工授粉方法，只不过雄花是来自同一植株或同一品种的不同植株。

（4）注意事项

① 学好技术知识　授粉前，先熟悉西瓜的开花习性和花器构造，掌握人工授粉技术。

② 仔细授粉　授粉要认真仔细，小心操作，既要使大量花粉均匀地散落在柱头各处，又不要碰伤柱头。

③ 阴雨天授粉　若遇阴雨天，要在雨前用小纸袋或塑料袋将待授粉的雌花和雄花分别罩住，勿使雨水浸入，雨后及时授粉。必要时，也可在雨伞等防雨工具的保护下，在雨天进行人工授粉。

④ 抓住授粉时机　在低温、阴天和由于徒长或其他原因等，雄花往往推迟开花、散粉时间，应经常观察，注意花粉散出时间，尽可能及早进行人工授粉，以免贻误授粉的良好时机。

⑤ 注意留瓜节位　尽量做到选留部位一致，使坐瓜整齐，成熟一致。

5.侧蔓上瓜胎的处理

西瓜的结瓜习性和甜瓜不同，多数品种都是主蔓结瓜能力强、坐瓜早、产量高。所以在一般情况下，还是在主蔓上留瓜好。但在西瓜生产中遇到下列三种情况之一时，可在侧蔓上留瓜。

（1）主蔓受伤　由于病虫危害或机械损伤，使主蔓丧失了继续健壮生长和正常结瓜的能力（例如遭到小地老虎的蛀截或感染枯萎病等），应及时控制主蔓生长，而改在最健壮的侧蔓上留瓜。具体做法是：整枝时，在原主蔓伤口以下再剪去3～4节瓜蔓，将所留瓜蔓放于原侧蔓位置，而将选中的原健壮侧蔓置于原主蔓位置，并固定住所留的瓜胎。

（2）单株选留多瓜　就是在每一株西瓜上，同时选留2个以上瓜的栽培法。具体作法是当西瓜团棵后，第五片真叶展开时，即进行摘心，促使侧蔓迅速伸出，然后就可在2～3条基部侧蔓上选留坐瓜，但每一条侧蔓上只能留1个瓜。这种留瓜方法的优点是可以增加单位面积的瓜数、瓜型整齐、成熟一致，缺点是瓜较小，平均单瓜重量低。

（3）二次结瓜　当主蔓上的瓜成熟前，在侧蔓上选留1～2个节位适宜的瓜胎继续生长（同一条侧蔓只留一个瓜），而将其余的瓜胎全部及时摘掉。采用这种方法，主、侧蔓上的瓜选留时间一定要错开，以免发生互相争夺养分的现象。在生产中，一般是主蔓上的瓜成熟前10～15天再选留植株基部最健壮的侧蔓留瓜。这种方法选留的瓜，通常是第一个瓜大（主蔓上），第二个瓜较小（侧蔓上）。

6.识别西瓜雌花能否坐住瓜的方法

开放的雌花无论是自然授粉还是人工授粉，都不能保证100%坐瓜。识别西瓜雌花能否坐住瓜，对于及时准确地选瓜留瓜、提高坐瓜率，以及获得优质高产的商品西瓜具有重要意义。识别西瓜雌花能否坐住瓜的依据主要有以下几点：

（1）根据雌花形态　在本书“西瓜瓜胎的选留”中已介绍了易坐瓜的雌花的形态特征，不再重述。

（2）根据子房发育速度　能正常坐瓜的子房，经授粉和受精后，发育很快。授粉后的第二天果柄即伸长并弯曲，子房明显膨大，开花后第三天子房横径可达2厘米左右。如果开花后子房发育缓慢，色泽暗淡，果柄细、短，这样的瓜胎就很难坐住，应及时另选适当的雌花坐瓜。

（3）根据植株生育状况　西瓜植株生长过旺或过弱时，都不容易坐瓜。当生长过旺时，蔓叶的生长成为生长中心，使营养物质过分集中到营养生长方面，严重地影响了花果的生殖生长。其表现是节间变长，叶柄细而长，叶片薄而狭长，叶色淡绿；雌花出现延迟，不易坐瓜。当生长过弱时，蔓细叶小，叶柄细而短，叶片薄，叶色暗淡，雌花出现过早，子房纤小而形圆，易萎缩而化瓜。

（4）根据雌花着生部位　雌花开放时，距离所在瓜蔓生长点（瓜蔓顶端）的远近，也是识别该雌花能否坐住瓜的依据之一。据调查，当雌花开放时，从雌花到所在瓜蔓顶端的距离为30～40厘米时，一般都能坐住瓜，从雌花到所在瓜蔓顶端的距离为60厘米以上或15厘米以下时，一般都坐不住瓜。

此外，雌花开放时，在同一瓜蔓上该雌花以上节位（较低节位）已坐住瓜时，则该雌花一般不能再坐住瓜。

（5）根据肥水供应情况　在雌花开放前后，肥水供应适当，就容易坐瓜，如果肥水供应过大或严重不足，都能造成化瓜。

在识别能否坐住瓜的基础上，应主动采取积极措施，促进坐瓜、提高坐瓜率。主要措施是：进行人工授粉；将该雌花前后两节瓜蔓固定住，防止风吹瓜蔓磨伤瓜胎；将其他不留的瓜胎及时摘掉，以集中养料供应所留瓜胎生长；花前花后正确施用肥水，保胎护瓜。在田间管理时对已选留的瓜胎要倍加爱护，防止踏伤及鼠咬虫叮，浇水时防止水淹泥淤。如采用上述措施后，仍坐不住瓜时，应立即改在另一条生长健壮的侧蔓上选留雌花，并且根据情况再次采用上述促进坐瓜的各项措施，一般都能坐住瓜。

7.瓜胎的清理

西瓜若任其自然坐瓜，1株西瓜可着生6～8个幼瓜。但在西瓜生产中，为了提高商品率，保证瓜大而整齐，一般每株只留1个或2个瓜。不留的瓜胎何时摘掉要根据植株生长情况和所留幼瓜的发育状况而定。

一般说来，凡不留的瓜胎摘去的时间越早，越有利于所留瓜的生长，也越节约养分。但事实上，有时疏瓜（即摘去多余的瓜胎）过早，还会造成已留的瓜“化瓜”。这种情况在新瓜区常常遇到：不留的瓜胎已经全部摘掉了，而原来选好的瓜又“化”了，如果再等到新的瓜胎出现留瓜，不仅季节已过，时间大大推迟，而且那时植株生长势也已大为减弱，多数形不成商品瓜。但有些老瓜区接受了疏瓜过早的教训，往往又疏瓜过晚，不但造成许多养分的浪费，同时还影响了所留瓜的正常生长。

最适宜的疏瓜时间，应根据下列情况确定：

（1）所留瓜胎已谢花3天，子房膨大迅速，瓜梗较粗，而且留瓜节位距离该瓜蔓顶端的位置适宜。

（2）所留的瓜已退毛后，即开花后5～7天，子房如鸡蛋大小，绒毛明显变稀。

（3）不留的瓜胎应在退毛之前去掉。

上述三种情况，在生产中可灵活掌握。

（九）护瓜整瓜

护瓜整瓜包括松蔓、垫瓜、曲蔓、翻瓜和荫瓜等。

1.松蔓

松蔓即当果实生长到拳头大小时（授粉后5～7天），将幼瓜前后的倒“V”形卡子或秧蔓上压的土块去掉，或将压入土中的秧蔓提出土面放松，以促进果实膨大。

2.顺瓜和垫瓜

西瓜开花时，雌花子房大多是朝上的，授粉受精以后，随着子房的膨大，瓜柄逐渐扭转向下，幼瓜可能落入土块之间，易受机械压力而长成畸形瓜，若陷入泥水之中或沾污较多的污浆，会使果实停止发育造成腐烂。因此，应进行垫瓜和顺瓜。垫瓜即在幼瓜下边以及植株根际附近垫以碎草、麦秸或细土等，以防炭疽病及疫病病菌的侵染，使果实生长周正，同时也有一定的抗旱保墒和防病作用。顺瓜即在幼瓜坐稳后，将瓜下地面整细拍平，做成斜坡形高台，然后将幼瓜顺着斜坡放置。北方干旱地区常结合瓜下松土进行垫瓜，当果实长到1～1.5千克时，左手将幼瓜托起，右手用瓜铲沿瓜下地面进行松土，松土深度约2厘米，并将地面土壤整平。一般松土2～3次。在南方多雨地区，可将瓜蔓提起，将瓜下面的土块打碎整平，垫上麦秸或稻草，使幼瓜坐在草上。

3. 曲蔓

曲蔓即在幼瓜坐住后，结合顺瓜将主蔓先端从瓜柄处向后曲转，然后仍向前延伸，使幼瓜与主蔓摆成一条直线，然后也同样顺放在斜坡土台上。这样的幼瓜垫放，将有利于加速从根部输入果实的养分、水分畅通运输。对于行距较小、株距较大的瓜田，更有必要进行曲蔓。

4. 翻瓜和竖瓜

翻瓜即不断改变果实着地部位，使瓜面受光均匀，皮色一致，瓜瓤成熟度均匀。翻瓜一般在膨瓜中后期进行，每隔10～15天翻动1次。翻瓜时应注意以下几点：第一，翻瓜的时间以晴天的午后为宜，以免折伤果柄和茎叶；第二，翻瓜要看果柄上的纹路（即维管束），通常称作瓜脉，要顺着纹路而转，不可强扭；第三，翻瓜时双手操作，一手扶住果梗，一手扶住果顶，双手同时轻轻扭转；第四，每次翻瓜沿同一方向轻轻转动；一次翻转角度不可太大，以转出原着地面即可。

在西瓜采收前几天，将果实竖起来，以利果形圆正，瓜皮着色良好，即所谓“竖瓜”。

5. 荫瓜

夏季烈日高温，容易引起瓜皮老化、果肉恶变和雨后裂果，可以在瓜上面盖草，或牵引叶蔓为果实遮阳，避免果实直接裸露在阳光下，这就是荫瓜。

第五章　覆盖栽培

第一节　简易覆盖

一、地膜覆盖栽培

（一）覆盖前的准备

1. 施足基肥

覆盖地膜一般在播种或定植以后进行，盖地膜前一定要施足基肥。由于地膜西瓜生长快，发育早，如果仍采用露地西瓜那种多次追肥法，一则容易造成脱肥，二则增加地膜破损，不利于保墒增温。所以地膜西瓜应一次施足基肥。在整瓜畦时，每667平方米沟施土杂肥4000～5000千克，穴施硝基磷酸铵30千克或磷酸三铵40千克或螯合复合肥30～40千克。

2. 灌水蓄墒

地膜西瓜由于土壤条件的改善，其根系横向伸展快，80%的根群分布在0～30厘米的土层内，因而不抗旱。加之地温较高，瓜苗生长量增大，需水量也相应地增加，所以必须灌足底水。这样不但能蓄造良好的底墒，而且可使西瓜畦踏实，坷垃易碎，有利于精细整畦和铺放地膜。

3.精细整畦

为了使地膜与畦面紧密接触以达到增温的良好效果，铺地膜前必须将畦面整细整平，无坷垃，畦幅一致，排灌方便，流水畅通。要求畦面呈平垄状，宽180～200厘米；灌（排）水沟宽20厘米、深15厘米。沟外起埂，栽瓜苗的部位较宽，覆盖地膜后既防旱又防涝，受光面又大，热量分布均匀。

（二）地膜的选择

目前市售地膜有多种规格厚度0.02毫米、0.015毫米、0.008毫米；幅宽有60～70厘米的、80～90厘米的、100～110厘米的。面宽的比较好，但地膜用量会增加一些。如果覆盖宽幅的，最好采用双行栽植（播种）。由于西瓜行距较大，幼苗前期生长又慢，所以一般不选用过宽的地膜。地膜的颜色有白、银灰、黑、黑白条带等地膜。此外，还有降解地膜和无滴地膜。各地可根据西瓜的种植方式、栽培季节和使用目的（保温、透光、避蚜、防草）等选择地膜。

（三）覆盖方式方法

西瓜覆盖地膜的方式有多种，可因地制宜地选用。

1.平畦单行种植和双行种植覆膜方式

畦宽180～200厘米，灌排水沟宽20厘米、深15厘米，在沟边起垄种植西瓜。单行种植的，西瓜苗呈直线排列（图5-1），可选用60～70厘米宽的地膜，或用50～55厘米宽的地膜（即100～110厘米宽地膜的半幅）。双行种植的，西瓜苗呈三角形排列，可选用80～90厘米宽的地膜（图5-2）。地膜沿灌排水沟顺垄覆盖。

■图5-1 平畦单行覆盖种植

■图5-2 高畦双行覆盖种植

2.小高垄单行种植和双行种植覆膜方式

单行种植的，可选用60～70厘米宽的地膜。双行种植，可选用100～110厘米的地膜。地膜以垄顶为中心线顺垄覆盖。

3.地膜覆盖时间

可与栽苗或播种同时进行，也可早覆盖4～5天，以利提高地温和保墒防旱。先覆盖地膜后栽苗时，可用取土器开穴定植瓜苗，栽后浇水。土壤过干时，也可栽前浇水。

4.覆盖方法

覆盖地膜时，先沿种植行两边，在各小于地膜10厘米处开挖一条小沟，然后将地膜在种植行的一头放正，将地膜展平、拉直，使地膜紧贴地面或垄面，并将地膜用土压入挖好的小沟中踏实，防止地膜移动。为防止地膜被风吹动，可每隔2～3米压一锨土。地膜一定要拉紧、铺平、封严，尽量做到无皱褶、无裂口。万一出现裂口，要用土封严压实。地膜周边要用土压10厘米左右，要压紧压严。直播的西瓜，当子叶出土时，应及时在出苗部位开割出苗孔。育苗移栽的西瓜，在定植时按株距随时开割定植孔。为了尽量使孔口小些，直播出苗孔可割成“一”字形，育苗移栽的定植孔可割成“+”字形，并于出苗或栽植后随时将孔用土封严。

（四）地膜覆盖应注意的问题

地膜覆盖栽培西瓜，有许多优点，确是西瓜生产上早熟丰产、增加经济收入的一项有效措施。根据各地生产单位在应用和管理中发现的一些问题，提出以下几个应注意的问题：

1.施足基肥，灌足底水

为了保持地膜覆盖的作用，尽量减少地膜皮孔，所以苗期追肥和灌水次数应减少。在播种或定植前要一次施足基肥，灌足底水，使苗期肥料供应充足，并保持良好的墒情。

2.整畦要精细

整畦质量对地膜平整及保温保湿效果关系很大。如果畦面有土块、碎石、草根等，铺膜就不易平整，而且容易造成破损。要求西瓜畦耙细整平，凡铺地膜部位土面上所有的土块、碎石、草根等一律清除干净。

3.注意防风

春季风沙大的地区，应采取防风措施，以免风吹翻地膜影响瓜苗生长。除将地膜四周用泥土严密封压住以外，覆盖地膜后还应沿西瓜沟方向每隔3～5米压一道“镇膜泥”（压住地膜的条状泥土）。有条件的地区也可在瓜沟北侧迎风架设风障或挡风墙。这样不但可以防风，还有防寒的作用。

4.改变栽植和整枝方式

为了经济有效地利用地膜，除西瓜应适当密植外，栽植和整枝方式也应改变。密度可加大到每667平方米800～900株。在栽植方式上，如果覆盖整幅（80～100厘米）地膜，以双行三角形栽植双向整枝产量较高。即第一行靠近排灌水沟沿栽植，株距60厘米，第二行离第一行20厘米并与第一行平行栽植，株距也是60厘米，但两行植株应交错栽植（播种），使株间成为三角形。如果覆盖半幅（40～50厘米）地膜，可单行种植，株距以50厘米为宜。在整枝方式上，双行栽植（播种）的，可采用双蔓整枝、单向两沟对爬，单行栽植（播种）的，可采用三蔓式整枝、单向两沟顺爬。

（五）采用综合措施加强管理。

1.适期播种或移栽

地膜覆盖栽培西瓜，如果采用育苗移栽方式，应尽量早育苗。可于惊蛰后（3月上旬）先在温床或阳畦内育苗，当幼苗长出4片真叶时再移栽到大田中，边定植边覆盖地膜，并注意及时将地膜上的定植孔用泥土封严。如果采用直播方式，应推迟播种时间，以当地断霜前5～7天为宜。因为一般都是直播后覆盖地膜，当子叶出土时即需在每株上方的地膜上开出苗孔，如果幼苗在断霜前露出地膜，就容易遭受霜冻。假若播种期掌握不当，在断霜前幼苗已经出土，也不可不开出苗孔，否则由于地膜压力会使幼茎折断，而且子叶顶着地膜，有阳光时很容易造成日烧（烤苗）。因此，当直播西瓜苗在断霜前已出土时，必须再增加出苗后的防霜措施（如用苇毛、泥碗、纸帽等覆盖瓜苗）。

2. 改革瓜畦

目前有些地区西瓜覆盖地膜栽培，仍采用不覆盖地膜栽培时的龟背式瓜畦，结果盖膜效果不够显著，而且覆盖整幅地膜的和覆盖半幅地膜的区别也不大。这是因为，一方面龟背式瓜畦在地面形成一定坡度，距瓜根越远，地势越高，而西瓜根系却是垂直和水平分布的，所以地面位置越高，西瓜根系离地面越深。但地膜的增温效果是地表增温最高，越往下层增温越小。改成平畦后，使西瓜根系特别是水平根系接受地膜增温比较均匀。另一方面，龟背畦，地膜不易铺平；即使铺得很平，由于畦面有一弧度，也会反射掉一部分太阳光（图5-3）。

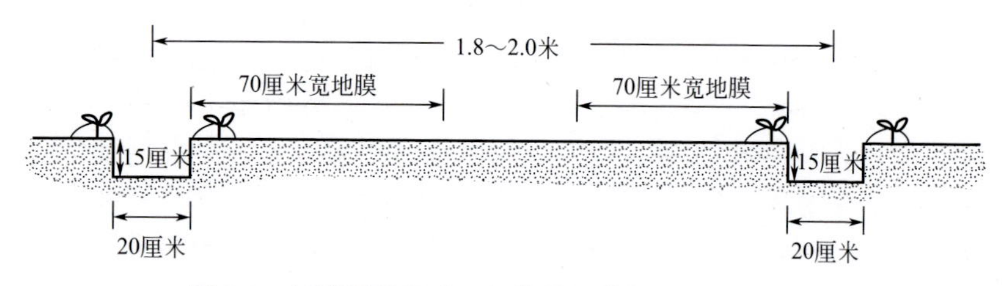

■ 图5-3 地膜覆盖平畦双行栽植双蔓整枝单向两沟对爬

3. 改进压蔓技术

西瓜地膜覆盖栽培，不可采用开沟压蔓方式，以免地膜破损过大，影响增温保温效果。可用10厘米长的细树条折成倒V形，在叶柄后方卡住瓜蔓，穿透地膜插入土内。这样既能起到固定瓜蔓的作用，又大大减少了地膜的破损面积。当西瓜蔓每伸长40～50厘米时便固定一次，直到两沟瓜蔓相互交接为止。

4. 增加留瓜数

由于地膜西瓜生长较快，生育期提前，因而每株可先后选留2个果实。一般先在主蔓上选留第二个雌花坐瓜，作为第一个果实；当第一个果实退毛后，在追施膨瓜肥、浇膨瓜水时，再在生长比较健壮的一条侧蔓上选留一个雌花坐瓜，作为第二个果实。

二、西瓜地膜覆盖的一膜两用技术

西瓜地膜覆盖栽培技术，是一项早熟、高产、经济效益十分显著的措施。由于方法简单易行，成本低、效益高，所以全国各地发展极为迅速。山东省的瓜农在西瓜地膜覆盖栽培中，创造了一种一膜两用新方法。即播种后至5～8片真叶期间；使地膜相当于育苗时覆盖薄膜用，第5～8片真叶展开后，作地膜用。采用这种新方法，不用另设苗床就能提早播种，减去了育苗及移栽程序，节约人力物力，瓜苗不伤根；生长健壮。这种方法的具体做法是：在播种前挖15厘米深、底宽20厘米的瓜畦，畦北沿垂直向下，畦南沿向外倾斜呈30°角，以减少遮光面积。播种后，在畦的两侧沿每个播种穴的上方插一根拱形树条（用以支撑地膜），然后在畦上覆盖地膜。当幼苗长到5～8片真叶时，在瓜苗上方将地膜开一个十字形口，使瓜苗露出地膜，并将拱形树条取出，使地膜接触畦面，再将地膜开口处和其他破损处用土封好压住。还有一种方法是，在作西瓜畦时，先挖东西走向的丰产沟，深40～50厘米、宽40厘米。平沟时，结合施用基肥，将翻于沟南侧的土填回沟内、翻于北侧的土留在原处，一方面可以阻挡北风侵袭瓜苗，另一方面可作为支撑地膜的“北墙”。作瓜畦时，将播种行整成宽20～30厘米的平底畦，畦底面距北侧地面深度为15厘米左右，距南侧地面深度为6厘米左右。播种后每穴上插一根拱形树条，拱高20厘米左右。然后覆盖地膜。当瓜苗长到5～8片真叶时，放苗出膜、去掉拱形树条等的具体作法与上述第一种方法相同。

（一）地膜和小拱棚双覆盖栽培

利用0.015毫米厚的塑料薄膜作地膜和0.1毫米厚的农用塑料薄膜作小拱棚，对西瓜进行双覆盖栽培，可使西瓜的上市时间更加提前。地膜和小拱棚双覆盖栽培西瓜，比普通露地栽培西瓜可提前30～40天成熟，比单纯用地膜覆盖的西瓜可提前15～20天成熟。地膜小拱棚双覆盖西瓜，栽培管理技术除和地膜覆盖西瓜要求相同以外，还需注意以下两点：

1.早播种，早育苗

地膜小拱棚双覆盖栽培西瓜，比单用地膜覆盖的西瓜，可以提早播种或提早育苗。如果利用阳畦育苗，可在2月中下旬播种；如果直播，可在3月上旬播种。育苗或直播的方法与前面介绍的露地栽培相同，只不过播种时间提前了40～50天。

2.移栽盖膜

移栽前5～7天用0.015毫米厚、0.9米宽的地膜先将西瓜畦盖住，使地面得到预热。当苗龄为30～35天时，选择晴天上午，揭开地膜，在排灌水沟上沿每隔40～50厘米开一个深10厘米、直径12厘米的定植穴，将育成的西瓜大苗栽植于穴内，浇透水，封好掩；将畦面整平，重新盖好地膜。覆盖时，在地膜上对准有西瓜苗的位置开一“+”字小口，使瓜苗露出地膜外，再用细土将定植孔封严。地膜要拉紧拉直铺平，紧贴地面，四周边缘用泥土压牢封好。盖好地膜后再用1.5米跨度的竹片或棉槐条，每隔50～60厘米在瓜畦两侧插一个和瓜畦相垂直的弓子，然后在上边覆盖0.1毫米厚、1.6～2米宽的塑料薄膜，做成小拱棚。薄膜要拉紧，四周边缘用泥土压牢。春季风多风大的地方，可沿着拱棚顶部和两侧拉上3道细铁丝固定防风。为便于通风管理，每个拱棚以长25～30米、高50～60厘米为宜。

（二）拱棚的管理

定植后3～5天，瓜苗开始生长新叶；这时可在晴天上午9点到下午3点打开拱棚两端通风换气。前期管理措施主要是预防寒流冻害，夜晚要加盖1～2层草苫子保温，棚内温度不低于16℃为宜。早春寒流多，降温剧烈，风大并且持续时间长，要加厚拱棚迎风面的覆盖物，挡风御寒。覆盖物要用绳固定，防止被风卷走和吹翻。寒流过后气温回升快，应逐渐揭去覆盖物，白天增加光照，并从两端开通风口通风换气散湿。随外界温度的升高，通风的时间也应逐渐延长，并在背风面增加通风口，白天使温度保持在28～30℃。后期管理要防止高温灼伤幼苗和放风过急“闪苗”，中午棚内温度较高时，切勿突然放大风，以免温度发生剧烈变化。可在向阳面盖草苫子遮阴，防止温度继续升高。立夏后当外界温度已稳定在18℃以上时，可将小拱棚撤除。

（三）整枝留瓜

双覆盖的西瓜宜用早中熟品种，每667平方米800～1000株，进行双蔓或三复式整枝，留主蔓第二雌花坐瓜。双覆盖西瓜于4月下旬或5月上旬进入开花盛期，此时仍有低温天气，地面昆虫活动少，靠自然授粉坐瓜率低，应在早上6～8点钟大部分雌花开放时进行人工辅助授粉，以提高坐瓜率。双覆盖西瓜在拱棚内伸蔓，一般无风害，不需要插枝压蔓，只要把瓜蔓引向应伸展的方向或顺垄伸展即可。但要防止因瓜蔓拥挤生长，卷须缠绕损坏瓜叶。幼瓜是在拱棚内坐牢的，撤除拱棚后，再将瓜蔓拉出，压蔓固定，幼瓜也要轻轻拿入坐瓜畦内。此后开始浇水追肥，加强管理，促瓜迅速膨大。头茬瓜收摘后，要及时选留二茬瓜，作好标记，认真管理，二茬瓜很快就能长大。

（四）西瓜双膜覆盖栽培的技术要点

1. 选用高产抗病品种

适合双膜覆盖栽培选用的品种有京抗二号、西农10号、郑抗8号、大江2008、开杂12号、京欣系列等优良品种。

2. 电热温床培育壮苗

在棚室内用电热温床育苗法，可以育大规格的壮苗。主要作法是播种后，先在畦面平盖上一层地膜，再在苗床骨架上覆盖塑料薄膜并封严苗床。接通电源进行加温，晚上加盖草苫。6～7天后，如果不出现寒流和阴天，就不用通电加温了。幼苗出土时，立即撤掉地膜，并开始小通风。这时苗床内白天的温度要保持在20～25℃，最高不超过30℃；夜间17～18℃，最低不低于15℃。随着西瓜苗的逐渐生长和外界气温的增高，逐渐加大通风和延长通风时间，白天畦温一般保持在25～28℃，夜间15～18℃。为了锻炼瓜苗，移栽前5～7天要适当加大通风口和延长通风时间，夜间逐渐减少覆盖物。移栽前2～3天，喷一遍0.2%的磷酸二氢钾和50%的多菌灵1000倍液。

3. 施足基肥，合理追肥

双膜覆盖西瓜，由于不便早期追肥（避免追肥时破膜），所以应有充足的基肥。一般结合填丰产沟，每667平方米施优质圈肥4000～5000千克、硝基磷酸铵25～30千克或硝酸磷肥30～40千克。也可在栽植前，每穴施磷酸三铵20～30克或复合肥30～50克，与穴土充分拌匀。追肥可分2～3次进行。第一次在团棵时，每667平方米追施螯合复合肥15～20千克或双膜控释肥15～18千克。第二次在头茬瓜坐住瓜后，当幼瓜长到鸡蛋大小时，每667平方米追螯合复合肥15～20千克或聚能双酶水溶肥10～15千克。第三次当头茬瓜收获后，每667平方米穴施多肽尿素15～20千克，以防早衰并供给二茬瓜生长所需的肥料。

4.及早移栽，合理密植

双膜覆盖西瓜应尽量早些移栽定植。移栽前2～3天可先将地膜覆盖地面以提高定植畦地温。移栽定植时，为了经济有效地利用地膜和薄膜，最好采用双行密植栽培。在已整好的西瓜定植畦上，按行距20厘米、株距50厘米进行双行交错三角形栽植。每栽完一畦后，立即将地膜重新铺平，并将栽植孔周围用土封严。整个瓜田定植完，扣好塑料拱棚，夜间加盖草苫保温。西瓜伸蔓后，单向整枝，使每畦的两行瓜蔓分别向相反的方向伸展。

5.提高瓜苗定植质量

双覆盖栽培西瓜一般3月底、4月初定植。据山东省历年来的气象资料。3月下旬仍常有较强的寒流，要在寒流过后，天气转暖时进行移栽定植。一般采用穴栽法，即按株距40～45厘米开定植穴，将苗栽于穴中，四周覆土并轻轻压实，然后浇水，水渗下后封掩。栽好后开孔覆盖地膜，并扣好拱棚。

6.小拱棚的通风控温管理

瓜苗移栽后，一般3～5天内通风或通小风；如遇低温天气，夜间要加盖草帘。缓苗后，随着气温的升高。逐步加大通风量和延长通风时间，白天畦温应保持在25～30℃，最高不超过35℃。但是遇寒流天气，夜间要加盖草帘防寒保温。5月上、中旬，随着外界气温的升高，可将小拱棚逐渐撤除，但地膜不要去掉。

7.搞好人工授粉

双覆盖栽培的西瓜开花较早，昆虫活动较差，同时因夜温较低，花粉不易散落，所以必须进行人工授粉，以提高坐瓜率。

8.巧留二茬瓜

双覆盖栽培的西瓜一般于6月中、下旬收获。头茬瓜收获后，山东省的高温多雨季节尚未到来，这时西瓜植株仍保持较多的功能叶，可供二茬瓜生长。所以当头茬瓜收获前10～15天，要在生长健壮的侧蔓上及时选留二茬瓜。除二茬瓜开花时进行人工授粉外，在采收头茬瓜时应注意爱护二茬瓜的幼瓜，防止踩伤等机械损伤。头茬瓜采收后，立即追肥浇水，并清理病叶残蔓，促进二茬瓜的生长。

第二节 棚室覆盖栽培

一、小拱棚覆盖栽培

（一）小拱棚的制作

小拱棚制作简单，其拱架一般用竹片、细竹竿、棉槐条等做成。沿畦埂每隔1～1.2米插一根，拱高80～100厘米，拱宽同畦宽。每个拱棚的拱架要插得上下、左右对齐，为使拱架牢固，还应将拱顶和拱腰用细竹竿或8#铁丝串联成一体。

（二）扣棚和定植

搭好拱架后立即盖上棚膜，目前应用较多的是长寿无滴膜。根据畦宽和棚高选择适宜幅宽的棚膜，在无大风的时候覆盖到拱架上，四周用土压紧。扣好的小拱棚见图5-4。扣棚提温后可选好天定植瓜苗。

图5-4 小拱棚群

（三）扣棚后的管理

1.温度管理

定植后为促进缓苗，一般5～7天内不通风，如遇晴天中午高温，棚内气温超过35℃时可采取遮荫降温。缓苗后要及时通风，特别是中午前后，棚内气温应保持在25～30℃，最高不要超过35℃。通风方法是在背风面开小通风口，位置要逐次更换，并且随气温的升高，逐渐增大通风口，延长通风时间，以达到降温、排湿、改善风光气等条件。

2.划锄松土除草

为促进根系生长、及时除草，应进行划锄松土（选晴天上午开背风向阳一面进行）。

3.整枝理蔓与留瓜

■图5-5 选主蔓第2 ~ 3雌花坐瓜

小棚西瓜为增加密度，提高产量，大多采用双蔓整枝法。西瓜伸蔓后，及时理顺棚内瓜蔓，使其布局合理。当夜间也不需覆盖时，即可撤棚。撤棚时，将瓜蔓引出棚外。当蔓长60厘米以上时，进行正式整枝理蔓。一般采用双蔓整枝方式，除主蔓外，每株选留一条长势健壮侧蔓，多余的侧蔓及早去掉。一般选留主蔓第二或第三雌花坐果（图5-5），主蔓坐不住时可选留侧蔓雌花坐果。坐果节位以前多余的侧枝及早去掉，而坐果节位以后几节的侧枝可留3～6片叶打顶。

4.追肥浇水

在施足基肥、浇足底水的情况下，苗期一般不需追肥浇水。坐瓜后，结合压蔓，可进行一次追肥。每667平方米施用发酵好的饼肥25千克、多肽尿素10千克或磷酸三铵20千克或多肽缓控复合肥15～20千克，并浇一次水。瓜农称为坐瓜肥、促蔓水。当果实超过碗口大时，再追一次膨瓜肥，一般每667平方米施聚能双酶水溶肥或靓果高钾水溶肥15～20千克，或螯合复合肥20～30千克，并浇足膨瓜水。此后，视天气情况，除降雨外，每隔3～5天浇一次膨瓜水，直至采收前5天停止浇水。

5.人工辅助授粉

授粉时间是每天早晨7～11时，将当天开放的雄花花粉轻轻涂抹在拟选留节位刚开花的雌花柱头上。方法很简单，一般是用双手操作，左手扶持雌花着生瓜蔓，右手将雄花花粉轻轻涂抹在雌花柱头上即可。在操作中应注意周到均匀，以防止出现畸形果。这样授粉后5～6天幼瓜就能长到鸡蛋大（图5-6、图5-7）。

■图5-6　人工授粉

■图5-7　授粉后5 ~ 6天的幼瓜

6.病虫害防治

详见第十章“西瓜病虫草害防治”。

7.及时撤去小拱棚

当气温升高、拱棚影响西瓜生长时，需及时撤去小拱棚并及时整枝理蔓。

二、大棚栽培技术

（一）适宜品种的选择

塑料大棚早熟栽培应选用极早熟、早熟、中早熟或中熟品种的中果型品种。适宜大棚栽培的有籽西瓜品种有特小凤、红小玉、特早世纪春蜜、早佳、黑美人、早春红玉、美抗9号、冰晶、小兰等。适宜大棚栽培的无籽西瓜品种有黑蜜2号、雪峰无籽304、丰乐无籽3号、金太阳1号、花露无籽、翠宝无籽、黄露无籽等。

（二）扣棚烤地

为使大棚内土壤提早解冻，及时整地和施肥，保证适时定植，应提前扣棚烤地，提高地温（见图5-8）。棚地有前茬作物或准备

■图5-8　扣棚烤地

复种一茬作物时，可提前30～45天扣棚；没有前茬的提前15～20天扣棚即可。在扣棚前每667平方米施入4000～5000千克土杂肥。扣棚后，随土壤的解冻进行多次翻耕，将粪土混匀，有利于提高地温。翻耕深度应达到30～40厘米。待土壤充分深翻整细后，可按1米行距作高畦或大垄，有利于西瓜生长发育。

（三）整地施肥及作畦

与露地西瓜栽培基本相同。见图5-9、图5-10。

■ 图5-9　深翻地

■ 图5-10　整地

（四）嫁接育苗

在大棚、温室等固定的保护设施内栽培西瓜必须进行嫁接育苗，否则会因枯萎病的发生而严重减产或绝产。同时，由于嫁接苗砧木的根系比西瓜自根的根系发达、吸收肥水能力强，能促进接穗（西瓜）的生长发育，增强耐低温、弱光和抗病能力，从而可提高棚室西瓜的产量。方法见“嫁接育苗”。

（五）扣棚和定植

定植前3～5天扣棚（覆盖塑料棚膜），以提高地温。如果是连续栽培多茬的旧棚还需再提前5～7天扣棚消毒和高温闷棚。在定植前1～2天用塑料袋灌满水，放置于大棚内，提高水温，以作为定植水。定植时，按株行距开好定植穴，施用适量复合肥。定植时，先将嫁接好的瓜苗植于穴内，使土坨表面比畦面略高（用塑料钵育苗者，应先脱去塑料钵），封掩时，先封半穴土，轻轻将瓜苗栽住，然后浇足定植水，待水渗下后封穴。封穴时，不要挤破土坨和碰伤瓜苗，用手轻轻按实土坨周围即可（图5-11）。

■图5-11 大棚西瓜定植

瓜苗定植后，沿行向在瓜苗周围喷施除草剂，随即铺放好地膜，并在垄面上插小拱架，覆盖上小棚膜。由于大棚内无风，所以小拱架可采用棉槐条或其他细小树枝简易搭成，小棚膜也不必压牢以便昼揭夜盖。

（六）大棚西瓜的管理要点

塑料大棚内的温度、湿度、光照及空气等环境条件对西瓜生长发育的影响很大，应经常进行调节。但只有掌握棚内各种小气候条件的变化规律，才能及时准确地进行调节。

1.棚内温度的管理

棚内温度的变化规律，一般是随外界气温的升高而增高，随外界气温的下降而下降。棚内的温度存在着明显的季节温差，尤其是昼夜温差更大。越是低温季节，昼夜温差越大，而且昼夜温差受天气阴晴影响很大。西瓜性喜高温强光，在温度高、光照好的条件下同化作用最强。这样的气温条件维持越长，西瓜生长越好，产量也高。但棚温受外界温度影响很大，棚内昼夜温差大，如有时夜间棚温仅14℃，而晴天中午最高可达45℃以上，因此必须注意夜间低温，控制午间高温。一般管理原则是：在春季栽培多采用开天窗通风口和设边门膜的办法，放风调温。对延迟栽培的大棚进入9月下旬后，天气渐凉，又正逢西瓜膨大期，要注意补好棚膜，采取晚通风、早闭棚的办法，千方百计提高棚温，以促进晚批瓜及早成熟。山东省春季棚温为15～36℃，最高时可达40℃以上，夜间棚温的变化规律与外界气温的变化基本一致，通常棚温比露地高3～6℃。根据上述温度的变化规律，在日出前要加强覆盖保温，在12点至下午1点时要加强通风，夜间盖好草帘，使棚温维持在白天25～35℃、夜间15～20℃。

2.棚内湿度的管理

棚内空气相对湿度的变化规律，一般是随棚温的升高而降低，随棚温的降低而升高。晴天和刮风天相对湿度低，阴天和雨雪天相对湿度高。棚内绝对湿度，随着棚温的升高而增加。棚内的水蒸气，因土壤水分大量蒸发和西瓜叶面蒸腾出来的水分而成倍增加。中午水气含量达到早晨的2～3倍。到午后5～6时时，由于及时通风和气温的下降，棚内水气大量减少。在棚内相对湿度100%的情况下，通过提高棚温可降低相对湿度。如棚温在5～10℃时，每提高1℃，可降低相对湿度3%～4%。西瓜适宜的空气相对湿度白天为55%～65%、夜间为75%～85%。棚内空气湿度和土壤湿度是相互影响的。通过浇水、通风和调温等措施，可以调节棚内的湿度。

3.棚内光照的管理

棚内光照条件因不同部位、不同季节及天气、覆盖情况等不同，差异很大。从不同部位看，光照自上而下逐渐减弱，如棚内上部为自然光照的61%时，棚内中部距地面150厘米处光照为自然光照的34.7%，近地面的光照为自然光照的24.5%。棚架越高，棚内光照垂直分布的递减越多。东西走向的拱圆大棚，上午光照东侧强、西侧弱，下午光照西侧强、东侧弱，南北两侧相差不大。此外，双层薄膜覆盖比单层薄膜覆盖，受光量可减少40～50%；立柱棚比少立柱、无立柱棚遮光严重；尼龙绳做架材比竹竿做架材遮光少等。棚膜对受光的影响，主要是老化薄膜和受污染的薄膜透光差，无水滴膜（微孔膜）比有水滴膜透光强等。及时清除棚膜上的尘土和污物，是增强透光性的主要措施。

4.棚内气体调节

二氧化碳浓度的变化通常是夜间高，白天低，特别是在西瓜蔓叶大量生长时期，白天光合作用消耗大量二氧化碳，使棚室内二氧化碳含量大幅度降低。所以，在大棚密闭期间，向棚内补充二氧化碳气体能够提高西瓜光合作用强度，提高产量。利用化肥碳酸氢铵和工业硫酸起化学反应，生成硫酸铵和二氧化碳的方法，是目前我国采用的最简便、最经济、最适宜大面积推广的一种方法。其具体做法是：在667平方米面积的塑料大棚内，均匀地设置35～40个容器（可用泥盆、瓷盆、瓦罐或塑料盆等，不可使用金属器皿）；先将98%浓度的工业硫酸和水按1 ：3的比例稀释，并搅拌均匀，稀释时应特别注意，一定要把硫酸往水里倒，而绝不能把水往硫酸里倒，以免溅出酸液烧伤衣服或皮肤；再将稀释好的硫酸溶液均匀地分配到棚内各个容器中，一般每个容器内盛入0.5 ～ 0.75千克溶液；然后再在每个盛有硫酸溶液的容器内，每天加入碳酸氢铵90克（40个容器）或103克（35个容器）。一般加一次硫酸溶液可供3天加碳酸氢铵之用。二氧化碳气肥施用时间最好在西瓜坐瓜前后。在晴天时，日出后30分钟，棚内二氧化碳浓度开始下降，只要光照充足气温在15℃以上时，即可施放二氧化碳气肥。近来二氧化碳发生器已在棚室生产中应用，有条件的可以放心使用。

5.肥水管理

基本上与露地春西瓜相同，但由于有棚膜覆盖，保湿性能较好，而且水分蒸发后易使棚内空气湿度增大，故不宜多浇水。但遇到连阴雨天气，也要适当浇水，以免出现棚外下雨棚内旱的现象。西瓜在高度密植、一株多瓜的情况下，仅施基肥和一般追肥是不够的，应每采收一次瓜追一次肥，做到连续结瓜采收，连续追肥。一般于每茬瓜膨大前期施用复合肥料每667平方米20 ～ 30千克，每次追肥必须结合浇水冲施，可收到明显的增产效果。

6.其它管理

大棚西瓜的管理主要在整枝上架、人工授粉、留瓜吊瓜等几个环节与露地西瓜不同。西瓜抽蔓后要及时整枝上架（图5-12）。整枝可根据密度，特别是株距大小采用单蔓整枝或双蔓整枝。在塑料大棚内可采用塑料绳吊架。其优点是架式简单适合密值，通风透光，作业方便，保护瓜蔓。瓜蔓上架时，如蔓长棚矮可采用“之”字形绑蔓法。即首先引蔓上架绑好第一道蔓，当绑第二道蔓时，应斜着拉向邻近吊绳捆绑；要使吊绳方向一致，水平拉齐。当绑第三道时，再拉回原吊绳上。如此反复进行。每条瓜蔓只选留1个瓜。当瓜蔓长满吊架时，在瓜上留5 ～ 7片叶打顶。采用单蔓整枝时，打顶后及时在下部选留两条侧蔓，引蔓上架；每条瓜蔓仍选留1个瓜，当瓜座住后留5 ～ 7片叶打顶。主蔓瓜采收后，要将主蔓适当短截，以利通风透光，促进侧蔓瓜的生长。由于西瓜是雌雄异花作物，棚内无风，昆虫很少，影响结瓜，必须进行人工授粉。采用人工授粉不仅可以提高坐瓜率，还能调整结瓜部位，使每个瓜都有足够的叶面积，保证瓜个头大、质量好。留瓜部位一般在主蔓上第12～14节较好；侧蔓留瓜位置要求不严格，只要瓜形整齐，第8～10节即可留瓜。当瓜长到0.5千克左右时，用吊带或吊兜把瓜吊起来，防止瓜大坠伤瓜蔓（图5-13）。瓜要吊得及时，吊得牢稳。

■ 图5-12 整枝吊蔓

■ 图5-13 吊瓜

（七）大棚内多层覆盖栽培

目前，大棚西瓜栽培，已出现3～5层覆盖，山东省昌乐县尧沟甚至出现了7层覆盖。

1. 三膜覆盖

就是在大拱棚里套小拱棚，小拱棚里铺地膜（见图5-14、图5-15）。这一模式一般可比双覆盖早定植8～10天。

■ 图5-14 地膜+小拱棚+中拱棚三层覆盖

■ 图5-15 大拱棚内套小拱棚

2. 四膜一苫覆盖

就是在大棚膜下10～15厘米处吊一层天幕（一般用0.015～0.018毫米的薄膜），大棚内套小拱棚，小拱棚覆盖薄膜和草苫，小拱棚内覆盖地膜。这一模式比三膜覆盖更增强了保温保湿性能（图5-16）。另有昌乐地区西瓜的4层覆盖栽培（图5-17、图5-18）。

■ 图5-16　四膜一苫覆盖栽培

■ 图5-17　昌乐西瓜的4层覆盖（一）

3. 五膜一苫覆盖

所谓五膜大棚是全田铺设地膜，在每个栽培畦上扣一个2米宽小拱棚。两米宽拱棚外面再加扣一个3米宽拱棚，在大棚顶膜内侧与顶膜隔开20厘米吊一层薄膜保温幕，再加上最外面的一层大棚膜，共5层膜。大棚横跨12米，棚内一行中柱，两行腰柱，两行边柱。5行柱子自然隔成4个横向栽培畦，畦中间稍凹，中间栽一行西瓜，即每棚种4行西瓜（图5-19）。另有昌乐地区西瓜的6层覆盖栽培（图5-20）。

■ 图5-18　昌乐西瓜的4层覆盖（二）

■ 图5-19　五膜一苫覆盖

■ 图5-20　昌乐西瓜的6层覆盖

4.七膜覆盖

大棚用双膜覆盖，大棚内先扣1.5米宽的小拱棚，小拱棚上再加套3米宽的拱棚，两个小拱棚分别覆盖两层膜，每个小拱棚都铺地膜，简而言之，大棚内套中棚，中棚内再套小棚，大、中、小棚都用双层覆盖，即6层再加一层共七层地膜覆盖。这一模式使西瓜上市时间大大提早，还能留二茬、三茬瓜。

三、温室栽培

（一）栽培季节

由于温室投资较大，要把采收期安排在本地秋季延迟西瓜供应期之后，春季普通大棚西瓜上市之前。温室西瓜的播种期除考虑上市期外，还应考虑到温度对坐瓜的影响。由于我国幅员辽阔，各地气候各异，无法确定统一栽培时间，只能提出一个框架：10～12月份播种，11～1月份定植，3～4月份采收上市。

（二）整地作畦

在室内南北走向先挖宽1米、深50厘米的瓜沟，然后回填瓜沟约30厘米。结合平沟每667平方米施入土杂肥3000～4000千克、熟饼肥80～100千克或磷酸三铵20～30千克，或螯合复合肥25～30千克。施肥时将肥料混合，撒入沟内与土充分混合均匀，整平地面。在两行立柱之间作畦，畦向与之前挖的瓜沟方向一致。作成畦面宽60～100厘米、高约15厘米、灌水沟宽25厘米左右的高畦，整平地面。

（三）移栽定植

提早定植二叶一心的嫁接西瓜苗，方法与大棚相同。爬地栽培时采用大小行栽植，即每畦双行栽植，行距30厘米（小行），株距40厘米。伸蔓后分别爬向东、西两边的瓜畦（大行）。支架（吊蔓）栽培时，行距1米，株距0.3～0.4米。定植时，选晴天上午，栽苗后立即铺地膜。

（四）管理

1.温度管理

日光温室内冬季晴天时，最高气温可达35℃以上，最低气温也在零度以上。但春季以后室温迅速升高，一般当外界气温到10℃时，室内气温可达到35℃，夜间最低也可维持在10℃以上。因此，在温度管理上冬季应以保温防寒为主，春季则应注意防高温。日光温室冬季保温增温的方法主要有扣盖小拱棚，拉二道保温幕，屋面覆盖草苫，在草苫上加盖一层塑料薄膜或纸被、无纺布等。

2.光照管理

日光温室的东、西、北三面是墙，后屋顶也不透明，唯一采光面只有南屋面，再加上冬春栽培西瓜，室内需保温，上午草苫揭得较晚，下午又得早盖，这就使一日内的光照时间更短。改善光照的办法主要是：保持棚膜清洁无水滴，以增加透光率；建棚时应根据当地纬度设计好前屋面适宜的坡度，尽量减少棚面反射光和棚内遮光量；在权衡温度对瓜苗影响的前提下，尽量延长采光时间。晴天时，一般上午日出后半小时、下午日落后半小时卷、放草苫为宜。阴天时，只要室温不低于15℃，也要卷起草苫，让散射光进入室内。此外，在后墙和东、西两侧墙面上张挂反光膜或用白石灰把室内墙面、立柱表面涂白也可改善室内光照。有条件时可在每间日光温室内安装一个100瓦以上的日光灯，每天早、晚补光2小时左右。阴雪天时，其补光效果尤为显著（图5-21）。

■图5-21　棚室内设置补光灯

3.整枝压蔓

日光温室西瓜宜及早整枝，以减少无用瓜蔓对养分的消耗，并有利于通风透光（图5-22）。爬地栽培一般采用双蔓整枝，大果型中熟品种也可采用三蔓整枝。上架栽培一般采用单蔓整枝或改良双蔓整枝。所谓改良双蔓整枝，就是除选留主蔓结果外，还在基部选一条健壮侧蔓，其余侧蔓全部摘除，当所

■图5-22　主、侧蔓伸出后及早整枝

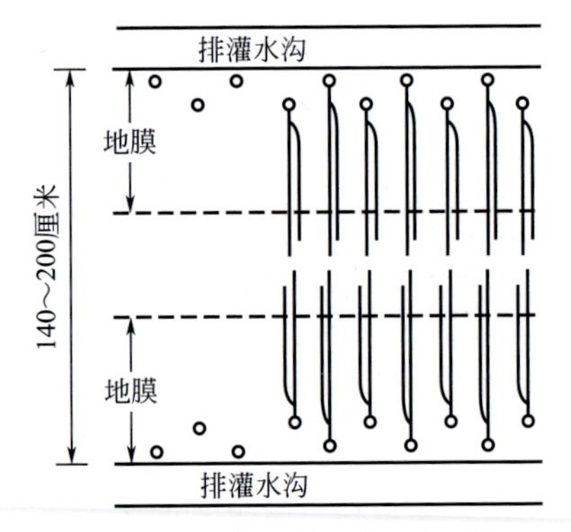

■ 图5-23 主侧蔓同向两行对爬

留侧蔓8～10叶时摘心。这种方法特别适宜大棚栽培。整枝方式可根据行距而定。行距较小者单向整枝为宜，行距较大者两行对爬为宜（图5-23）。压蔓、吊蔓上架等管理与普通大棚相同。

四、棚室栽培中关键技术的探讨

（一）我国目前棚室西瓜生产中存在的主要问题

大棚西瓜与露地西瓜、地膜西瓜及小拱棚西瓜等，其栽培特点和所处的环境条件都不相同。因此，照搬露地西瓜栽培技术或地膜栽培技术，都不能达到应有的生产效果，甚至得不偿失、劳民伤财。当前在大棚西瓜生产中，主要存在着以下几个问题：

1.品种不配套

适宜大棚栽培的西瓜应具有早熟、耐低温、耐弱光、易坐瓜等特点。但前几年在生产中还有选用庆农5号、郑杂5号的，有些地方长期采用金钟冠龙这个中熟品种，有的甚至采用生育期更长的品种。建议用生育期短、熟期早、耐低温、耐弱光、极易坐果的新品种。

2.发展不平衡

一方面是技术上的不平衡，除了目前保护地栽培发展较快的山东、河北、河南、辽宁、东北等地和某些城市近郊，西瓜保护地的栽培积累了较丰富的经验外，很多地方的瓜农仍处于摸索状态，迫切需要找出适合不同地区的保护地栽培模式。另一方面是面积发展不平衡，目前我国西瓜的保护地栽培面积主要集中在山东、河北等省份和东北一带以及一些大城市郊区，其他地区尚未形成规模。

3.配套技术问题

许多配套技术，如种植密度和栽培方式，棚室栽培的水肥管理，适合不同地区的双膜覆盖栽培技术规程，塑料中棚、塑料大棚栽培技术规程，大棚、温室栽培中的连作障碍，嫁接技术，棚室栽培中温、光、水、气、肥的调节等，都有待于进行更深入的研究。

（二）西瓜设施栽培配套技术的探讨

1.种植密度和栽培方式问题

不同品种、不同地区西瓜种植密度和栽培方式也不同。例如我国北方各省市，每667平方米大棚栽植中熟品种800～900株，而在长江流域以南每667平方米栽植仅为500～700株。近年来，地膜覆盖和小拱棚栽培西瓜发展最快，栽植密度和栽植方式较前有很大改进。大棚栽培系集约化生产，应更合理地利用保护设施，尽量压低生产成本。为了增加密度而又不影响通风透光，在适当加密的同时，要相应地改进栽植方式。例如改单行栽植为双行大小垄栽植以及采用科学整枝方式等。在日光温室中栽培西瓜，则要尽量采用上架栽培，单、双蔓整枝吊蔓生长或用网袋吊瓜，直立生长。

2.水肥管理问题

大棚栽培比露地栽培肥水流失较少，特别在西瓜生长前期（坐瓜前），西瓜自身吸收和消耗水分皆少，而此时棚内地下和空气中的水分都高于棚外。这时若不注意控制肥水，很易造成西瓜蔓叶徒长。这就要求做到“前控”。怎样做到前控呢？一是基肥，特别是穴肥不可过多，二是浇水要晚，三是追肥要适当推迟，四是要及时通风调温调湿，五是推广西瓜专用缓效肥，一次性施足基肥，用浇水量来分次发挥缓释西瓜专用肥的肥效，不必再追肥。在买不到西瓜专用缓效肥的地方，也可在施用基肥时，将复合肥用化肥耧或条耧器按4～6行条施于畦面移栽定植行的两侧。

3.嫁接问题

（1）嫁接技术问题　嫁接方法很多，但要采用成活率高又省工易学的方法。现在插接法的成活率还仍然低于靠接法，但确实很省工，也易学好推广。这里值得注意的是砧木和西瓜播种的错期问题。不同砧木错期时间不同，葫芦错期6～8天（还要根据品种正确计算），南瓜砧错期4～6天。一般在砧木第一片真叶开展期嫁接为宜，最晚一叶一心，即可嫁接。如砧木苗过小，下胚轴过细，插竹针时，胚轴易开裂；苗过大，因胚轴髓腔扩大中空而影响成活。采用舌靠接法，应适时断根（成活后及时切断西瓜下胚轴近根处）。还有，无论采用插接法还是靠接法，在移栽定植嫁接苗前后都要及时“除萌”（就是摘除砧木上已萌发的不定芽）。否则将会严重影响嫁接西瓜的抗病性和品质。砧木蔓叶对西瓜的品质影响极大。

（2）砧木选择问题　通过多年的试验，以长瓠瓜（即瓠子、长颈葫芦）作西瓜砧木，亲和性好，植株生长健壮，抗枯萎病，坐瓜稳定，果实大、产量高，对品质无不良影响。用南瓜作砧木嫁接西瓜，抗枯蔓病最强，但与西瓜接穗的亲和力，特别是共生亲和力不如葫芦和瓠子。日本采用印度南瓜×中国南瓜，育成新士佐南瓜，也可使用。但用黑籽南瓜作西瓜砧木，是不可取的。因为根据多年的试验观察，用黑籽南瓜作砧木嫁接西瓜，其果实含糖量可降低1.5～2.1度，而且风味清淡。同时，白粉病和病毒病较葫芦砧、瓠子砧严重。据试验和各地报道，我国培育及引进适宜西瓜嫁接的优良钻木有超丰F1、京欣砧1号（葫芦×瓠瓜）、华砧1号（适合大中型西瓜）和华砧2号（适合小型西瓜）、砧王（南瓜×南瓜）、青研砧1号、庆发西瓜砧1号、抗重1号瓠夸、皖砧1号（葫芦×葫芦）、皖砧2号（中国南瓜×印度南瓜）、勇士、相生（葫芦×葫芦）、新士佐（印度南瓜×中国南瓜）、圣砧2号（葫芦×葫芦）、圣奥力克（野生西瓜）等。

4.留瓜促果问题

露地栽培西瓜一般选留主蔓第二、三瓜胎。但在大棚西瓜生产中，以尽量选留第二瓜胎为宜。对某些生长势强的品种或坐果率较低的品种，也可先留第一瓜胎作为缓冲营养生长势力的“阀门”，当植株转向以生殖生长为中心时，第二瓜胎必然会迅速出现，而且其生长发育速度也会大大超过第一瓜胎。此时，第一瓜胎往往就会自行化瓜。如果当第二瓜胎开始迅速膨大时，第一瓜胎仍在继续生长，应该立即将第一瓜胎摘掉，否则会影响第二瓜胎的继续加速膨大。为了促进果实的迅速发育，人工授粉并坐瓜8～10天后，应开始浇水、清洁棚面、提高棚温、改善光照，必要时，也可施用某些生长调节剂，如高效增产灵、丰产素、植保素、西瓜灵等，还要加强对二茬瓜的管理。

5.采收及果实处理问题

大棚西瓜普遍采收过早，上市生瓜较多，损害了消费者的利益，有时也使经营者蒙受损失。近年来，生产者都采用标记法采收西瓜，所以出现生瓜上市并非技术原因，实为谋取季节（时间）差价和重量差（熟瓜较轻）。某些生长激素能够加速果实成熟，例如乙烯利可以催熟西瓜，但由于副作用较大，而且影响品质，如果施用时间、浓度、方法等掌握不当，往往事与愿违，出现软皮瓜、劣质瓜和烂瓜，所以一般不提倡使用。

6.提高棚室西瓜甜度的问题

决定西瓜品质风味的关键时间是瓜成熟前15天左右至采收前2～3天。为了提高西瓜的品质，这一阶段管理总的要求是要保持叶片较高的光合作用强度，减少氮素比例，增加磷钾肥，提高昼夜温差，采收前3～5天停止浇水等。

（三）棚室西瓜优质高产的关键技术

1.选用优良品种

选用早熟丰产的品种，是获得棚室西瓜丰产的前提。塑料大棚内的小气候不同于露地，应选用早熟性强、早期比较耐低温、耐湿、耐弱光、抗病、丰产、品质好的品种。经各地试种比较试验，认为以特小凤、红小玉、世纪春蜜、早佳、黑美人、早春红玉、燕都大地雷为上选品种。

2.培育适龄壮苗

培育适龄壮苗是棚室西瓜高产的基础。可利用加温温室或电热温床，提前育苗。如用温室育苗要防止高温徒长，实践经验是：在出土前保持30℃的高温，当70%的芽拱土时就逐渐降温，苗出齐后白天温度控制在25℃左右，夜间保持在18℃左右。如用电热温床育苗，因早春外界温度低，需注意提高床温，控制水分，以免发生烂芽、猝倒病及徒长现象。关于苗龄，经几年的试验观察，以30～40天（秧苗具有

3～4片真叶）时定植成活率高，坐瓜也早。

3.扣棚整地，适时定植

为使大棚内土壤提早解冻，及时整地和施肥，保证适时定植，应提前扣棚烤地，提高地温。棚地有前茬作物或准备复种一茬作物时，可提前30～45天扣棚；没有前茬的提前15～20天扣棚即可。在扣棚前每667平方米施土杂肥肥3000～4000千克。扣棚后，随土壤的解冻进行多次翻耕，将粪土混匀，有利于提高地温。翻耕深度应达到30～40厘米。待土壤充分深翻整细后，可按1米行距作高畦或大垄。定植时期应根据外界温度与扣棚后棚内地温、气温状况，秧苗大小，防寒设备等条件确定，但主要是依据棚内地温和气温来确定。根据西瓜对温度的要求，当棚内10厘米深土壤温度稳定在12℃以上、最低气温稳定在8℃以上，即可进行定植。定植后如棚内再扣小棚或利用其他防寒保温措施，可提高棚内温度，加速西瓜生长，促进早熟。

（四）棚室西瓜栽培技术的改进

1.改善光照

大棚温室内的水泥横梁、竹竿等，能用8号铁丝代替的，尽量用8号铁丝代替，可减少遮光，增加光照和提高棚室温度。对覆盖膜除选用透光性能好的以外，还要经常清洁棚面，早揭晚盖、墙面涂白或后墙挂银色反光膜等。

2.用压膜线代替压杆

棚室覆盖塑料薄膜后为防风吹，一般都用压杆加以固定。但膜上的压杆需用铁丝穿过塑料薄膜固定在拱杆上，这样薄膜上面就会形成很多孔眼，透气进风，势必影响室内的温度。而且压杆在棚面遮光较多，所以用压膜线代替压杆，不仅减少遮光，而且膜面无孔眼，有利于密闭保温。

3.起垄覆膜栽培

整地施足基肥后，一般先起垄作畦，畦高10～20厘米，宽50厘米，覆盖地膜升温。定植时，按株距和瓜苗大小在地膜上打孔栽植。畦间开灌、排水沟。

4. 地下全覆膜

为了增加地面反光和提高地温，降低棚内空气湿度，棚室内地膜全覆盖，使地面全部让专用塑料薄膜（地膜）盖住。

5. 膜下暗灌

西瓜是需水量较大的作物，大量浇水往往会使棚室内湿度过大。但浇水时，让水从地膜下的灌、排水沟流动（暗灌）就不会使棚室内的湿度增加。

6. 吊绳引蔓

棚室栽培西瓜为增加密度充分利用空间，一般多采用支架栽培。无论采用何种架式，均需一定架材。架材不仅价格较高，而且遮光较多。可用铁丝和塑料绳代替支架，即沿定植西瓜的行向在棚室上方横拉细铁丝，在每株西瓜苗的上方垂直拉下一根塑料细条（包装绳），当西瓜蔓长到30～50厘米时，用扎绳将瓜蔓沿每株各自的垂直塑料细条由下而上逐渐引蔓。

7. 人工授粉

采摘刚刚开放的雄花，露出雄蕊，往雌花柱头上轻轻涂抹，须使整个柱头上都沾上花粉。如果用几朵雄花给一朵雌花混合授粉，效果更好。为防止阴雨天雄花散粉晚而少，可在头一天下午将次日能开放的雄花用塑料袋取回放在室内温暖干燥处，使其次日上午能按时开药散粉，即可给开放的雌花授粉。

8. 增加棚室内二氧化碳浓度

在西瓜结果期，棚室内二氧化碳浓度严重不足。室内增加二氧化碳的方法简便易行。具体作法是：将浓硫酸缓缓注入盛有3倍水的塑料桶内；称取300克碳酸氢铵放入塑料袋内，袋上扎3～5个小孔，并将该袋放入上述盛有稀硫酸的塑料桶内进行化学反应，二氧化碳气体便缓缓从桶内释放出来。棚室内每40平方米左右放置1个上述二氧化碳气体发生桶。有条件的也可用二氧化碳发生器来增加二氧化碳。

9. 节水灌溉

近年来，随着节水灌溉技术的大力发展，西瓜栽培也逐渐采用了滴灌技术，此技术不仅节水50%以上，而且还可减少田间作业量、降低植株发病率、提高西瓜质量，增加经济效益。节水灌溉应铺设专用设备。

第三节　小型西瓜的覆盖栽培

小型西瓜又称袖珍西瓜、迷你西瓜，瓜农叫小西瓜。由于其果形美观小巧，便于携带，是高档礼品瓜，深受人们的欢迎。随着家庭的小型化和旅游业的兴起，小型西瓜已被广大消费者接受，市场销售前景好。其价格较普通西瓜高，生产者经济效益相当可观，发展甚为迅速。

一、小型西瓜品种

当前主要品种有佩普基诺、小宝、玛格丽特、爱伦等。

二、小西瓜生育特性

（一）幼苗弱，前期长势较差

小西瓜种子贮藏养分较少，出土力弱，子叶小，下胚轴细，长势较弱，尤其在早春播种时幼苗处于低温、寡照的环境条件下，更易影响幼苗生长。幼苗定植后若处于不利气候条件下，则幼苗期与伸蔓期的植株生长仍表现细弱。一旦气候好转，植株生长就恢复正常。小西瓜的分枝性强，雌花出现较早，着生密度高，易坐果。

（二）果形小，果实发育周期短

小西瓜的果形小，果实发育周期较短，在适温条件下，雌花开放至果实成熟只需22～26天，较普通西瓜早熟品种提早4～8天。

（三）易裂果

小西瓜果皮薄，在肥水较多、植株生长过旺，或水分和养分供应不匀时，容易发生裂果。

（四）对氮肥反应敏感

小西瓜的生长发育对氮肥的反应尤为敏感，氮肥量过多更易引起植株营养生长过旺而影响坐果。因此，基肥的施肥量应较普通西瓜减少。由于果形小，养分输入的容量小，故多采用多蔓多果栽培。

（五）结果的周期性不明显

小西瓜前期生长差，如过早自然坐果，果个很小，而且易发生坠秧，严重影响植株的营养生长。生长前期一方面要防止营养生长弱，另一方面又要及时坐果、防止徒长。植株正常坐果后，因果小、果实发育周期短，对植株自身营养生长影响不大，故持续结果能力强，可以多蔓结果，同时果实的生长对植株的营养生长影响也不大。所以，小西瓜的结果周期性不像普通西瓜那样显著。

三、栽培方式与栽培季节（表5-1）

表5-1 栽培季节与栽培方式示意表

栽培方式	栽培季节（月份）		
冬春温室	B：12月中旬至1月下旬	D：1月下旬至2月	○：4月中旬采收，5月上旬二茬瓜采收
春大棚或拱圆棚	B：1月下旬至2月上旬	D：2月下旬至3月上旬	○：5月是旬采收
夏大棚或拱圆棚	B：5月下旬	D：6月中旬	○：8月中下旬
早秋大棚或拱圆棚	B：7月上中旬	D：7月下旬至8月初	○：9月下旬至10月初
秋温室或大棚	B：8月中下旬	D：9月上中旬	○：元旦前后

注：B代表播种，D代表定植，○代表果实供应。

四、栽培要点

（一）播后分次覆土

小型西瓜种子小，出土力弱，不可一次覆土（基质工厂化育苗除外)，最好分2次覆土，并且要保持一定温湿度。

（二）培育壮苗

由于小型西瓜子叶苗细弱，生长较缓慢，所以需给予较好的生长发育环境，如较高的温度、充分的湿度、易吸收的养分及足够的光照等。拉十字至团棵或定植前，最好进行1～2次根外追肥（叶面喷施1000倍洁特或0.3%～0.5%的磷酸二氢钾）。

（三）合理密植

小型西瓜分枝较强，而且侧蔓坐果产量较高，故生产中多采用三蔓或四蔓（匍匐栽培）式整枝。因此，栽植不可过密。当然，栽植密度还要考虑到整枝方式和单株坐果数（表5-2)。

表5-2　不同栽培方式、整枝方式的定植密度表

栽培模式	立架栽培		匍匐栽培	
整枝方式	双蔓整枝	三蔓整枝	三蔓整枝	四蔓整枝
定植密度/（株/667平方米）	1100～1300	800～1000	400～700	300～600
坐果数	2果	2～3果	2～3果	3～5果

（四）田间管理

定植后，应浇一次充足的缓苗水，直到第一雌花出现前不再浇水。灌水应少次多量，这样可使根系的分布深而广。小型西瓜一般植株后期长势强，氮肥应施用硝态氮肥，且施用应比常规西瓜少25%～30%。在理想状态下，第一雌花节位出现在主蔓第6～8节，下一个雌花节位出现在第11～13节。适宜的第一坐瓜节位应为第11～13节。小型西瓜坐果能力强，在爬地栽培时单株坐果可达4～6个，在良好的生长发育条件下应多授粉，不必人工疏瓜。

（五）及时采收，防止裂果

小型西瓜适熟期较短，而且当气温忽冷忽热，水分供应忽多忽少，暴雨过后或氮肥过多时，极易裂果。所以，除及时采收，还应利用保护设施，避免温度和水分波动过大；果实膨大后期减少氮肥增加钾肥；

采收前7～10天停止浇水。

五、拇指西瓜栽培

（一）拇指西瓜的特征特性

“拇指西瓜”株高1.2～1.8米，果实间距22～30厘米，是来自中南美洲的一种野生西瓜。一年或多年生攀援藤本，藤能达到1.6米多长，形成棚架状或蜘蛛网状的垂帘。生长周期是60～85天，一株的产量可以达到60～100个果实。根部为茎状。茎、枝有棱沟，密被白色或稍黄色的糙硬毛。有卷曲的卷须，卷须纤细，不分杈。叶片掌状，3～7浅裂，具锯齿，两面粗糙，被短刚毛，最大叶子长在植物的根部附近，约5厘米长，叶子沿藤爬行生长，顶端叶小。雌雄同株，花黄色，具非常小的5个花瓣。果实椭圆形，肉质，通常不开裂，平滑或具瘤状凸起。种子极小，数多，白色，扁形，光滑，无毛。

拇指西瓜与普通西瓜有着一模一样的外形和皮纹，只是个头小（图5-24）。外皮柔滑细嫩，口感清脆。“拇指西瓜”有两种颜色和形状，一种是淡绿色带花纹的，果实通常是椭圆形，青瓤白籽；另一种是深绿和黄色相间花纹的，果实一般椭圆形，红瓤黑籽。“拇指西瓜”种在花盆里，结出的果实直径只有2厘米，浑身长满刺。

■图5-24　佩普基诺立架栽培

（二）栽培价值

“拇指西瓜”最大的特点是维生素C含量极高，富含钾和镁，完全成熟后会酸中带甜。这种小西瓜果实味道鲜美，有一种类似香蕉、酸橙的香味，含12.6%的蛋白质，16.30%的纤维和56.8%的碳水化合物。“拇指西瓜”除了生食外，还可作为稀有蔬菜烹制成美味佳肴。

（三）栽培方法

“拇指西瓜”可春、夏季栽培，宜选在日光充足地或塑料大棚内，适宜种植在质地疏松、肥沃、排灌方便的田块，栽种期间注意肥水供应，以提高产量。土壤pH值中性或偏弱酸性，利于提高品质。若采用室内育苗，待长出叶片后移栽于户外，效果更佳。地爬、立架均可，但多为立架栽培。一般生长周期60～85天，搭架后单株高1.2～1.8米，每株产量在60～90个。在2月下旬至4月播种，大约在24℃的温度下发芽，长出两个或三个叶片时，温度可降低到18～21℃。在生长期间，要给予足够的光照和肥水（同普通西瓜）。盆栽通常放置在一个阳光明媚的窗台上。收获季节为七月至九月。

第六章 西瓜特殊栽培

第一节 支架栽培

一、品种选择

支架栽培由于采用密植上架方式，故应选用极早熟或早熟、蔓叶不很旺盛的小果或中果型品种，如特小凤、红小玉、拿比特、世纪春蜜、春光、早春红玉、京秀、京玲、早佳、小兰、绿美人等。

二、栽植密度

国内各地支架栽培均趋向密植，但实际采用的密度相差很大，从每667平方米1000～1300株到2000～2400株。实验证明，在高度密植情况下，在一定范围内虽然提高单产，但单瓜重却明显下降。过度密植严重地影响单瓜的发育。因此，支架栽培也不可过密。一般可参照大棚支架栽培的密度，或适当再密些。如小果型品种，棚架栽培者，可每667平方米栽1300～1600株；中果型、中早熟品种，三脚架栽培的，可每667平方米栽1000～1300株。定植时，在畦宽1米情况下，每畦栽1行；畦宽1.3米时，每畦栽2行。株距一般为0.4～0.5米。

三、移栽定植

支架栽培的西瓜，应采用育大苗移栽的办法，苗龄为4叶1心。最好用嫁接苗。定植时采取与地膜覆盖栽培相似的定植方法。但均采用开膜挖穴栽植，栽后浇水覆土，再重新盖好地膜。双行栽植时，一般采用三角形错开栽植。

四、搭设支架

支架西瓜采用的架式，目前有篱壁架（立架）、人字架、塑料绳吊架、棚架和三脚架等多种。露地条件下的支架栽培所采用的架式，一般均比大棚内的支架矮小，但要求搭的架更为牢固稳定，以适应露地风大的条件。所采用材料为竹竿、树枝条等。棚架用的杆长为1.8米左右，架高1.5米左右；三脚架用的杆长为1.2米左右，架高0.8～1米，由于这种三脚架栽培的西瓜果实是坐地生长，故也可采用玉米秸秆和高粱秸秆作架材。搭架工作一般在西瓜伸蔓初期，蔓长20～30厘米时进行。西瓜是喜光性作物，支架方式、支架高度、架材选用及整枝等都应以减少遮荫、改善通风透光条件为前提。

■ 图6-1　西瓜棚架栽培

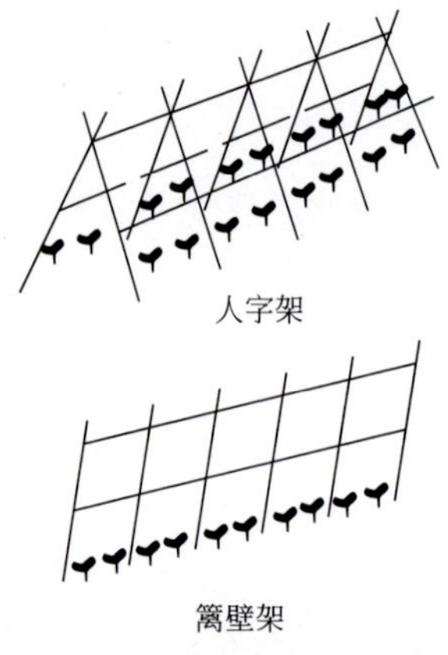

■ 图6-2　支架西瓜架式示意图

（一）支架方式的选择

架式的选择要根据栽培场地（温室、大棚、中棚或露地等）、密度及架材等决定支架方式，支架栽培的主要架型有棚架（图6-1）、立架、人字架（图6-2）等。

棚室内栽培通常可采用篱壁架、人字架或塑料绳吊架。篱壁架就是将竹竿或树条等按株距和整枝方式绑成的稀疏篱笆状直立架，让瓜蔓沿直立架生长、结瓜。这种架式通风透光良好，便于单行操作管理，但牢固性较差，不太抗风。人字架就是将竹竿或树条等按株、行距交叉绑成人字形，让瓜蔓沿人字斜架生长、结瓜。这种架式结构简单、牢固抗风，适于双行定植的西瓜，但通风透光不如篱壁架，人字架下的西瓜行间操作管理也不如篱壁架方便。塑料绳吊架就是在温室或塑料棚内的骨架（如横梁、拱杆、立柱等）上拴挂塑料绳，让瓜蔓沿塑料绳生长、结瓜。这种架式通风透光条件比篱壁架和人字架都好，且不需竹竿树条等，成本较低，但瓜蔓和西瓜易在空中晃动，而且这种架式只适于在温室或有骨架的大棚内采用，不像棚架（图6-1）、篱壁架和人字架在露地也能适用。

（二）架材的选择

架材可选用竹竿、细木棍、树枝等。立杆可选用较直立的1.2～1.8米长、2～3厘米粗的竹竿或木棍，插地的一端要削尖。辅助材料可选用细铁丝、尼龙绳、塑料绳等。吊架的主要架材就是塑料绳。

在选材时，粗而直立的可用作立杆，细长的可用作横杆、腰杆。

（三）搭支架

当西瓜蔓长到20～30厘米长时，即应搭支架。插立杆时，立杆要离开瓜苗根部25厘米左右插入土内，深度一般为15～25厘米。如为篱壁架，立杆要垂直插入，深度为20～25厘米；如为人字架，立杆要按交叉角度倾斜插入土内，深度可适当浅些（15～20厘米）。但无论哪种支架方式，架材都要插牢稳。搭篱壁架时，要先插立杆。立杆要沿着西瓜行等距离地垂直插入土内。为了节约架材，可每隔2～3棵瓜苗插1根立杆。每个瓜畦的2行立杆都要平行排齐，使其横成对、纵成行，高低一致。在每行立杆的上、中、下部位各绑1道横杆，这样就构成了篱壁架。在整个篱壁架的纵横杆交叉处均应用绳绑紧。为了增加篱壁架的抗风能力和牢固程度，可在每个瓜畦的两头和中间用横杆将2个篱壁架连接起来。搭人字架时，可用1.5米左右的竹竿，在每个瓜畦的2行瓜苗中，每隔2～3株相对斜插两根，使上端交叉呈“人”字形，两根竹竿的基脚相距65～75厘米，再用较粗的竹竿绑紧做上端横

■图6-3 人字架无土栽培

梁，在人字架两侧，沿瓜苗行向，距地面50厘米左右处各绑一道横杆（也叫腰杆），各交叉点均用绳绑紧，这样每两行瓜苗需搭一个人字架。为了提高人字架的牢固性，可在每个人字架的两端各绑一根斜桩（图6-3）。

塑料绳吊架的搭法比较容易，主要是在每株瓜苗的上方，将塑料绳吊挂在骨架上，让每条瓜蔓沿着塑料绳生长。露地支架栽培则多采用棚架和三脚架。

五、管理

（一）整枝绑蔓

搭架西瓜目前普遍采用双蔓整枝，选留1主1侧蔓，其余侧蔓去掉。在主蔓上第二、第三雌花节位选留1瓜。整枝与上架绑蔓是支架栽培西瓜的重要管理工作。当瓜蔓长到60～70厘米时，就应陆续上架绑蔓。上架过晚瓜蔓生长过长相互缠绕，易拉伤蔓叶和花蕾。上架的同时进行整枝。单蔓整枝时，将主蔓上架，其余侧蔓全部剪除。双蔓整枝时，每株选留两条健壮的瓜蔓（通常为主蔓和基部1条健壮侧蔓）上架，将其余侧蔓全部剪除。无论单蔓整枝或双蔓整枝，所留瓜蔓上的侧枝都要随时剪除。随着瓜蔓的生长要及时将瓜蔓引缚上架。可用湿稻草或塑料纸条将瓜蔓均匀地绑在架的立杆和横杆上。绑时要一条蔓一条蔓地引缚，切不可将两条蔓绑为一体。同时不要将瓜蔓绑得太紧，以免影响植株生长。绑蔓方式可根据支架高低、瓜蔓多少及长短等，分别采用S形、之字形、A字形或U形。当支架较高瓜蔓较少时，可采用S形，即将瓜蔓沿着架材呈S形曲线上升，每隔30～50厘米绑一道，并将坐瓜部位的瓜蔓绑在横杆上，以便于将来吊瓜。当支架较低瓜蔓较少时，可采用“之”字形绑蔓法。当支架较高瓜蔓较多时，可采用A字形绑蔓法，即将每条瓜蔓先沿着架材直立伸展，每隔30～50

厘米绑一道，当绑到架顶后再向下折回，沿着右下方斜向绑蔓，仍每隔30～50厘米绑一道，使瓜蔓在架上呈A字形排列。当支架较矮瓜蔓较多时，可采用U形绑蔓法，即先将每条瓜蔓引上架向上直立绑蔓，当第二雌花开放坐瓜时，则将坐瓜部位前后数节瓜蔓弯曲成U形，使其离地面30厘米左右，当幼瓜退毛后，将瓜把（柄）连同瓜蔓固定绑牢，然后随着瓜蔓的生长再直立向上继续绑蔓，这样就使每条瓜蔓在架上呈U形排列。绑蔓时注意留置好叶片，不要使叶片相互重叠或交叉。当坐住瓜后，可不再绑蔓。对于坐瓜节位的绑蔓要求，因护瓜方法不同而异。当采用吊瓜方式时，要求在坐瓜节位上下都把瓜蔓绑牢，当幼瓜直径10厘米左右时将瓜蔓打顶，每株留叶50余片，当幼瓜长到0.5千克重左右时，用吊兜或吊带或吊瓜草绳圈（直径10厘米左右）托住瓜，并用绳吊挂在棚架上。采用吊瓜法必须是支架坚挺抗风。若采用使瓜落地生长方法时，可在第一雌花开放坐果期间，重新将瓜蔓曲成倒“Ω”字形，使瓜蔓底部距地30厘米左右，坐瓜节位也刚好在倒“Ω”形底部，当西瓜长至鸡蛋大小时进行定瓜，并将上方的蔓绑牢固。以后随着果实长大，瓜表面逐渐接触地面（落瓜），为防止瓜皮受伤，可在瓜大如碗口时，在预计落瓜接触地面处铺些稻草或谷草，使西瓜坐落其上，以防西瓜受损伤和减轻病虫危害。

（二）留瓜吊瓜

经整枝后每条瓜蔓上只选留1个雌花坐瓜，通常选留第二雌花人工授粉，使其坐瓜。多余的小侧蔓和幼瓜要及时摘除，以便节约养分向所留西瓜内集中，促瓜迅速膨大。当幼瓜长到0.5千克左右时，就要开始吊瓜。吊瓜的方式和用料有多种，主要有人字架吊瓜（图6-4）、塑料绳、网兜等。吊瓜前，应预先做好吊瓜用的草圈和带（通常每个草圈3根）。吊瓜时，先将幼瓜轻轻放在草圈上，然后再将3根吊带均匀地吊挂在支架上。当支架较矮时，一般不进行吊瓜，可先在坐瓜节位上方用塑料条将瓜蔓绑在支架上，当幼瓜长到0.5千克以上时，再将

■图6-4 人字架吊瓜

坐瓜节位的瓜蔓松绑，将瓜小心轻放于地面，并在瓜下垫一麦秸或沙土，以减轻病虫危害并有利于西瓜发育。

（三）其他管理

支架西瓜由于密度大、坐瓜多，所以对肥水的需要量也比爬地栽培多。由于支架对田间操作有一定影响，因而在中耕除草、病虫防治等方面也比爬地栽培较为费工。

1.加强肥水管理

支架栽培西瓜除在整畦时重施基肥、浇足底水外，在西瓜膨大期间仍需补充大量肥水。在具体管理上，应注意坐瓜前适当控水、控肥、防止徒长坐不住瓜。坐瓜后要以水促肥，肥水并用，促瓜迅速膨大。支架西瓜生长中后期单株穴施肥料虽不方便，但可在排灌水沟内随水冲施腐熟粪稀、新型水溶肥、冲施肥、液肥等。腐熟粪稀用量按每30米长的瓜畦每次冲施15～25千克原液，膨瓜期可冲施2次。施用其他新型水溶肥时，应认真按照各自使用说明书施肥。浇水次数也要比一般瓜田增加。除每次结合追肥浇水外，每隔2～3天浇一次膨瓜水，直到采收前3～5天停止浇水。

2.中耕除草

在支架前应进行一次浅中耕，除掉地面杂草，疏松表层土壤。瓜蔓上架后，要经常拔除支架内外的杂草，以减少养分消耗和有利于架内通风透光。特别要注意排灌水沟两侧的杂草，应及时拔除。当畦面板结时，可用铁勾划锄。

3.打顶

支架栽培，瓜蔓打顶也是一项重要管理工作。无论单蔓整枝或双蔓整枝，每株西瓜应保留50～60片叶（约1平方米的叶面积）将每条瓜蔓的顶端剪去。打顶时间一般掌握在当幼瓜长到直径10厘米左右时进行。

4.采收

搭架西瓜的收获可参照双覆盖栽培。但由于采用支架栽培，西瓜外观鲜艳，果形端正，收获时要细心采收，轻拿轻放，妥善包装，以保持优良的商品品质，这有利于提高售价。

第二节 西瓜再生栽培

一、再生栽培的意义

再生栽培就是在第一茬西瓜采收后，割去主蔓，通过增施肥水，促使植株基部潜伏芽再萌发出新的秧蔓，使植株返老还童连续结瓜的一种栽培方式，适用于双蔓或三蔓整枝栽培而不适用于单蔓整枝栽培。主要是利用西瓜侧蔓和基部的潜伏芽具有萌发再生的能力连续结果，减少栽培环节，延长西瓜供应期。

二、再生栽培技术

（一）割蔓时间和割蔓方法

1.割蔓时间

割蔓时间宜早不宜迟。一般育苗移栽或地膜覆盖栽培的西瓜多在6月份成熟采收，此期外界气温较高，日照充足，雨量适中，比较适于西瓜的生长发育，此时割蔓新枝萌发快，生长良好，容易获得高产。若栽培或割蔓时间较晚，往往进入高温多雨季节，或遇高温干旱天气，新发秧蔓易受病虫为害，生长势弱，空秧率高，产量较低。一般要求割蔓时间不能晚于7月上旬，以保证二次西瓜的成熟。

2.割蔓方法

在第一次瓜采收以后，及时将老瓜蔓剪除。方法是：在主蔓基部保留10厘米左右的老蔓，含有3～5个潜伏芽，其余部分全部剪掉，只保留一条老侧蔓。将剪下的秧蔓连同杂草一起清出园外。3～5天后，基部的潜伏芽就可萌生出新蔓。

（二）再生西瓜的管理

1.促发新蔓

割蔓以后，露地栽培和小拱棚栽培的，清除西瓜植株根际附近的杂草，并用瓜铲刨松表层土壤，然后整平并覆盖50厘米见方的地膜，以提高地温，促进新蔓的萌发和生长；地膜覆盖栽培的，应将地膜上的泥土清扫干净，提高地膜的透光率，也可将地膜揭起用清水冲洗干净，再重新铺好。土壤墒情较差时，可在地膜前侧开一条宽、深各20厘米左右的沟，顺沟浇水，浸润膜下土壤。结合浇水每667平方米可施用尿素15～20千克、新型硫酸钾5～10千克，或磷酸三铵复合肥20～30千克，以促进新蔓早发、旺长。

2.防治病虫危害

再生西瓜一般生长势较弱，加之新蔓的发生和生长期已进入高温多雨季节，各种病虫害极易发生和蔓延。容易发生的病害有枯萎病、炭疽病、病毒病、疫病等，害虫主要有蚜虫、金龟子、黄守瓜等。因此，除在割蔓前注意适时喷药防病治虫，保持植株旺盛生长外，自割蔓起更应加强对病虫害的防治工作，提前预防和及时用药，把病虫消灭在初发阶段。

3.留瓜节位

再生新蔓的管理，与早熟栽培相似。蔓长30厘米左右时，选留2～3条长势良好、较长的瓜蔓，实行三蔓紧靠式整枝法，剪除其他多余侧蔓。再生栽培因植株长势较弱，叶片较小，故留瓜节位不宜过低，一般不选用第一雌花留瓜，否则因营养面积过小，导致瓜个小、产量低、商品价值不高。适宜的留瓜节位为第二雌花。

4.人工授粉

为保证坐果，在新生的每条长蔓上见到第二雌花后，均进行人工授粉，最后在适宜的节位上选留一个子房周正、发育良好的幼瓜，其余的及时摘除。

5.追肥浇水

根据再生新蔓的生长情况，开花坐果前追施一定量的腐熟有机肥和氮磷钾三元复合肥，每667平方米用量为腐熟饼肥40～50千克或双膜控释肥15～20千克。幼瓜坐稳后，每667平方米施硝酸磷钾肥1千克，或尿素150～225千克或史丹利复合肥150千克。追肥可距瓜根30厘米处开沟或挖穴施用，追肥后浇1次水。结果期干旱时应及时浇水，雨后注意排水。结果后还可采用0.2%的尿素溶液进行叶面喷肥。

（三）再生西瓜的采收

再生西瓜的生育期一般比同品种原生西瓜的生育期短些，特别是春播西瓜的再生栽培，其发育期正值高温季节，由于有效积温很高，因而果实成熟很快。所以，再生西瓜的适宜采收期一般可比春播原生西瓜提早3～5天。

第三节　无籽西瓜栽培

一、无籽西瓜品种选择

目前国内选育和国外引进的无籽西瓜品种很多，各地可根据栽培条件和消费习惯进行选择。栽培面积较大的有以下几个品种（图6-5～图6-12）。

■ 图6-5　小灵童无籽

■ 图6-6　小玉无籽4号

■ 图6-7　黑蜜无籽

■ 图6-8　丰收在望

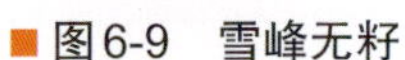

■图6-9　雪峰无籽

■图6-10　郑抗无籽3号

■图6-11　国蜜2号无籽

■图6-12　富达无籽

二、无籽西瓜的分类和栽培价值

（一）无籽西瓜的分类

无籽西瓜是指果实内没有正常发育种子的西瓜。根据无籽西瓜形成方法的不同，可分为三倍体无籽西瓜、激素无籽西瓜、三倍体×四倍体无籽西瓜、染色体易位无籽西瓜四类。

（二）无籽西瓜的栽培价值

1.品质优良，风味独特

三倍体无籽西瓜比相应的二倍体有籽西瓜含糖量高1%～2%，而且果糖在总含糖量中所占的比例高5%～10%；糖分在整个果实内分布均匀，糖含量梯度小；瓜瓤质脆多汁，并具有特殊风味；品质优良，无种子，食用方便。

2. 长势旺，抗性强

无籽西瓜抽蔓后，生长势旺盛，分枝力也强，对各种病害有较强的抵抗力。据田间调查，无籽西瓜植株枯萎病和疫病的发病率比有籽西瓜分别低12.5%和23.8%（采用抗病性接种鉴定法）。此外，对蔓枯病、炭疽病、叶枯病及白粉病等，无籽西瓜均比普通有籽西瓜具有较强的抵抗力（发病率和病情指数均低于对照有籽西瓜）。

3. 丰产、稳产性好

无籽西瓜由于不形成种子，减少了营养物质和能量的消耗，且在坐瓜期果实营养中心不突出，因而能够一株多瓜、多次结果和结大果。由于无籽西瓜生长势旺，不早衰，有后劲，一般可结两茬瓜，栽培管理得当时能结三茬瓜，增产效益十分明显。长期生产实践证明，无籽西瓜比有籽西瓜稳产性能强；越是在不良的环境条件下，其稳产性能强；越是在不良的环境条件下，其稳产性越显著。我国南方多雨地区种植有籽西瓜常常减产甚至绝产，而栽培无籽西瓜产量比较稳定，经济效益也比有籽西瓜高。

4. 抗热耐温能力强

有籽西瓜在塑料大棚内，当棚内气温达到38～40℃时，叶片上的气孔即行关闭。细胞内许多生理活动基本停止，呈所谓“高温休眠”状态。而此时无籽西瓜植株尚能维持一定的物质代谢和生长能力。有籽西瓜对土壤含水量十分敏感，在浇水后接着下雨和连续降雨造成土壤湿度过大时，植株容易萎蔫，轻者延缓生长或推迟结果，重者造成减产减收。但无籽西瓜因耐湿能力强，在上述同样情况下（浇水后连续降雨）也能获得较好收成。这也是南方诸省无籽西瓜发展快于北方各省的原因之一。

5. 耐贮运能力强

由于无籽西瓜不含种子，大大减少了果实贮藏期间种子后熟及呼吸作用所需消耗的营养物质，贮运性远优于有籽西瓜。而且由于无籽西瓜的适熟期比有籽西瓜长。所以采收后贮藏时间也较后者长。在一定的贮藏期内，因后熟作用，果实中的多糖类物质继续转化为甜度较高的单糖和双糖，品质和风味进一步提高。同时，瓜皮变薄，可食率增加。

三、三倍体无籽西瓜的特征特性

（一）种子的特征特性

三倍体西瓜的种子比二倍体西瓜种子大，种皮较厚，但种胚发育不完全。三倍体西瓜种子的种皮厚度约为二倍体西瓜的1.5倍，其中外层和中层种皮的增厚尤为显著。较厚的种皮对胚的水分代谢、呼吸作用和温度感应等影响较大。种脐越厚，对胚根发芽时的阻力越大，亦即发芽越困难。三倍体西瓜的种脐厚度约为二倍体同类型品种的2倍，而且种胚发育不完全，具体表现是缺损胚、折叠胚和无胚（仅有种皮和胚鞘）。胚重仅占种子重量的34%～38%，而发育正常的二倍体普通西瓜种子，胚重占种子重量的56%。此外，三倍体西瓜种子的形态和结构与二倍体及四倍体均有较大差异（表6-1）。

表6-1　不同倍数体西瓜种子结构

项目		二倍体	三倍体	四倍体	说明
种子重量/克		0.5	0.65	0.83	10粒总重
种子厚度/毫米		1.81	2.18	2.76	10粒平均
种皮厚	胴部/毫米	0.23	0.34	0.38	10粒平均
	脐部/毫米	0.34	0.66	0.68	10粒平均
种皮重量/毫克		0.22	0.43	0.44	10粒总重
胚鞘厚度/毫米		0.33	0.056	0.045	10粒平均
种胚情况	重量/毫克	0.28	0.22	0.39	10粒总重
	厚度/毫米	1.28	1.01	1.41	10粒平均
	胚芽与胚轴大小/毫米	2.13×1.06	1.97×1.12	2.35×1.15	（胚芽+胚轴的纵径）×横径，10粒平均
	胚叶情况与纵径×横径/毫米	充满种壳 6.18×4.7	不充实 纵折胚 5.81×5.02	较充实 5.88×5.06	以胚肩为界，胚肩以上为胚芽、胚轴；胚肩以下为胚叶，10粒平均
种胚占种重/%		56%	34%	47%	10粒总重之比值

（二）幼苗的特征特性

三倍体西瓜的幼苗，胚轴较粗，子叶肥厚，真叶较宽，缺刻较浅，裂片较宽，叶尖圆钝，叶色浓绿，幼苗生长缓慢，对温度要求高于二倍体西瓜，而且适应的温度范围较宽。真叶的展出相当慢，在相同的生长环境（温、光、气、土、肥、水等）条件下，三倍体西瓜从第一片真叶展出至团棵第五片真叶展出所需时间，比二倍体西瓜多5～6天。至幼苗期结束，植株共展出5～6枚真叶，它们顺次排列成盘状，每片真叶的面积顺次增大，但其叶面积不大，仅为结果期最大叶面积的2.3%左右。茎轴的生长极为缓慢，至幼苗期结束时仅为2.5厘米左右，整个植株呈直立状态。

（三）抽蔓期的特征特性

三倍体无籽西瓜最大功能叶片的出现节位较二倍体西瓜高，出现的时间也晚。据试验观察，二倍体西瓜主蔓上最大功能叶出现在第20节前后，侧蔓上最大功能叶出现在15节前后；而三倍体西瓜主蔓上最大功能叶出现在第30节前后，侧蔓上最大功能叶出现在25节前后。生产实践也证明，无籽西瓜生长势较强，生育期较长，结果时间也较二倍体西瓜晚。苗期生长缓慢，抽蔓期以后生长量和生长速度明显加大，这是无籽西瓜生长规律的一大特点。瓜农说的“无籽西瓜生长有后劲”就是指这一特点而言。无籽西瓜主蔓和侧蔓的长度较普通西瓜长，功能叶片较多，单叶面积较大，下胚轴较粗。这是一种生长优势，这种生长优势一直维持到结果期。

（四）结果期的特征特性

坐果率低是无籽西瓜生产中存在的一个问题。在相同的栽培条件下无籽西瓜的自然坐果率仅为33.5%，而普通西瓜为69.7%，如果说自然坐果率低是由于无籽西瓜生理特点的内因所决定的，那么本阶段的环境条件和栽培措施则是影响坐果率的外部因素。三倍体西瓜果实发育特点是前期慢后期快，呈加速度式发育。而二倍体西瓜果实发育是呈波浪式三长三停。

四、栽培技术

无籽西瓜栽培技术中与普通西瓜有许多共同之处，如整地、施肥、浇水、整枝、选留瓜、人工辅助授粉及病虫害防治等。但也存在着许多不同之处，如播前种子处理、解决“三低”（采种量低、发芽率低、成苗率低）问题、提高坐果率及果实品质问题（皮厚、空心、着色秕籽）等。

（一）种子处理

1.种子破壳处理

由于三倍体无籽西瓜种皮厚而坚硬，不仅吸水缓慢，而且胚根突出种壳时会受到很大阻力，既影响发芽速度，又消耗了大量能量；加之种胚发育不完全，生活力较弱，若任其自然，则发芽更为困难（表6-2）。因此，必须采用破壳的方法进行处理。试验和实践均证明，破壳可以有效地提高三倍体无籽西瓜种子的发芽势和发芽率。尤其在较低的温度条件下催芽，更应进行破壳处理。破壳处理既可在浸种前进行，也可在浸种后进行。但若在浸种前破壳，浸种时间应适当缩短2～3小时。先浸种后破壳时，在破壳前要先用干毛巾或干净布将种子擦干，以免破壳时种子打滑不便操作。破壳的方法有口嗑破壳法和机械破壳法两种：

（1）口嗑破壳法　就是用牙齿将种子喙部（俗称种子嘴）嗑开一个小口。像平时嗑瓜子一样，手拿1粒种子将其喙部放在上下两牙齿之间，轻轻一咬，听到响声为止，不要咬破种胚。

（2）机械破壳法　用钳子将种子喙部沿窄面两边轻轻夹一下即可。为了确保安全，可在钳子后部垫上一块小塑料或小木块，以防用力大时损伤种胚。

表6-2　破壳对不同倍数性西瓜种子发芽率的影响

品种 \ 处理	25℃条件下的发芽率/%		32℃条件下的发芽率/%	
	嗑籽破壳	不破壳	嗑籽破壳	不破壳
蜜宝四倍体	78	69	91	82
78366无籽	69	22	84	38
乐蜜1号	72	93	96	94

2. 催芽

无籽西瓜种子的发芽适温为32℃左右，较普通西瓜催芽温度略高。但为了避免下胚轴过长，可采用变温催芽法，即在催芽前期的10～12小时使温度升至36～38℃，以促进种子加快萌发，此后使温度降至30℃，直至胚芽露出。催芽方法同有籽西瓜。

（二）无籽西瓜的育苗

无籽西瓜的育苗方法与二倍体普通西瓜相同。但要求床温较高，所以采用电热温床或在棚室内育苗较好。

（三）定植

定植无籽西瓜时，必须间植一部分二倍体普通西瓜。因为西瓜无单性结实能力，如果单纯种植无籽西瓜，由于缺乏正常发育的花粉的刺激作用，不能使无籽西瓜子房膨大形成果实，因而坐不住瓜，必须借助二倍体普通西瓜花粉的刺激作用，才能长成无籽西瓜。无籽西瓜田间配植二倍体普通西瓜的比例一般为1/4～1/3，可每隔2～3行无籽西瓜种1行二倍体普通西瓜。所种二倍体普通西瓜，应在瓜皮颜色或花纹上面与无籽西瓜有明显的区别，以防止采收时混淆不清。二倍体普通西瓜的具体配植比数与无籽西瓜种植面积的大小及蜜蜂多少有关。如无籽西瓜种植面积大、蜜蜂较多时，可适当减少二倍体普通西瓜比例。定植时应注意轻拿轻放，勿使破钵散坨。定植深度以营养纸袋或营养土块的土面与瓜沟地面相平为宜。如果采用地膜覆盖栽培时，可随定植随铺地膜。

（四）无籽西瓜栽培管理要点

1. 种子“破壳”

由于无籽西瓜种子的种皮较厚，尤其种脐部分更厚，再加上种胚（即种仁）又不饱满，所以出芽很困难，必须“破壳”才能顺利发芽。

2. 催芽和育苗温度要高

无籽西瓜的催芽温度比二倍体普通西瓜要高，平均高2～3℃，即以30～32℃为宜。育苗温度也要高于二倍体普通西瓜3～4℃，所以无籽西瓜苗床的防寒保温设备应该比二倍体普通西瓜增加一些，如架设风障、加厚草苫等。此外，在苗床管理时，还应适当减少通风量，以防止苗床降温太大。

3.早育苗

无籽西瓜幼苗期生长缓慢，应比普通西瓜早播种早育苗。而且由于无籽西瓜耐热性比普通西瓜强，所以多采用温室或电热温床育苗。

4.加强肥水管理

无籽西瓜生长势较强，根系发达，蔓叶粗壮，因而需肥数量比二倍体普通西瓜多。除增加基肥用量外，还要增加1次膨瓜肥或2次根外追肥。但无籽西瓜苗期生长缓慢，伸蔓以后生长加快，到开花前后生长势更加旺盛，这时肥水供应不当，很容易疯长跑蔓，坐不住瓜。因此，从伸蔓后到选留的果实开花前应适当控制肥水，开始浇中水和放大水的时间都应比普通西瓜晚4～5天。

5.间种二倍体普通西瓜

由于无籽西瓜的花粉没有生殖能力，不能起授粉作用，单独种植坐不住瓜，所以无籽西瓜田必须间种二倍体普通西瓜。应每隔2～3行种植1行二倍体普通西瓜，作为授粉株，这不是杂交，仅是借助授粉株花粉的刺激作用使无籽西瓜的子房膨大。授粉株所用品种的果皮，应与无籽西瓜果皮有明显的不同特征，以便在采收时与无籽西瓜区别开来。

6.高节位留瓜

坐瓜节位对于无籽西瓜产量和品质的影响比二倍体普通西瓜更明显。无籽西瓜坐瓜节位低时，不仅果实小、果形不正、瓜皮厚，而且种壳多，并有着色的硬种壳（无籽西瓜的种壳就很软、白色），易空心，易裂果。坐瓜节位高的果实则个头较大，形状美观，瓜皮较薄，秕籽少，不空心，不易裂果。

7.适当早采收

无籽西瓜的收获适期比二倍体普通西瓜更为严格。生产中一般比二倍体普通西瓜适当早采收。如果采收较晚，则果实品质明显下降，主要表现是果实易空心或倒瓤、果肉易发绵变软、汁液减少、风味降低。一般以九成至九成半熟采收品质最好。

8.改善栽培条件

无籽西瓜的生长发育，需要充足的营养物质和良好的环境条件。播种前一定要浸种催芽，如果直接播种干籽，90%以上不出苗。因此，要精细播种和管理，如浅播，分期覆土，营养钵或穴盘育苗，适宜的苗床温、湿度等。如在苗床管理中应掌握比二倍体普通西瓜温度高些，发芽期最适宜的温度为30～32℃，幼苗期为25～28℃。无籽西瓜在苗床内浇化肥溶液，对幼苗生长具有明显的促进作用。化肥水溶液是0.1%尿素加0.2%的硫酸钾或0.2%新型硝酸钾组成。也可用0.3%磷酸二氢钾液，在出苗后20天左右时，用喷壶洒于西瓜苗床内。8～10天，再用同样浓度的化肥水溶液喷洒一次即可定植。也可用上述肥液在果实膨大期进行根外追肥。

第四节　瓜种栽培

一、西瓜种子的保纯繁殖

（一）保纯方法

采用空间隔离或单株自交，是保纯西瓜品种、防止混杂退化的有效措施。

1.空间隔离

就是建立隔离区。西瓜的隔离距离最少为1000米以上，附近如有养蜂放蜂时，隔离距离应在2000米以上。在隔离区内的西瓜，可以任其自然交配，以便收到更多的西瓜种子。

2.单株自交

就是对西瓜植株上的雌、雄花，于开花前一天的下午分别套袋，第二天上午6～10时取下套袋的雄花给套袋的雌花人工授粉；授粉后立马将雌花再套上袋，并做好授粉标记，以防混杂，并便于采收时识别。单株自交的方法可以绝对保证获得纯种，同时还可以继续选纯提高，以保持优良的种性。但其缺点是太繁琐费工，不适于大量保纯繁育种子。空间隔离的方法虽然简单省工，又可大量繁殖种子，但其纯度不尽人意。所以，如果以保存原种或用于育种亲本提高原种质量为目的时，必须采用单株自交；如果保纯繁殖是为配制西瓜生产用种时，则以空间隔离较好。

（二）繁殖方法

1.适期育苗

亲本种子一般都很贵重，为节省用种多采用育苗栽培；为降低生产成本多采用露地栽培。因此，适期育苗尤为重要。可根据当地气候和栽培条件灵活选择育苗时间和育苗方法。

2.嗑种催芽

如果繁殖四倍体西瓜种子时，由于种皮较厚，不易发芽，故在催芽前最好先将种子的发芽孔嗑开。嗑种用力要适度，以刚嗑开条缝隙而不伤子叶（种仁）为宜。

3.适当密植

瓜种栽培注重采种量，不计果实大小，故可适当密植。

4.多留瓜

生产商品西瓜一般每株留一个果实，但繁殖西瓜种子则可以每株留2个以上果实。密植和单株多留瓜虽然都会使果实变小，却能大大增加种子产量。笔者曾亲自做过多年试验，果重与种子数量不成正相关；而果实数量与种子数量成正相关。以四倍体一号西瓜为例，2.5～4.0千克的种瓜平均单瓜种子为81.5粒，1.75～2.25千克的种瓜平均单瓜种子为70.3粒。每0.5千克大种瓜平均产种子12.4粒，而每0.5千克小种瓜平均产种子20.1粒。可见密植和多留果实虽能使种瓜变小，但可使单位面积的种子产量提高。

5.增施磷钾肥

许多单位的试验都证明，增施磷钾肥可以提高西瓜种子产量18.7%～31.3%。

6.人工辅助授粉

据广州市果树科学研究所多年试验研究，农育一号（四倍体西瓜，下同）、北京2号，人工授粉比自由授粉的种瓜分别提高采种量34.4%和27.0%（袁力，1979）。

（三）优良二倍体西瓜种子的繁殖

目前，国内外全部采用一代杂交种生产西瓜。所以优良二倍体西瓜种子的繁殖，也即生产一代杂交种。其方法可采用自然授粉和人工授粉两种。自然授粉是按母本4、父本1的比例隔行种植在一个“隔离区”内，待母本雌花开放前，摘除全部雄花蕾，迫使母本接受父本的雄花花粉结果，采收的种子即为一代杂交种。此法不必人工授粉，但必须彻底摘除母本的雄花蕾，否则会产生假杂种。采用人工授粉时，母本可成片种植，有条件的可设隔离区同时繁殖母本种子；父本按母本的1/10单独种植。这种方法要求父本提供大量雄花。因此，父本要比母本提前一周播种。人工授粉后需在该果梗处留标记，其果实就是一代杂种的留种瓜，成熟后单独采种。人工授粉繁殖种子的关键，一是要掌握好授粉时期，如授粉时期推迟、植株自然结果、杂交率显著降低，在这种情况下，应摘除基部自然坐瓜的幼果，提高人工授粉的坐果率；二是开始授粉时，父、母本的花期要相遇。人工授粉在晴天、气温高的情况下，结实率可达40%以上。

二、无籽西瓜育种

（一）优良三倍体西瓜品种的选育

1.选育方法

（1）双亲杂交　也称二元杂交，即以四倍体西瓜为母本、二倍体西瓜为父本进行杂交。这是三倍体西瓜制种最常用的方式。

（2）三亲杂交　也称三元杂交。为提高三倍体西瓜种子产量，利用两个性状相近的四倍体西瓜品种或同一个四倍体西瓜品种中两个单瓜种子数较多的自交系先进行交配，然后再以其杂交一代作母本与选定的二倍体西瓜（父本）进行杂交。

（3）多亲杂交　也称多元杂交。常用的主要是四元杂交，也称双杂交，制成的杂交种简称双交种。采用这一育种方式时，两个四倍体母本之间和两个二倍体父本之间的果实性状必须基本一致或差异很小，否则将会影响到无籽西瓜的商品性。同时采用这种育种方式需要的亲本多、时间长，我国在生产中很少采用。但由于这种育种方式能将更多的优良基因集中到一个后代上，所以日本、美国、俄罗斯、巴西等国，在西瓜抗病育种及特优品种选育中经常采用多亲杂交方式。

2.选育程序

（1）亲本选择与组合选配　双亲必须选择经多代自交、遗传基因纯合、稳定的品种或自交系；具备尽可能多的优良经济性状或互补性状；父母本之间亲缘、地域及生态型等差异较大；优先选用适应性强、经济性状好、抗病虫、配合力强的亲本。通过测交选配杂交组合，应对父母本分别进行多组合测交最后筛选出较理想的优良组合。

（2）组合鉴定与品种比较　组合选配后，还要进行小区比较试验，以当前生产的主栽品种为对照。

（3）区域试验与生产示范　一般由省市或国家种子管理部门委托有关单位组织实施。

（4）品种审定　区域试验的合格组合或品种，可向上一级品种审定委员会提出品种审定，并需书面报告和填写《农作物品种审定表》，经国家或省市品种审定委员会批准并颁发审定证书。

3.西瓜几种性状的遗传规律

在选配杂交组合时，除了要选择高产、抗病、优质外，还应考虑果形、果皮、瓤色等。例如，在无籽西瓜制种时，必须选择二倍体父本瓜皮颜色、花纹与四倍体母本瓜皮颜色、花纹明显不同的品种，以便采种时容易区别父母本。另外，为了尽量集中父母本双方的优良性状，也必须考虑到父母本性状的遗传规律。现将西瓜几种性状的遗传规律列于表6-3。

表6-3 西瓜几种性状的遗传规律

部位	母本×父本	杂种一代	杂种二代
瓜蔓	长蔓×短蔓	长蔓	多数长蔓
果形	长形×圆形	椭圆形	多数椭圆形
果形	圆形×椭圆形	短椭圆形	多数短椭圆形
品质	高糖×低糖	中间值（中糖）	中间值（中糖）
果皮颜色	白皮×花皮 青皮×黑皮 黑皮×花皮	花皮 深绿皮 黑皮	多数花皮 多数深绿皮 黑皮、深绿皮、花皮
瓜瓤颜色瓤质	红瓤×黄瓤 红瓤×白瓤 松瓤×紧瓤	黄瓤 粉红瓤 紧瓤	黄瓤、红瓤 多数粉红瓤 多数紧瓤
种子特征	大籽×小籽 黑籽×白籽 褐籽×白籽	中间 黑籽 灰黑籽	中间偏小 多数黑籽 多数灰黑籽

（二）无籽西瓜种子的繁殖

杂交组合选定后，即以四倍体亲本为母本，二倍体亲本为父本进行杂交制种。

1.父母本的配植比例

为了增加无籽西瓜种子产量，一般应尽量母本多、父本少。但也要根据授粉方式而定。如以昆虫和人工辅助授粉方式，田间配置以母本：父本＝（3～4）：1的比例混植，边行均种植父本，以利授粉；若采用全人工授粉方式，母本：父本=10：1的比例种植，父本一般集中种植在母本的一侧。

2.无籽西瓜种子繁殖中应注意的问题

（1）严格去雄　为了防止产生四倍体种子（母本自交），在雌花开放前，应将其雄花蕾及早、全部除掉。

（2）明确标识性状　为了防止可能出现的混杂、混乱，应牢记父母本的标识性状，如果实形状、皮色、花纹等，以用于区分四倍体母本和三倍体种瓜。

（3）经常保纯繁殖足量的父、母本种子　只有常年保持一定数量的纯正亲本种子，才能保证配制出足量的无籽西瓜种子。

（4）提高制种质量　一是要提高父母本种子质量，防止混杂退化；二是要加强制种地田间管理，提高制种技术。

（5）提高采种量　生产实践证明，合理密植、增施磷钾肥、单株多留瓜等能提高西瓜种子产量20%～30%。

3.三倍体西瓜的采种

三倍体西瓜的种子与普通西瓜种子不同，为争取收到更多、发芽率更高的优良种子，采种时应做到以下几点：

（1）必须充分成熟　三倍体西瓜种子的种胚发育较慢且先天不足，发育不充实，所以种瓜必须充分成熟才能采收；未充分成熟的果实，必须收获时、采收后放置棚室内，后熟5天左右方可破瓜取籽，以提高种子质量。

（2）破瓜取籽　三倍体西瓜的单瓜种子数量很少，一般只有几十粒。破瓜取籽时，须将种瓜切成小瓣，用竹签把种子一粒一粒地从瓜瓤中取出。取籽时最好在晴天进行，以便及时洗净、晒干。

（3）晒种　种子晾晒时，应每隔2～3小时翻动一次。如果阳光过分强烈，种子需用纱网遮盖一下，防止烈日暴晒。更不能将种子直接放在水泥地或铁板上摊晒，以免烫伤种子。

（4）不进行酸化处理　二倍体西瓜采种时，一般都进行酸化处理，即种子连同瓜瓤放在一起，经酸化后再清洗出种子。而三倍体西瓜种子，如经酸化处理则会降低发芽率。据试验，三倍体西瓜种子经酸化24小时后，其发芽率可降低13.5%；酸化48～72小时后，其发芽率可降低46%～72.5%。

（5）种子存放　种子晒干后装入布袋内，放于通风干燥处储藏。种子储藏过程中，要有专人负责，单独存放，防止受潮、机械混杂、鼠咬虫蛀等，确保种子质量。

第七章 西瓜的间作套种

第一节 间作套种方式

一、西瓜与蔬菜间作套种

（一）早春西瓜地种植春菜类

春白菜、菠菜、油菜、红萝卜或甘蓝、莴苣、春菜花等，耐寒性较强，生长期又短，适宜早春种植，可充分利用瓜田休闲期多收一茬。西瓜还可以与春马铃薯、芋头等间作。瓜田一般作东西向整畦，在坐瓜畦远离西瓜植株基部的一侧，种植这些蔬菜。这些蔬菜对不耐寒冷和易受风害的西瓜幼苗还有一定的保护作用，能为西瓜苗挡风御寒，促进西瓜早发棵、早伸蔓。另外，在西瓜田内适当种植这些蔬菜，还有利于调节市场余缺，增加经济收入，并为西瓜生产提供资金。

（二）初夏西瓜地套种夏菜类

当春菜收获以后，可紧接着在坐瓜畦内点种豆角或定植甜椒、茄子等夏菜。这些蔬菜苗期生长较慢，植株较小，到西瓜收获后才能进入旺盛生长阶段，一般不会影响西瓜生长，可为西瓜的接茬作物，使地面始终在作物的覆盖下，充分利用农时季节和土地、阳光等自然条件，而且豆角、甜椒、茄子等蔬菜在7月下旬才进入采收盛期，可调剂市场供应。

二、西瓜与粮、棉、油料作物间作套种

西瓜可以与夏玉米、夏高粱、冬小麦、棉花及花生等农作物间种套作。西瓜与冬小麦套作，在种小麦时，如人工畦播，应先计算好西瓜的行距，然后根据西瓜行距确定小麦的畦宽和播种行；如果采用机播，可在播幅留好西瓜行，以免挖瓜沟时损伤麦苗。西瓜与夏玉米、夏高粱、棉花和花生等作物套种时，关键要掌握好套种时间、品种和方法。

三、幼龄果树间种西瓜

幼龄果园地间种西瓜，可以充分利用土地和光能资源。如果种植方法得当，不仅能增加经济收入，而且能够促进幼树生长。

第二节 间作套种方法

一、西瓜与蔬菜间作套种

（一）播种春白菜

在坐瓜畦内整20～25厘米宽的畦面。于3月中旬浇水灌畦，撒播春白菜。白菜于3叶期间苗，5叶期定棵，株距7～9厘米。4月下旬（即断霜后）移栽或直播西瓜，5月中旬西瓜伸蔓后收获春白菜。也可以在坐瓜畦内直播春菠菜、小油菜和红萝卜等。

（二）移栽春甘蓝

1月中旬用风障阳畦育春甘蓝苗，当苗龄达60天时，于3月中旬在坐瓜畦内按20厘米的行距开沟移栽1行春甘蓝，每公顷27000株。西瓜于3月下旬育苗，4月下旬定植在春甘蓝行间，5月中旬西瓜伸蔓后可

收获甘蓝。此外，也可以在坐瓜畦内移栽定植1～2行春莴苣、春油菜或春菜花等。

（三）点种矮生豆角

西瓜于3月下旬阳畦育苗，4月底移栽定植大田。当西瓜开花坐瓜前后，于5月中下旬按株行距为35厘米×40厘米的规格，在西瓜行间点播矮生豆角，每墩2～3株，每公顷30000墩，不需支架，短蔓丛生半直立生长。当西瓜采收后，豆角即进入结荚盛期，7月下旬可大量采摘上市。

（四）西瓜与甜椒或茄子套种

西瓜比甜椒、茄子提前15天左右育苗，由于甜椒、茄子苗龄较长，可以使西瓜与甜椒或茄子的共生期更加缩短。西瓜于3月中旬育苗，4月中旬移栽定植，甜椒或茄子于3月下旬育苗，苗龄60～70天（即显蕊期），于5月下旬或6月上旬（当西瓜开花坐瓜后）在坐瓜畦内移栽定植2行甜椒或茄子，株行距为20厘米×30厘米，每公顷55500株。6月下旬到7月上旬，地膜西瓜头茬瓜采收后，紧接着采收甜椒或茄子。7月下旬西瓜拉蔓后，甜椒或茄子即进入采收盛期（图7-1、图7-2）。

■图7-1　西瓜与甜椒套种

■图7-2　西瓜与番茄套种

（五）西瓜与马铃薯间作套种

1.选种催芽

马铃薯品种最好选用克新3号、东农303和脱毒品种。栽前20天切种催芽，方法是先把整薯和切好的种薯块用沙培在阳畦或暖炕上，畦

（炕）温保持在20～25℃。当幼芽刚萌动时（如米粒大）即可播种。用整薯催芽后，小的种薯可直接播种，大的种薯每千克应切成50～60块，每块保持有1～2个健壮芽，切后马上播种。西瓜品种应选用早佳、京欣1号等。

2. 马铃薯播种和管理

土地应在立冬前后冬耕，耕前每公顷施75000千克优质圈肥、1125千克过磷酸钙、375～525千克钾肥或3750～4500千克草木灰。翌年3月上中旬播种马铃薯。可采用大垄双行种植，垄宽90厘米，每垄栽2行马铃薯，行距33厘米，株距30厘米，对角栽植，每公顷67500株。栽后覆盖地膜。每隔两个垄（4行马铃薯）留出1米宽的大垄，为西瓜种植行。马铃薯幼苗出土后，及时破膜放苗，以免灼伤幼苗；其他水肥等的管理与不同种套作的相同。

3. 套种和西瓜苗移栽

于4月下旬在留出的大垄上，按40～50厘米的株距栽植1行西瓜。西瓜应在移栽定植前30天以营养钵育苗；栽后浇水，以促使早缓苗。西瓜栽植后最好用拱棚覆盖，以促进其生长。到西瓜甩蔓时（6月下旬）收获马铃薯。马铃薯收获后立即推垄平地，对西瓜加强肥水管理和整枝。8月上旬采收西瓜结束，倒茬整地播种小麦。

二、西瓜与蔬菜间种套作应注意的问题

1. 明确主栽作物

应以西瓜为主栽作物在瓜田内搞间种套作种植，西瓜为主栽作物，蔬菜为搭配作物，搭配作物不应与主栽作物争水争肥。

2. 选适宜品种

西瓜与蔬菜作物都要选用早、中熟品种，并尽量缩短其共生期。

3. 茬口安排

茬口安排要紧凑。西瓜应注意生育期和生长势，蔬菜除要注意生育期、生长势外，还须注意蔬菜种类和品种特性，尽量减少共生期的各种矛盾。搭配要合理。在茬口安排上除了要考虑到西瓜与蔬菜（尤

其是黄瓜等瓜类蔬菜)、蔬菜与蔬菜之间的轮作换茬问题外,还要最大限度地发挥田间套作的优势和最佳经济效益。

4.田间管理

要精细西瓜与蔬菜作物间种套作后,在共生期间必然存在着程度不同的争水、争肥、争光、争气等矛盾,这些矛盾除了通过选择适宜的品种和调整播期外,加强田间管理也可以使其缓和到最低限度。对间种套作的蔬菜主要管理工作是中耕除草、间苗、追肥、浇水及病虫害防治等。对西瓜要特别注意加强整枝、摘心和病虫害防治等。

三、西瓜与粮、棉、油作物间作套种

西瓜与夏玉米、夏高粱间作套种是瓜粮间套作的主要方式(如图7-3)。瓜粮间种套作的关键是选择适宜的品种、及时间种套作和管理好间套作物等。

图7-3 西瓜套种玉米

(一)选择适宜的品种

间种套作品种的选择必须尽力避免种间竞争,而利用互补关系,使其均能生长良好,方可获得瓜粮双丰收。因此,应尽量选择生长期短、适宜于密植的品种。西瓜可选用特早红、早佳、美栏9号、丰乐8号、京秀、京红等。玉米可选用紧凑型品种。由于这些玉米品种叶片上冲、叶型紧凑占空间面积小、遮光少,对西瓜光照条件影响较轻。高粱一般选用遗杂10。

(二)间种套作时间

间种套作时间是直接影响瓜粮产量的重要因素之一。玉米、高粱播种过早,对西瓜的生长发育不利;玉米、高粱播种过晚则其适宜的生长期缩短,玉米或高粱的产量将大大降低。根据各地经验,在西瓜成熟前20天播种玉米或高粱,对瓜粮生长发育及产量互不影响,并可及时倒茬播种小麦。

（三）种植密度和间套方法

试验证明，西瓜间作套种夏玉米，西瓜行距1.8米，株距0.6米，夏玉米每公顷60000株时，西瓜产量接近最高水平，夏玉米产量较高。间套方法是在西瓜的行间距西瓜根部0.3米和0.5米处分别各播1行夏玉米或夏高粱，其行距为0.2米、株距为0.3米。瓜畦中间为0.8米宽的行间。这样拔掉瓜蔓时，夏玉米或夏高粱成为宽窄行相同的大小垄，不但可以充分发挥“边行优势”作用，还可以在夏玉米的宽行中再套种短蔓绿豆。夏玉米可于播种前浸种催芽，夏高粱通常干播。套种时，均可采用点播法，使植株呈棱形分布。

（四）田间管理

西瓜应照常管理，夏玉米或夏高粱播后20天内要防止踩伤、倒伏。西瓜收获后，要抓紧对夏玉米或夏高粱进行管理。

1. 中耕

拉瓜蔓后要进行深中耕，除掉杂草，疏松土壤，增大通气蓄水能力。

2. 疏苗

夏玉米每穴定苗1株，夏高粱每穴定苗2株，缺苗应移栽补苗。

3. 追肥

通常应追施2次速效肥，第一次是提苗肥，第二次是孕穗肥。提苗肥应于西瓜拉蔓后及时追肥，以加速幼苗生长，可结合第一次中耕于疏苗后每公顷追施尿素225千克。孕穗肥可于玉米抽穗前（点种后约35天），高粱伸喇叭口时追施，以加速抽穗和促进籽粒成熟，一般每公顷追尿素270～300千克。

（五）病虫防治

夏玉米和夏高粱的主要病虫害有黑穗病、黑粉病和黏虫、钻心虫及蚜虫等，防治方法同大田作物。

四、冬小麦套种西瓜

在冬小麦的麦田套种西瓜是一种成功的套种方式，北方有许多省市推广后均获得了粮瓜双丰收。麦田套种西瓜，秋种前就应选择好地块，并将麦田畦面做成宽1.5～1.7米、畦埂宽0.5米、畦长25～30米的规格，畦面平整，流水畅通。畦面规格与此相一致的麦田，也可以在畦埂上套种西瓜。为施好西瓜基肥，小麦比较稀的地块，于小麦拔节期可在畦埂上开沟预施部分优质圈肥，每公顷37500千克即可。地下虫害较重的地块，每公顷可在基肥内兑施45～50千克辛硫磷颗粒剂，以便防治地下虫害。

麦田套种西瓜，西瓜幼苗处在温度较高、空气不够流畅的套种行内，瓜苗生长瘦弱，伸蔓早，无明显的团棵期。因此，瓜苗与小麦的共生期不宜过长，一般以在麦收前15～20天播种西瓜为宜。北方地区夏播西瓜在5月中旬播种即可。西瓜要选用生育期在100～120天的中熟品种，种子要精选，并用烫种方法消毒后播种。为保证西瓜适墒下种，出苗齐全，可雨后抢墒播种或结合浇小麦灌浆水播种。播种时，先在畦埂上按40厘米的穴距，开7～10厘米长、3～4厘米深的穴。每穴撒播2～3粒西瓜种子。覆2厘米厚的细土盖种，6～8天后即可出齐苗。为防止鼠害，可顺垄撒施毒饵诱杀。

西瓜苗期管理要以促为主，使雨季到来前就能坐好瓜。第一片真叶展开后间苗。伸蔓后，先将瓜蔓引向顺垄方向伸展。为早倒茬便于西瓜幼苗生长，小麦蜡熟期就应抓紧时间收割，并防止踩伤瓜苗或扯断瓜蔓。小麦收后及时灭茬。小麦的根茬要留在坐瓜畦内，将原来畦埂两边的土向外翻，使畦埂形成50厘米宽的垄，垄两边为深、宽各15厘米的排灌水沟；原来的畦面也要整成两边低、中间高的坐瓜畦。没有施基肥的，可在排灌水沟内侧撒施优质圈肥，每公顷30000～37500千克，施后浇水。对瓜苗瘦弱、生长明显缓慢的植株，每株追肥15克速效肥提苗。浇水后要划锄保墒，除去瓜垄上的杂草。这时可将瓜苗间成单株，去弱留强，多余的苗和近株杂草最好从基部剪除，避免拔苗（草）时损伤保留瓜苗的根系。其他管理与夏播西瓜相同。

五、种好“麦—瓜—麦”西瓜的几项措施

“麦—瓜—麦”西瓜，就是小麦收获之后，种夏西瓜，西瓜在国庆节和中秋节期间采收上市，下茬还种小麦。这种栽培方式季节性较强，

栽培技术要求严格，西瓜栽培中应特别注意以下几个问题：

（一）选用西瓜良种

西瓜选用中、早熟，品质好，产量高，耐高温高湿，抗病性能强的品种，早熟品种有红冠龙、开杂12号、庆农5号及聚宝3号等。这些品种在多雨季节不出现裂瓜，有一定的抗逆性。

（二）合理安排播期

早熟品种应在6月下旬至7月上旬播种，即收完小麦立即整地，及时播种。

（三）防涝排涝

西瓜不耐涝，如田间积水，易烂根死蔓。为防止西瓜受涝，在整地时应挖好排水沟，以便雨季排水防涝，最好选择地势高、透水性能好、能浇能排的沙质土壤；应起垄栽培，垄高一般15～20厘米、上宽50厘米、底宽100厘米、株距40厘米。起垄栽培不仅能防涝，使土壤保持良好的通透性能，并且吸热散热面大，升降温较快，田间昼夜温差大，有利于西瓜生长。

（四）覆盖地膜

7～8月正值汛期，阴雨天气多，有时雨后骤晴，强光暴晒，往往造成土壤表层板结，不利于西瓜生长发育。利用银灰色地膜覆盖，既能提高温度和保墒，防止阳光晒，又能减轻蚜虫危害，增加秋后光照强度，提高西瓜产量。

（五）及时整枝、授粉和病虫防治

夏西瓜最好三蔓整枝，可使茎叶迅速覆盖地面，以充分利用光能。要及时摘掉腋生小杈。坐瓜后防治病毒病。6～7月份播种西瓜，瓜苗很易感染病毒病，故严格控制病害，是成败的关键。育苗时，苗畦选择通风透光的地块，整成南高北低的东西畦。浇水不宜过大，以保证出苗为宜。出苗后应控制浇水，进行蹲苗。畦顶搭棚架，每天上午10时到下午3时盖帘遮光，防止暴晒。降雨时盖薄膜防雨。这样20天左右即可起苗栽植。移栽时，严格选用无病壮苗。夏西瓜病虫害较多，常见的有炭疽病、霜霉病、白粉病以及蚜虫和红蜘蛛等，防治方法请参阅病虫害防治部分内容。

六、西瓜与花生间作套种

西瓜和花生间作套种是西瓜和油料作物间种套作中经济效益较高的方式，只要管理得当，品种适宜，一般每公顷可产西瓜37500千克以上、花生2250千克以上。

间种套作方法是：早春整地时每公顷施75000千克圈肥、1500千克过磷酸钙和300千克复合肥料作基肥。为使花生早熟高产，要选用早熟品种（如花11和花321等），于4月上中旬催芽播种，一般行距33厘米、墩距17～20厘米，每墩播种2粒，每公顷105000墩左右。花生最好起垄播种，每垄种植2行。花生播种后，接着喷除草剂，盖地膜。每播6行花生，留出130厘米宽的套种带，套种2行西瓜。种西瓜前，在套种带中间开50厘米深的沟，每公顷集中施45000～60000千克优质圈肥和225～300千克复合肥料，于4月下旬前后栽定植（提前1个月用营养钵育苗）。西瓜行距33厘米、株距66厘米，每公顷套种9000株左右。采用双蔓整枝，单向理蔓，坐瓜后留5～7叶摘心，每株只留1个瓜。为使西瓜早熟、高产、早收，减少对花生的影响，要选用极早熟蜜龙、蜜露、庚农3号等早熟品种，栽植后用拱棚覆盖保温。西瓜和花生的管理技术与一般不间作套种的相同。西瓜自6月下旬陆续采收上市，到7月上中旬结束。花生在8月20日前后收获，收后整地种早茬小麦；也可在西瓜、花生收获后，栽种一季花椰菜（花椰菜提前1个月育苗），花椰菜收后播种小麦，这样可每公顷增产22500千克花椰菜。

七、西瓜与棉花间作套种

（一）选用适宜的品种

西瓜以早中熟品种如极早熟蜜龙、早佳、特早红、世纪春宴、姜拉9号、华西7号、聚宝3号等为宜，棉花则宜选择株型高大、松散、单株产量高的中棉10、中棉13等品种。

（二）掌握适宜播种期

为促进棉花的生长，缩短共生期，根据山东的气候条件和栽培经验，育苗移植的早熟西瓜，播种期以2月20日至3月初为宜，而小棚双膜覆盖直播，可于3月中下旬催芽播种。棉花的播种期以4月15～20日为宜。

（三）西瓜、棉花植株配置

常用的西瓜行距1.4～1.5米、株距0.4～0.5米，每公顷15000株左右。在距西瓜20厘米处种一行棉花，单行双株的穴距0.3米，每穴留2株；单行单株的，穴距0.18米，每公顷留苗45000株左右为宜。

（四）西瓜提早育苗

用电热温床培育苗龄35～40天具有4叶1心的西瓜大苗，提前定植于双膜覆盖小拱棚，这是缩短瓜苗共生期的关键措施，以利于提早采收，减少对棉花生长的影响。

（五）加强田间管理

前期西瓜生长迅速，匍匐于地面无序生长而棉苗小，应对西瓜采取整枝、理藤、压蔓等措施，以保证棉苗生长的空间。可采用人工辅助授粉，促进坐果，避免徒长，其他管理同单作西瓜。

（六）防止农药污染

在防治棉花害虫时必须坚持做到四点：一是作好预测预报，掌握防治适期，减少用药次数；二是选用高效低毒农药；三是采取涂茎用药技术；四是用药时对西瓜采取覆盖措施，即在坐瓜后用药时将西瓜用塑料薄膜盖好，确保安全。

（七）其他措施

要针对西瓜和棉花物物不同生育特点，采取必要的其他措施。如棉花要及时整枝、抹芽和打老叶，减轻对西瓜遮荫。西瓜与棉花相比，根系细弱，抗旱能力较差，若土壤含水量下降到18%时，应及时浇水；同时要防止过早坐瓜，一般以12～18叶结的瓜产量高，质量好。

八、麦一瓜一稻的间作套种

（一）麦一瓜一稻间作套种的好处

1.提高了温光条件利用率

麦株为西瓜御寒防风，有利于促进西瓜的前期生长，而西瓜则为麦类作物改善光照条件，促进了后期生长，这样充分利用了不同层次的光温条件与土壤肥力。麦类作物收获灭茬后，气温高、日照强，有利于西瓜生长和结果。麦瓜套种适宜的带向是东西向。预留行较宽，西瓜行内的光照、温度条件优越，有利于前期生长，但小麦的播幅小，产量低。因此，确定适宜的预留行宽度，对小麦的产量和西瓜前期生长有重要的意义。

2.改良土壤

麦、瓜、稻实行水旱轮作，由于耕作和施肥的关系，耕作层质地疏松，有利于土壤熟化。根据湖南省衡阳地区农科所试验，西瓜后作耕作层疏松，有利于土壤熟化，增加团粒结构。据在水稻孕穗期测定，0.25 ～ 0.5毫米土壤团聚体总量占82.3%，比双季稻土壤团聚体总量72.2%增加14.0%。栽培西瓜以后水稻土耕作层疏松，耕性好，通气透水性得到改善，有利于微生物的活动和养分的转化。

（二）麦一瓜一稻间作套种方法

前一年水稻收割后按4 ～ 5米距离开沟，在沟两侧各留0.6 ～ 0.7米作为栽植西瓜的预留行。畦中间播种大（小）麦，长江中下游地区的播种期为10月下旬至11月上旬。预留行冬季深翻晒垡熟化土壤，早春施肥起垄，4月中下旬栽植西瓜大苗，大麦5月底收割，小麦6月上中旬收割，大（小）麦收割后加强西瓜管理，西瓜7月上旬开始采收，7月底收完及时栽插晚熟稻。

（三）麦一瓜一稻的间套技术要点

1.加强农田排水

选土质疏松的田块，以利排水，开好三沟，以便及时排除积水。

2.选用适宜良种

麦种选用早熟品种，西瓜选用耐高温抗病品种，水稻选用晚熟高产品种。为了尽量缩短共生期，西瓜采用育大苗移栽方式。如前作为大麦时，西瓜可采用拱棚覆盖早熟栽培；前作为小麦时，西瓜则应露地栽培。

3.强化共生期的管理措施

共生期间加强西瓜的土壤管理。

4.重视麦后管理

麦收后对西瓜及时追肥浇水，并进行整枝、理蔓等植株调整工作。必要时进行人工授粉。

5.及时采收西瓜

根据坐瓜早晚分批及时采收，及时清理瓜畦，确保及时栽插晚稻。

九、瓜粮间作套种应注意的问题

（一）连片种植，实行规模化生产

大面积连片种植有利于农田水利建设，降低地下水位，便于农田区划轮作，实行机械化作业，提高劳动生产力。瓜粮、瓜棉间作套种应统一规划和部署，采用不同的间套种模式进行轮作，改善农业生态环境。

（二）简化西瓜栽培技术

西瓜是一种娇柔的作物，栽培技术环节多、要求高、时间性强，特别在南方多雨地区用工多、成本高。露地栽培应采用抗病、高产、优质品种，栽培技术则应抓住要点，尽量简化栽培技术。

（三）选择适宜茬口，优化品种组合

可根据当地条件因地制宜地选择适宜的茬口，在此基础上确定前后茬的品种，优化组合。如西瓜早熟栽培应以耐低温弱光、易结果的早熟品种为宜，前茬则以生育期较短、耐肥、抗倒伏的大麦为宜。

（四）根据季节合理安排主副作物

采用提前播种、育苗移栽、推迟播种等措施，尽量利用主作物和副作物的时间差，以缩短共生期，缓解作物生育之间的争光、争肥等矛盾。

（五）两种作物的配置方式

合理配置两种作物的种植方式，充分利用空间。如麦行套种西瓜，从西瓜光照条件考虑，以东西向为宜，预留瓜行距以50厘米以上为宜。

（六）科学施肥

麦瓜套种一般按各自的要求在播种、定植时施肥，在大、小麦生长中后期，适当控制追肥，防止倒伏影响西瓜生长。

十、幼龄果树间作西瓜应注意的问题

（一）正确做畦

目前乔砧、普通型品种的苹果及山楂等果园，一般密度为株行距4米×4米。这样的幼龄果园种植西瓜时，可在2行幼树之间种植2行西瓜。即在幼树的两侧、距树1米处各挖一条宽、深均50厘米的西瓜沟（图7-4），施足基肥，浇足底水，做成瓜畦。生产实践证明，按照这种方式做畦，不但可使幼树和西瓜获得充足的光照，同时对幼树能起到开穴施肥的作用。因此，能在取得西瓜高产的同时，促进幼树的生长。

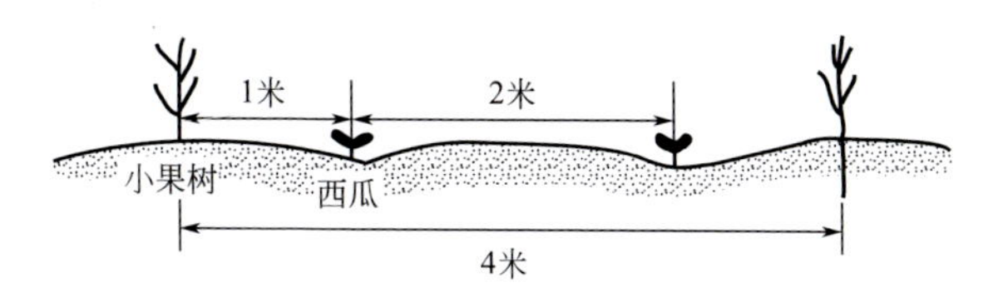

图7-4　幼龄果园地种植西瓜畦式示意图

（二）合理引蔓

西瓜伸蔓后要及时引蔓，避免瓜蔓纵横交叉缠绕幼树。一般可将侧蔓引向幼树一侧，主蔓引向另一侧。这样2行西瓜可坐瓜于一垄，而幼树所在的垄不坐瓜。这对追肥、浇水及树上、树下的管理十分方便。

（三）选择使用农药

幼龄果园地种植西瓜后，应当注意合理施用农药。如进入5月中旬以后，气温逐渐上升达20℃，如果此期间空气湿度较大，特别是连续数天阴雨时，西瓜常易发生炭疽病、疫病等，而果树则常发生褐斑病、灰斑病等引起叶片早落、树势衰退的病害。在此期间合理而及时地在田间喷施200～240倍石灰倍量式波尔多液（硫酸铜1份、生石灰2份、水200～240份），或喷施800～1000倍50%多菌灵等农药，可以兼治西瓜和果树的病害。另外，对于果树红蜘蛛、卷叶蛾、蚜虫等，也可以与西瓜的蚜虫等害虫同时防治。值得特别注意的是：西瓜生育期较短，而且食用部分又是地上部的瓜，所以对农药的应用要有选择性，例如在防治西瓜病虫害时严禁使用剧毒性的内吸作用强的农药，特别是一六〇五和一〇五九等剧毒农药，绝对不允许喷施于西瓜上。

第八章　西瓜专家和老瓜农的经验

第一节　西瓜形态异常的诊断

一、幼苗期的形态诊断

（一）西瓜幼苗的自封顶现象

西瓜育苗或直播出苗后，有时幼苗会出现生长点（俗称顶心）不长，只有2片子叶或1、2片真叶而没有顶心的幼苗，俗称自封顶苗。出现这种现象的原因有以下几个：

1.种胚发育不良

胚芽发育不健全或退化。三倍体和四倍体西瓜幼苗出现自封顶苗的频率和比例远远大于普通二倍体西瓜。

2.种子陈旧

多年陈种且贮藏条件较差，致使部分种子胚芽生活力降低甚至丧失生活力。

3.低温冻伤

育苗期间，苗床温度过低，或部分幼苗的生长点（2片子叶之间）

凝结过冷水珠，造成生长点冻害。

4.嫁接苗亲和力差

嫁接苗砧木与西瓜接穗之间的亲和力较差，特别是共生亲和力较差时，接穗西瓜生长不良，迟迟不长新叶。如有些南瓜砧木，易出现自封顶的西瓜嫁接苗。此外，接穗过小时（特别顶插接）也易出现自封顶苗。

5.某些虫害

当西瓜幼苗出土后遭受烟蓟马（葱蓟马、棉蓟马）等害虫为害时可造成自封顶苗。如烟蓟马成虫和若虫在早春即能锉吸西瓜心叶、嫩芽的汁液，造成生长点停止生长。

（二）西瓜蔓叶生长异常的诊断

西瓜在生长发育期间，有时会出现矮化缩叶、瓜蔓萎蔫、龙头（瓜蔓顶端）变色等异常现象，根据多年调查研究，有以下几种原因：

1.矮化缩叶

当苗期出现矮化缩叶现象，大多为红蜘蛛为害所致。当土壤中含铁盐较多，或钙镁元素缺少时亦可造成西瓜植株矮化缩叶。较长时间土壤过湿或排水不良，使根系发育受阻，也会造成地上部植株矮化缩叶，甚至枯萎而死。

当嫁接苗出现矮化缩叶现象时，往往是接穗与砧木亲和力差或不完全愈合的缘故；当西瓜感染病毒病，特别是感染皱缩型病毒病时，植株出现典型矮化缩叶征状。

2.瓜蔓萎蔫

西瓜植株有时突然出现叶片萎蔫、瓜蔓发软的现象，可能是由于下列原因之一造成。

（1）夜间低温高湿，白天高温干燥　昼夜温湿度差异过大对任何植物的适应能力（应变力）都是一个极大的考验。当夜间低温高湿时，叶面几乎没有蒸腾作用，瓜蔓和叶片含水量很高，根系的吸水力也变得很小。当白天突然变成高温干燥环境，叶面蒸腾作用强盛，瓜蔓和叶片急剧大量失水，而此时根系的吸水能力尚未达到高压状态，使水分代谢“入不敷出”，造成瓜蔓萎蔫。

（2）暴雨暴晒　当短时大暴雨过后，再经强光暴晒，也易出现瓜蔓萎蔫现象。

（3）某些病害　枯萎病、蔓枯病、细菌性凋萎病等均可造成瓜蔓萎蔫。但这三种病害在瓜蔓与叶片上出现的征状也有明显区别。枯萎病除造成叶片萎蔫外，瓜蔓基部导管变色（黄褐）是其典型征状，有时在瓜蔓基部或分枝基部还会流出红色胶状物。蔓枯病瓜蔓萎蔫较轻，发病较慢，发病后期瓜蔓和叶片上出现许多黑色病斑。细菌性凋萎病发病迅速，突然全株叶片萎蔫，瓜蔓发软，但瓜蔓基部和分枝处导管不变色，不出现红色胶液，叶片和瓜蔓上也无黑色病斑。此外，青枯病、线虫及嫁接不亲和等也可造成瓜苗萎蔫。

图8-1　肥害自封顶

3.“龙头”变色

在西瓜植株生长期间，有时出现“龙头”（瓜蔓顶端）变黄或变黑，停止生长而成为“瞎顶”。据田间调查，凡瓜蔓顶端变黄者，多为铜绿金龟子为害的结果；凡瓜蔓顶端变黑者，多为冻害或肥害（烧心），见图8-1。

图8-2　高脚徒长苗

4.徒长苗

由于管理不当或气候异常，会出现幼苗生长不良。主要表现在叶片薄而小，茎蔓徒长（图8-2）。与健壮幼苗比较，形态明显（图8-3）。

图8-3　壮苗

二、抽蔓期的形态诊断

西瓜抽蔓期正常生长的形态特征是，叶片按2/5的叶序渐次展出（即每5片叶子在瓜蔓上排列成2周），单叶面积渐次增大。水瓜生态型的西瓜品种生长正常的成龄叶，一般为叶长18～22厘米、叶宽19～23厘米、叶柄长8～12厘米、叶柄粗0.4～0.5厘米。旱瓜生态型的西瓜品种生长正常的成龄叶，一般的叶长20～28厘米、叶宽22～30厘米、叶柄长10～15厘米、叶柄粗0.5～0.8厘米。植株根系发育不良或肥水不足时，叶片变小，叶柄变短变细。这样的植株虽然坐瓜容易，但往往瓜的发育不正常而形成畸形瓜或瓜较小，而且进入结瓜期后，植株多发生病害，以致严重减产。因此，对这样的植株，应当加强前期的中耕松土，促使根系发达，同时要加强肥水管理，适当增加施肥量和浇水次数，促进植株健壮生长。植株徒长或肥水过多时，叶片和叶柄均变长，蔓顶端变粗、密生茸毛、向上生长、长势旺盛。这样的植株不易坐瓜，同时进入结瓜期后蔓叶丛生，相互遮荫和缠绕，易发生病虫危害，由于坐瓜率低也将引起减产。因此一旦发现植株有徒长现象，首先应当减少浇水，同时要减少追肥，特别不能过多地施用速效氮肥，另外还要及时进行植株调整，从而协调营养生长与生殖生长的关系，促进植株的正常生长。

三、结果期的形态诊断

（一）西瓜结瓜期形态诊断的主要依据（标准）

西瓜进入结瓜期以后，一般植株衰弱的现象较少见，特别是高产栽培的瓜田，要十分注意防止植株徒长。西瓜结瓜期生长健壮的植株形态指标：成龄叶片大而宽，长与宽之比为0.92～0.95，叶柄较短，叶片长与叶柄长之比为1.6～2.0，蔓粗0.5～0.8厘米，节间长度小于或等于叶片长度。雌花开花节位距该瓜蔓生长点的距离为30～60厘米。如果实际数据大于或小于上述指标的植株，多为徒长或衰弱的植株。对于徒长的植株应及早减少追肥，控制浇水，并及时进行植株调整。如果这时不能及时采取上述技术措施，可在开花前压蔓的顶端或在雌花花蕾前第五、六叶处掐去生长点，使养料集中供雌花发育，抑制植株生长势。西瓜进入结瓜期后，所选择的瓜胎能否坐瓜，除决定于植株生长状态外，还可以根据雌花的发育情况来判断。一般来说，花柄和子房较粗而长，密生茸毛，花瓣和子房大的雌花容易坐瓜，而且这样的瓜胎能够长成很好的瓜。反之，花柄和花瓣小，子房呈现圆形而且较小，茸毛少的雌花，一般不能坐瓜，即使能够坐瓜也长不成很好的瓜。另外，雌花授粉后经过60个小时，瓜柄伸展，子房出现鲜亮色泽，这是已经确实坐瓜的表现。如果开花后2～3天，果柄仍无明显伸展，子房色泽暗淡，这样的幼瓜多数不能坐瓜，应及时另选适宜的瓜胎坐瓜。

（二）出现蔓叶衰弱或死秧现象的原因

西瓜开花坐瓜期间，正是营养生长的极盛时期，生长中心尚未转移到生殖生长方面，故正常情况下，植株呈现蔓叶翠绿繁茂，花冠金黄怒放。然而，有时会出现令人失望的情景：瓜蔓停止伸长，叶片萎缩不长，花过早凋谢，幼嫩的小叶也皱卷不舒等衰弱现象，有的甚至叶干蔓枯而死。

1.植株营养不良

当植株遇到低温、弱光或过早地结瓜，使体内养分消耗过多，造成入不敷出，植株内部便可发生不同器官、不同部位之间养分争夺，最终导致全株生长衰弱。

2.根系生理障碍

由于水、气等条件失常，使土壤中有害物质积累过多，引起植株根系发生生理性障碍（如有害物质的毒害作用、直接损害根毛或导管等）。危害严重时，可使整个根系变褐、腐烂，完全丧失吸收能力，从而造成整株死亡。

3.肥水严重不足

西瓜开花坐瓜时，也是需要大量营养物质和水分的时候，这时如果遇到天旱、脱肥等情况，植株多表现瘦弱，叶片萎靡而单薄，花冠形小而色淡；子房呈圆球形，瘦小不堪；瓜蔓顶端变为细小的蛇头状，下垂而不伸展；基部叶片开始变黄，新生叶迟迟不出，整个植株未老先衰。

4.某些病菌危害

当西瓜根系或茎蔓感染某些病菌后，也会出现蔓叶衰弱甚至死亡现象。例如瓜蔓基部发生枯萎病后，由于镰刀菌侵染导管系统，造成输导组织坏死、堵塞，水分和矿物质无法由根部运往地上部的蔓叶处，使地上部分发生萎蔫以至干枯死亡。此外，蔓枯病、急性细菌性凋萎病、病毒病等，也能造成植株急剧衰弱甚至死亡。

要想防止蔓叶衰弱和死秧，必须分别采用相应的措施加以防治。如早期栽培中加强温度、光照等管理，并勿使过早地结瓜；加强肥水管理，及时防治病虫害；改善土壤条件等措施，均能防止蔓叶衰弱和死亡。

（三）发生“空秧”的原因

西瓜“空秧”就是西瓜植株上没有坐住西瓜。由于目前生产上多数每株西瓜只选留1个商品瓜，而西瓜又是单株产量较高的作物。因此“空秧”对西瓜产量的影响较大。为了防止西瓜“空秧”，要根据发生“空秧”的具体原因采取适当的措施。发生“空秧”的原因主要有肥水管理不当、植株生长衰弱、花期低温或喷药、花期阴雨天也未进行人工授粉、风害和日灼等。

1.肥水管理不当

西瓜生长期间如果肥水管理不当，会使植株营养失调、茎叶发生徒长，造成落花或化瓜、降低坐瓜率。这样的瓜田，在肥水管理上，要控制氮素化肥使用量，增加磷、钾肥，减少浇水次数，以协调营养生长和生殖生长，提高坐瓜率。对这样的植株，可采用强整枝、深埋蔓的办法，控制营养生长。也可在应选留的雌花出现后，隔1～2节捏尖或留5～7节打顶，截留养分向子房集中，提高子房素质，达到按要求坐瓜的目的。

2.植株生长衰弱

因植株生长瘦弱，子房瘦小或发育不全而降低了坐瓜率。这样的西瓜植株，可以在应选留的雌花出现时，即雌花在顶叶下能被识别出时适量追施部分氮素肥料，促使弱苗转为壮苗，提高坐瓜率。一般每株西瓜追施15～20克多肽尿素或30～40克硝酸磷铵，单株穴施，施后浇水覆土。施肥穴应距植株20～30厘米。

3.花期低温或喷药

西瓜开花期间，如果气温较低或瓜田追肥浇水和喷洒农药，引起了田间小气候的变化，影响了昆虫传粉，也会降低坐瓜率。这样的瓜田可进行人工辅助授粉，即在早上6～10时当西瓜花开放时，选择健壮植株上的雄花，连同花柄一起摘下，剥去花冠，用左手轻拿已开放的雌花子房基部的花柄，右手拿雄花，把花粉轻轻涂抹在雌花的柱头上。

4.花期阴雨天

西瓜开花期间遇阴雨，影响正常传粉，或雨水溅起泥滴，将子房包被，茸毛受到沾污而造成落花或化瓜。遇到这种情况，可提前采取防护措施，如雨前在雌花和一部分雄花上套小塑料袋，雨后立即摘下并进行人工授粉，或者在地面上铺草、盖沙等，防止雨水溅起泥滴，对保护正常坐瓜，都具有一定的作用。

5.风害和日灼

风害和强烈的阳光灼伤，也是影响坐瓜率的因素之一。为了防止风害，可把近瓜前后的茎节，用10厘米长的鲜树枝条对折成倒“V”字紧插于地面上，或用泥条压牢幼瓜的前后两个茎节，防止风吹茎叶摇动。为了防止阳光灼伤幼瓜，可用整枝时采下的茎蔓或杂草遮盖幼瓜，对保护幼瓜、防止畸形和化瓜都有一定的作用。

（四）出现畸形瓜的原因

正常发育的西瓜，因品种不同可形成圆形、椭圆形、长椭圆形等各种形状的瓜，尽管瓜的形状不同，但都给人们以周正美观的感觉。但是当瓜发育不正常时，就会出现扁平瓜、偏头瓜、葫芦瓜和宽肩厚皮瓜等各种奇形怪状的瓜。

■图8-4　扁平瓜

1.扁平瓜

瓜的横径水平方向大于垂直方向（图8-4），使瓜面呈现扁平状。据观察，多数扁平瓜的瓜梗部和花痕（瓜脐）部凹陷较深，瓜皮厚，瓜瓤色淡，有空心，种子不饱满，品质差。产生扁平瓜的原因，主要是瓜发育前期遇到不良的环境条件，如低温、干燥、光照不足、叶片数过少或由于营养生长过旺植株徒长而影响瓜的发育，后来因上述有关条件得到改善，西瓜又继续发育，结果就形成了扁平瓜。同时，留瓜节位过低时易出现扁平瓜；主蔓与侧蔓相比，主蔓上易出现扁平瓜。此外，不同品种，出现扁平瓜的比例不同。杂种一代比固定品种出现扁平瓜少，有籽西瓜比无籽西瓜出现扁平瓜少。

2.偏头瓜

■图8-5　偏头瓜

就是瓜顶偏向一侧膨大的西瓜（图8-5）。

形成偏头瓜的主要原因有以下几种：

（1）授粉不良　种子的发育对瓜瓤（果实）的发育有促进作用。凡是授粉不良或花粉量少、花粉在柱头上分布不均匀等都会影响果实内种子的发育。所以，凡是种子发育良好，而且种子较多的部分，瓜瓤的发育也迅速；凡是种子发育不良或种子很少的部分，瓜瓤发育就慢。如果授粉不充分、花粉在柱头上分布不均匀，种子在果实内的形成也就不平衡。因此，在同一瓜中，凡种子多的一侧，瓜面膨大，瓤质松脆，甜度也较高；凡种子少的一侧，瓜面不膨大，瓜瓤坚实，甜度也较低。

（2）浇水不及时　当果实进入生长中期以后，需水量显著增加，体积和重量的增加很迅速。这时如果浇水不及时，直接影响果实的膨大。即使以后加倍增大浇水量，已逐渐变硬的瓜皮限制了果面的迅速膨大，于是瓜瓤的膨大生长就自然偏向发育稍晚些的瓜皮部分。无论什么形状的果实，一般都是前部（近果顶）生长发育稍快于后部（近果梗），阳面（向阳面）生长发育稍快于阴面（着地面）。因此，当果实膨大阶段，前期缺水（浇水过晚）则形成果顶扁平的偏头瓜（俗称小头瓜）；后期缺水（过早断水）则形成果顶膨大果肩狭小的“葫芦”

瓜（俗称大头瓜，见图8-5）。

（3）果实发育条件不良　果实发育的主要条件除水、肥、光照外，对温度（包括气温和地温）、空气湿度及空气成分等环境条件都有很大关系。当果实生长前期遇到低温、干燥（主要指空气干燥或称“上旱”），后来条件变好，则可形成果顶扁平的偏头瓜。当果实生长后期遇到低温（如寒流）、干燥时，则往往形成果肩狭小的“葫芦瓜”。

（4）果面局部温差较大　在果实膨大期间，由于每个果实所处的小环境不尽相同，特别当受光面积和受光强度在同一个果实的不同部位形成较大差异时，果面局部的温度也将出现较大差异。不适宜（过高或过低）的温度影响了那部分果面的发育，影响的时间越长，后果越严重（果面不周正越厉害）。例如当瓜下不铺地膜或其他衬垫物，而又不整瓜翻瓜时，瓜面与土壤直接接触，接触地面的部分发育较差。因此，当果实继续膨大时，横向生长受到较大影响，便形成了偏头瓜。为了防止这种畸形瓜的发生，应及时进行翻瓜整瓜，将瓜放置端正，最好在瓜的底面（着地面）铺上一层麦草或垫上废纸等衬垫物。

（5）果面局部伤害　在果实生长发育过程中，由于日烧（灼）、冰雹、虫咬或严重外伤、磨伤等，使受伤局部果面停止发育，而未受伤部分果面发育正常，则形成不同程度的畸形果。在通常情况下，由日烧、冰雹等造成的伤害，多形成阳面扁平瓜；由虫咬、磨伤等造成的伤害，多形成底面或侧面凹陷畸形瓜。

3.宽肩厚皮瓜

在西瓜栽培中还可出现花痕部深而广、果肩宽、瓜皮厚、瓜面出现棱线的西瓜（图8-6）。因品种不同，宽肩厚皮瓜出现的比例也不同。大瓜型的品种和果形指数小的品种容易产生宽肩厚皮瓜。这些品种，在土层浅、地面向南倾斜的地形条件下更易产生宽肩厚皮瓜。这可能是土壤水分或地温变化大的缘故，但尚需进一步研究。就目前的观察结果证明，越是单株结果数多

图8-6　宽肩厚皮瓜

的瓜，越是圆形或近圆形瓜；越是较大的瓜，越是低节位的瓜，也越易出现宽肩厚皮瓜。

（五）出现空心和裂瓜的原因

西瓜空心，就是在瓜尚未充分成熟之前，瓜瓤就出现空洞或裂缝。西瓜裂瓜，就是在西瓜采收以前，瓜从花痕（也叫瓜脐）处自然开裂。西瓜空心或裂瓜，使产量和品质受到很大影响。造成这种现象的根本原因是水肥供应不当和环境条件不良。但空心和裂瓜的具体原因则各有侧重。

1.空心的原因

西瓜的膨大主要依靠瓜皮和瓜瓤各部分细胞的充实和不断增大。特别是瓜瓤部分，除了种子和相连的维管束之外，均由薄壁细胞构成。在正常情况下，薄壁细胞的膨大程度比其他组织中的细胞大，但细胞壁膨大后，由于肥水特别是水分供应不足，细胞得不到充实，细胞壁很快就会破裂。相邻的许多薄壁细胞破裂后，便形成了空洞；而许多小空洞相连就形成了较大的空洞或裂缝。此外，当西瓜发育前期遇到低温或干旱、光照不足等不良环境条件时，瓜也会发生空心。这是由于西瓜的发育前期是以纵向生长为主，发育后期则以横向生长为主，在低温或干旱、光照不足时，瓜的纵向生长就会被削弱，使其过早地停止。而当西瓜发育后期，温度较高，雨水增多，光照强烈，瓜的横向发育非常迅速。这样，西瓜内部生长不均衡，也会发生空心。此外，过早使用催熟剂、采收过晚、果实上部节位叶片数过多或基部叶片过少等都易造成空心。

2.裂瓜的原因

裂瓜多发生在瓜瓤开始变色的所谓“泛瓤”阶段。这时由于瓜皮的发育缓慢逐渐变硬，而瓜瓤的发育却仍在旺盛阶段，如果再加上久旱遇雨或灌水量忽多忽少，或者在瓜的发育前期肥水不足，而瓜的发育后期肥水供应又过多时，都可能发生裂瓜。此外，圆形西瓜比椭圆形西瓜易裂瓜（图8-7、图8-8）。出现裂瓜时应及时清理出瓜田，以防传播病菌。

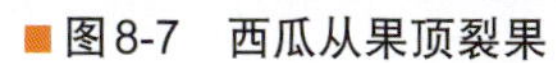

■图8-7　西瓜从果顶裂果

■图8-8　从胴部裂果

（六）西瓜出现瓤色异常的原因

1.瓜瓤中形成黄块（带）的原因

无论在红瓤、黄瓤、白瓤品种的果实内，都可能出现瓜瓤中局部产生紧密硬块或条带状瓜瓤的现象，尤以红瓤品种出现的频率较大。

据多年观察，其成因主要有以下几点：

（1）瓜瓤局部水分代谢失调　众所周知，植物细胞在膨大期间需大量水分。由于根系或瓜蔓输导组织的某一部分在其结构或功能方面发生异常，致使瓜瓤中水分供应的不平衡，缺水部分细胞得不到充分膨大，细胞壁变厚，细胞紧密，形成硬块或硬条带。在生产中，嫁接栽培的西瓜尤易发生上述现象。

（2）氮肥过多　西瓜的正常生长发育需要氮、磷、钾、钙及其他中微量元素的相互配合。当氮素过多时，使某些离子产生了拮抗作用，影响了对其他一些营养元素的吸收，造成局部代谢失调。当这种失调发生在果实膨大过程中，则可使瓜瓤的某一部分形成硬块或硬条带。

（3）高温干燥　连续高温干燥对西瓜生长发育有很大抑制作用。当瓜瓤迅速膨大阶段遇高温干燥时，由于瓜瓤不同部位发育上的差异，造成某一部分瓜瓤细胞失水而形成硬块或硬条带。生产中晚播或高节位二茬瓜出现较多。

（4）雌花结构异常　在西瓜生产中还发现，雌花特大（俗称鬼花）、柱头特大或雌性两性花以及果梗粗短而垂直、果顶（花蒂）部有大的凹陷或龟裂等都易在瓜瓤中形成黄块或硬条带。

2.瓜瓤肉质变色的原因

有的红瓤西瓜变成死猪肉色，俗称血印瓜；黄瓤西瓜变成土黄色，俗称水印瓜。究其发生原因，不外乎以下两方面：

（1）生理障碍　当果实发育期间，遇到高温干燥、土壤积水、蔓叶过少、氮素过多、光照不足或因施肥不当引起pH波动较大时，都易造成代谢失调，发生生理障碍。代谢过程的中间产物得不到及时有效的转化，则积累在果实中成为有害物质而使瓜瓤变质。

（2）病害引起　当果实发育中后期，发生绿斑病毒病时，可使瓜瓤软化，甚至产生异味。此外，绵腐病、疫病、日烧病等亦均可致瓜瓤变色变质，直至失去食用价值。

（七）西瓜早衰及其防止措施

西瓜蔓叶的生长发育，一方面和根系的生长及瓜的发育相关联，另一方面又直接与环境条件密切相关。在正常的情况下，西瓜是生长周期明显的作物，这是因为西瓜的结瓜周期明显的缘故。因此，在西瓜膨大盛期，植株的营养生长变弱，表现出瓜蔓顶端生长缓慢、新生叶较小、基部叶生长衰弱等，这是正常现象。但如果当西瓜尚未达到膨大盛期，而植株就过早地表现出生长缓慢、茎节变短、瓜蔓变细、叶片变小、基部叶显著衰弱等特征时，则不是正常现象，一般称为“早衰”。西瓜发生早衰时，严重影响产量和品质，是高产栽培中应特别注意的问题之一。防止西瓜早衰的措施主要有以下几项：

1.加强肥水管理

肥水供应不足或不及时，往往是造成植株早衰的主要原因之一。如果立即追肥浇水，就可以使早衰症状得到缓解。肥料应以速效氮肥为主，施用方法为采用地下根部追肥和地上叶面喷洒肥料溶液相配合进行，瓜农称为“双管齐下”。但肥料用量要慎重，防止发生肥害。根部追施尿素时每株25～30克，叶面喷洒0.3%尿素或磷酸二氢钾水溶液，每公顷用量1050～1200千克，折合施用尿素或磷酸二氢钾3.15～3.60千克。

2.提高根系的吸收机能

根系的发育状况，对地上部蔓叶生长的影响较大。根系发达，吸收机能良好，地上部分自然也就生长茂盛。根系发育不良或遭受某些病虫害时，也往往造成植株早衰。必须经过检查根系以后才能进行正确的判断，也只有找到病因之后，才能对症下药。例如发现根部土壤中有线虫或金针虫，根系又有被害症状，那么就应立即用50%辛硫磷乳油2500～3000倍水溶液灌根，每株灌200～250毫升药水。如果发现根系发育不良、细根由白变黄、根毛稀少，甚至整个根系变褐、细根腐烂等，是由于根部土壤中水、气、温等条件失常（例如地温过低，土壤积水），引起根系发生生理性病害。这就要加强中耕松土，使根部土壤疏松，通气良好，根系的吸收机能也就很快得到改善。

3.合理整枝留瓜

整枝过重或单株留瓜较多，也是造成植株早衰的原因之一。西瓜的营养生长和生殖生长是相辅相成的，也就是说，蔓叶的良好生长，是花和瓜生长的基础。要达到高产，就要有一定的叶面积。同一品种在同样的栽培条件下，单株叶面积不同，西瓜产量也不同。如果整枝过重或单株留瓜较多，就会大大地削弱营养生长。因此，合理地整枝、留瓜，保持较大的营养面积，是防止植株早衰、获得西瓜高产的关键。

四、气候异常对西瓜生长和结果的影响

（一）对西瓜生长发育的影响

西瓜生长发育需要良好的气候条件。例如，西瓜的适温一般为16～35℃，但不同时期和不同器官的生长适温也不同。当夜温降至15℃以下时，细胞停止分化，伸长生长显著滞缓（根系生长量仅为适温条件下的1/50），瓜蔓生长迟缓，叶片黄化，净光合作用出现负值。再如，西瓜是需光最强的蔬菜作物，其光合作用的饱和点为80000勒克斯，补偿点为4000勒克斯。如出现低温下的光照不足情况时，将会严重影响植株所需光合产物的生成与供给，造成器官发育不良，如4～5月份阴雨偏多，使西瓜植株出现枝蔓节间及叶柄伸长、叶片变薄变小、叶色暗淡的现象，表明植株的光合作用能力已大大减弱，从而使植株用于雌花发育的营养明显不足，造成保护地栽培的西瓜雌花形成密度和雌花质量均较差，发育不良的黄瘦瓜胎也较多。

（二）对坐瓜的影响

有的年份或有的地区早春气候反常，连续低温阴雨天气，严重影响了西瓜的营养生长和生殖生长，不少地方出现了死苗现象，有的雌花出现少，即使有雌花也因为雄花花粉少、气温低造成授粉受精不良而坐不住果。西瓜开花坐果的适温为25～35℃，同时需要充足光照。4、5月份如降雨偏多、湿度过大，温度偏低，西瓜花期时如温度低于15℃，即会出现花药开裂受阻、开花延迟、花粉产生变劣等授粉障碍，降低雌花的授粉率。花期温度低于20℃时，会造成花粉萌发不良或雄配子异常等问题，形成雌花虽已授粉但未能受精的情况。花期遇阴雨低温产生的这些生理异常，造成了西瓜雌花受精过程障碍，会降低雌花的授粉受精率。直接影响坐瓜率。4、5月份降雨偏多时，正遇大棚瓜的开花中后期和小棚瓜的整个开花期，西瓜雌花授粉受精问题成为造成许多地区西瓜坐瓜率极低现象的主要原因之一，此时，营养生长与生殖生长很不协调，因而出现了空秧及徒长现象。

（三）对果实发育的影响

果实膨大期气温较低，易产生畸形果，造成果实扁平、偏肩、果皮增厚等。在不利的气候条件下，授粉不均匀，使果实发育不平衡，表现为一侧生长正常，而另一侧发育停顿形成偏头果。授粉充分的一侧发育正常，而发育停顿的一侧表现种胚不发育，细胞膨大受阻而引起畸形。西瓜在花芽分化过程中受低温影响形成的畸形花，在正常的气候条件下所结的果实亦表现为畸形瓜。另外，高节位坐果也是引起畸形瓜的重要原因。由于开花坐果期西瓜的植株营养分配中心仍在瓜蔓顶端生长点部位，这一阶段的低温寡日照使西瓜植株的光合产物产出率低而不敷分配。因此，许多雌花虽然能受精坐瓜，但很快又会因营养不足而脱落，在西瓜的坐瓜和幼果生长期，需要每天有10～12个小时的充足日照和20000～45000勒克斯以上的光照强度，才能较好满足西瓜对生殖生长和营养生长两方面的光合产物的需要。缺少光照，果实生长期营养严重不足，不但坐瓜率大大降低，即使已坐住的西瓜也出现明显果实发育不良和畸形现象，如果实成熟时个头小、果形变扁、许多果实有皮厚空心等现象，品质也较偏低。异常气候对保护地大棚、小棚及露地西瓜的坐果率、果实发育等有多方面的不利影响。

（四）对果实品质的影响

1.易出现瓤色异常

西瓜同一个品种在同一块地上种植，正常情况下瓤色应该是一致的，但在果实发育期如果遇到恶劣气候，会造成瓤色不能正常转红，而出现黄块（带）、黄筋等，失去商品性。因为气候异常可使瓜瓤局部水分代谢失调，细胞得不到充分膨大，细胞壁变厚，细胞紧密，易形成硬块或条带。嫁接栽培的西瓜尤易发生上述现象。

2.气候异常易使西瓜代谢失调，影响矿质元素的吸收

西瓜正常生长发育需要氮、磷、钾、钙及其他微量元素的相互配合。当氮素过多或缺钙时，使某些离子产生拮抗作用，影响了其他营养元素的吸收，造成局部代谢失调，使瓜瓤部分形成硬块或硬条带。

3.降低品质，影响口味

在果实膨大期遇到连续高温干燥气候，由于瓜瓤不同部位发育上的差异，造成某一部分瓜瓤细胞失水而形成硬块或硬条带。瓜秧早衰或叶片遭受大风、冰雹等伤害的田块，在高温干燥的条件下，更可使瓜瓤不能正常转红，含糖量低、品质差。

（五）防止气候异常影响西瓜生长和结果的几项措施

1.培育壮苗

西瓜播种后，从破土出苗到子叶展平时，如遇25℃以上高温，就容易形成高脚弱苗，会影响正常的雌花花芽分化。如果温度低于10℃会完全停止生长，此期13～15℃的低温炼苗，能促使雌花花芽的正常分化。苗期（第一片叶到四叶一心）时需15～20℃，伸蔓期需要20～25℃，如果各生育期达不到适宜的温度时，雌花将不能正常形成，即使形成也不易授粉、受精，若长期低温，生殖生长与营养生长失调，将不利于雌花形成。盖膜起垄栽培，能防旱排涝，通透性好，促根发苗，育成壮苗。

2.合理施用肥水

伸蔓至开花坐瓜期应控制肥水用量，使瓜蔓节间短而壮，不徒长。此期，如果氮肥施用不当、浇水过多，最容易造成疯秧、营养生长与

生殖生长不协调，影响坐瓜率。合理使用氮、磷、钾多元素肥料，是提高坐瓜率的必备条件。在气候不正常的情况下，如果湿度偏大，氮肥施用过多，造成徒长时同样难以坐瓜，特别是少籽二倍体西瓜品种。生长健壮而旺盛的品种更为明显，因为这类品种的习性为较耐旱，对肥水是比较敏感的。因此，在坐瓜前，施用肥水要适度才能提高坐瓜率。伸蔓至膨瓜期则重追施磷钾肥，少施氮肥，可适当喷施多菌灵及多元素、微肥，加强田间管理，及时防治病虫害，以保证旺盛的叶片系数（不低于60～90片健壮真叶）。

膨瓜前期，应适当加大肥水，以满足水分临界期的需要。否则果实膨大受阻，个头小，皮厚，空心。

3.人工授粉

必须人工授粉，特别是花期遇雨时，雌花套袋，保证正常授粉，如果因低温或其他原因雄花花粉不成熟时，可借助其他耐低温的早熟品种进行人工辅助授粉及配施坐瓜灵。

4.科学整枝留瓜

改进整枝技术，多留侧枝（两枝以上），雌花多，有选择授粉坐瓜的余地，强整枝、压蔓、控制徒长。留瓜节位要合理，主侧蔓第二雌花留瓜均可，离根过远或过近都会影响商品质量和产量。

5.加强病虫防治

气候异常条件下，西瓜生长发育会受到很大影响，对病虫害的抵抗力将大大下降。因此，要突出以防为主，防患于未然。每当不良天气出现前后就要立即施用保护药剂，尤其要配合施用“丰产素”“增产灵”之类的植物生长调节剂。

第二节　答疑解惑

笔者每年都收到全国各地读者的来信（其中有出版社转来的），由于信件较多，且咨询问题简繁不一，无法及时逐件回复，深表歉意！今值本书之际，现将诸多读者咨询问题归纳解答如下。

一、怎样种好籽用西瓜?

籽用西瓜栽培技术要点如下:

(一)选用良种

籽瓜品种有红、黑、大、小片之分。目前黑大片有“新籽瓜一号”“新籽瓜二号”“兰州大片”等。红大片有“吉祥红”“普通红”“台湾红”等之分。

(二)选择土地

种植籽瓜应选择地势平坦的壤土或沙壤土地块,盐碱含量不高于2.5%。前茬以大麦、小麦、豆类、油料作物为宜,切忌重茬,要3年以上轮作防止病害的大发生。

(三)播前准备

1.土壤消毒、封闭除草

播前用“96%金都尔”70毫升/667平方米或“地乐胺”250毫升/667平方米兑水30千克,机械喷雾器喷于地表,然后耙3～4厘米深混土后24小时播种。

2.种子消毒杀菌

进行温烫浸种、晒种、药剂拌种。播种前1天用三开一凉的温烫水浸种2小时,沥水后晒5小时左右,晒成九成干时用“拌种特”20克拌种10千克。

3.施好底肥

中等肥力的地块沿开沟浅施二铵10～15千克/667平方米,或三铵10～15千克/667平方米或硫酸钾3～5千克/667平方米。

4.开沟铺膜

开沟深度25～35厘米,沟距大片为1.0米,小片为1.6米。用80厘米宽地膜,开沟铺膜一次完成。

5.灌好底墒水

灌底墒水要小水轻灌,均匀渗透瓜沟,适墒播种。

（四）播种

地表5厘米土壤温度稳定在15℃以上进行播种。一般在五月上中旬，人工点播。株距15～20厘米，每穴2～3粒种子，播深3～4厘米。种植密度也可采用宽畦栽培，幅宽1.8米，株距25～30厘米，每667平方米栽2000～3000株，以密植多瓜来提高种子产量。由于种植密度高，每667平方米用种量提高至2千克。

（五）田间管理

1.查苗

幼苗开始陆续出土时，要经常到田间检查，对没有出苗的地方要及时补种。

2.人工辅助放苗

地膜覆盖栽培时，子叶展开即可放苗，穴播和人工点播只需将幼苗拨出膜孔外。膜内点播和条播需破膜放苗，以免幼苗被膜下高温烧死。

3.定苗

2片真叶平展后，及时间苗，去弱留强；四片真叶展平时定苗，每穴留1株健苗，缺苗处留双株。

沟植籽瓜每667平方米保苗3500株，平播籽瓜每667平方米可保苗4500株。

4.中耕除草

出苗后，要将沟底和垄背上的杂草拔除。平播籽瓜显行后要及时进行中耕。

5.整枝顺蔓

抽蔓前、中期及时理顺瓜蔓，主蔓向垄延伸。瓜沟无瓜秧。

6.灌水

根据气温、降水和土壤墒情而定。苗期为培育壮苗，不宜早浇，引导根系向深层伸长，至团棵期浇“促蔓水”；花期适当控水，以免旺长，促使坐瓜；当瓜坐稳后应浇足“膨瓜水”；种瓜采摘前10日停止浇水。

7.追肥

一般分2次进行，第一次于幼苗团棵时（5叶期）进行，结合中耕除草，每667平方米施尿素8～10千克，或用油饼、腐熟人粪尿等代替；第二次当幼瓜鸡蛋大小时，结合浇膨瓜水进行施肥，这次施肥主要是防止植株早衰，促瓜快长。如果采用地膜覆盖栽培时，在坐果期、果实彭大期每灌一水追尿素75千克/公顷，连追2～3次。

8.叶面追肥

果实膨大期、灌浆期每次灌水后喷一次叶肥。每公顷用磷酸二氢钾3千克兑水750千克，充分溶化后叶面喷施。

（六）病虫害防治

（1）苗期4片真叶时用70%的甲基硫菌灵450～600克/公顷，兑水225～450千克叶面喷雾，预防苗期炭疽病和枯萎病。

（2）炭疽病用“火把”可湿性粉剂300～450克/公顷，兑水225～450千克全田喷雾。

（3）白粉病在于初发时用三唑酮乳油750～1050克/公顷，进行喷雾。

（4）叶枯病、枯萎病用“枯萎立克”750克/公顷，兑水225～450千克叶面喷雾。

（七）收获

1.采收

成熟的籽瓜，外皮白霜减退，瓜皮发软，用手击扣，声音不脆。果实成熟期与品种、气温有关。采收籽瓜要求在室内堆放1～2天再取籽为好。

2.取籽和晒籽

取籽最好是在晴天的上午。晒籽最好用芦席垫晒，籽粒散开均匀，粒粒不粘，防止籽粒重叠，晒干后瓜子变形。如果在水泥晒场上晒籽，晒籽时间不宜过长，以免影响瓜子色泽和发芽率。收籽时，严禁用任何铁制工具切、装，避免瓜籽变色。

3.田间晾晒

有些气候干燥地区，籽瓜成熟时，让瓜在田间晒到籽与瓜瓤分离后脱籽。晒场要通风、透光且大而平，脱粒后48小时防止雨淋，晾晒籽粒要薄，晒到8成干时方可翻动。

4.回收

回收的瓜籽，要求不能有变形籽，商品瓜籽的色泽与整齐度，要求要一致，不能有杂籽，黑籽中心露白，红籽色泽深红。

二、西瓜根外追肥有什么好处？怎样进行根外追肥？

（一）根外追肥的好处

根外追肥，就是把水溶性肥料的低浓度溶液，喷洒在作物茎叶等地上部分的一种追肥方法。根外追肥与土壤追肥相比较，用工少、用肥料量少、成本低，可直接为西瓜吸收利用，效果明显。西瓜苗期，根的分布面积小，吸收能力差，叶面喷肥可补充根部吸肥的不足，利于瓜苗旺盛生长。当瓜苗的素质较差，根系发育不健壮，连续降雨后突然转晴，气温骤然上升，光照强烈时，瓜苗极易萎蔫。遇到这种情况，可在天气转晴时立即进行根外追肥，可以防止瓜苗萎蔫。如果将农药和肥料混喷，可同时达到防治病虫害和追肥的目的。在多雨地区采用药、肥混喷的方法，还能提高防治病虫害的效果。

（二）根外追肥的方法

根外追肥最宜在坐果前进行，这样，喷施后两天就可被吸收利用，既不会引起西瓜徒长，又有利于坐果。西瓜生长的中后期，茎叶繁茂，在根部追肥已很不方便，容易伤根；特别是西瓜生长后期，根部吸收能力降低，根部追肥效果不明显。这时如果采用根外追肥的方法，因为叶面面积大，吸收肥料溶液多，效果特别明显，可以保持壮发，延长寿命，增进品质。但是根外追肥有很多条件限制，只能在一定时间内供给西瓜少量的肥料，所以只能是西瓜根部追肥的一种补助措施，应与根部追肥配合进行，不能代替根部追肥。西瓜根外追肥的具体做法有两种：一种是从定苗开始，根据西瓜生长的需要，趁防治病虫害或喷洒生长调节剂时，在酸碱性合适的药液中混入少量尿素等肥料，均匀地喷洒在叶子上；一种是根据西瓜生长的需要，单独喷洒尿素等肥料溶液，如在西瓜生育的中后期，可每隔7天喷洒一次尿素液。所用肥料，必须是能溶解在水中的水溶性肥料。对能全部溶解在水中的肥料，如尿素等，可直接放在药液或水中，待溶解后喷洒。对不能全部溶解在水中的肥料，如过磷酸钙等，可先浸泡一昼夜，经过搅拌后取其上部澄清液喷洒。适合作西瓜叶面喷洒的肥料及其溶液浓度见表8-1。

表8-1　适合用来作西瓜叶面喷洒的肥料及其溶液浓度

类别	名称	浓度/%	性质
氮肥	多肽尿素 双尿铵	0.3～0.5 0.3～0.4	中性 酸性
磷肥	硝基磷酸铵	0.4～0.5	酸性
磷钾复合肥	磷酸二氢钾	0.2～0.3	酸性
钾肥	靓果高钾 硝酸磷钾	0.3～0.4 0.4～0.5	酸性 酸性

在具体施用时，苗期应用低浓度的，坐果前后可用高浓度的。如尿素，在苗期施用浓度以0.2%～0.3%为宜，坐果前后可提高到0.4%～0.5%，浓度不可超过0.5%。在施用时应注意以下几个问题：

（1）必须严格掌握浓度。如果浓度太高，不但不能渗透乳细胞内部，反而会把细胞内部的水分吸出来，极易造成肥害灼苗。施用中也应注意使肥液均匀，防止喷雾器底部的肥液浓度过高。

（2）施用肥料以尿素和磷酸二氢钾为主，但因各地的产品性能不同，为了稳妥起见，在施用之前应先进行试验，防止发生不良反应。

（3）与农药等混用时，注意其酸碱性要合适，酸性肥料只能与酸性农药相混，酸性肥料不能与碱性农药相混，只有中性肥料才可以与酸性或碱性农药相混，否则会互相影响效力，甚至会全部失效。

（4）不要在中午前后强烈的阳光下施用，以免气温高、蒸发快、肥液损失大、追肥效果差，或发生肥害。

（5）喷洒时以叶面均匀喷到为止，特别要注意喷叶子背面，因叶子背面气孔多，更利于吸收利用。

三、日光温室西瓜怎样合理安排茬口?

日光温室西瓜的茬口大致为两茬，即秋冬茬和冬春茬。

秋冬茬8月中旬至9月初播种育苗，9月中旬至10月初定植，供应元旦、春节市场。此茬口育苗、定植期温度较高，条件好，因此育苗容易、移栽成活好、植株前期生长较好；而后期温度、光照等条件逐渐变劣，一般坐果较困难、果较小。因育苗期处在高温阶段，蚜虫等传播病毒病的病源也多，因此病毒病发生较严重，要特别注意防治。

冬春茬在12月上中旬至元月初播种育苗，立春前后定植，“五一”节前后上市。此茬口育苗期温度偏低，必须在苗床铺地热线或用其他设施加温，早期生长缓慢，但生育后期温度、光照条件趋优，坐果及果实膨大良好，单果重较高、产量高。

四、西瓜病虫害防治有什么绝招?

有窍门，但不是简单的“绝招”，而是以防为主、防治结合的综合防治方法。

1.农业防治

以综合农业措施减少病虫害的发生。集中种植，分区轮作；清洁田园，减少病虫源；选用抗病品种、种子消毒以杜绝因种子带菌而感染病害；施用营养成分全面的生物有机肥，增强植株抗性；加强田间管理，创造适宜植株生长的良好环境，促进植株健壮生长，提高植株抗病能力。

2.药剂防治

药剂吸收快，防治效果好，使用方便，不受地区和季节的限制，是综合防治病虫害的重要环节。首先，选用的农药要有针对性，对症下药才能发挥药效，最好选用同时能防治几种病害的农药，如多菌灵、托布津等。根据药剂的有效期定期喷药，起到预防的作用。治病则应早发现、早治疗，把病虫消灭在初发阶段，防止扩大蔓延。其次，正确掌握用药浓度，一般前期浓度低些，而生长的中后期浓度高些；轮换使用农药，避免病虫产生耐药性；农药、液肥混用时，提倡杀菌剂、杀虫剂与叶面肥混用，达到既防治病虫，又增加植株营养的目的，一举三得，提高工效。还要注意安全用药，减少污染。

五、怎样诊断并防止西瓜肥害和药害?

（一）肥害的诊断

1.发生肥害的原因

棚室栽培西瓜一般使用化肥较多，而近几年生产的新型化肥，特别是有些叶面肥、冲施肥中添加了一些植物生长调节剂和微量元素，剂量一多就会产生叶面肥害或“激素”药害。使用的有机肥如果未经腐熟，在西瓜定植时作基肥（穴肥）或植株生长期间作追肥，也易发生肥害。

2.肥害的诊断

主要看植株根系和叶片症状。例如根系呈褐色而无黏稠物、无菌；整株叶片生长发育不良或基部叶片黑绿，顶端叶片黄绿，无叶斑。严重时，根部导管变褐而无菌。如有以上症状，即可诊断为肥害。如果出现叶片僵化、褪绿、变脆、畸形、抑制生长等症状时，多为植物生长激素或微量元素肥料毒害所致。

3.防治方法

棚室栽培西瓜，定植后一定注意棚室的通风换气；施入的基肥一定要腐熟、较深；追肥时，铵态氮肥不可撒施或地面冲施，一定要开穴（沟）施，并与土掺匀、封平穴（沟）。育苗营养土的配制应严格控制化肥用量，不可估计用量。凡能足量使用腐熟有机肥的，就尽量不用化肥作育苗营养土的肥源。严格喷施叶面肥，要做到剂量准确、配方合理、喷施均匀。

（二）药害的诊断

1.药害的种类

近年来，发生药害的种类有所增加，到目前为止已发现有喷药药害、熏蒸药害、飘逸药害、激素药害等。

2.发生药害的原因

（1）农药使用不当　浓度（剂量）不当、多种农药或药肥混配不当、喷药前喷施除草剂的喷雾器未经认真冲洗等都会发生“喷药药害”。尤其是苗期农药的使用浓度和药液量更应严格掌握；机械化喷施时，更要严格计算药量和喷速。在选择药品种类时，尽量使用络合锰锌复配的药品，并要按照农药包装袋上推荐使用的安全浓度（剂量）和方法使用。否则将会发生喷药药害。

（2）密闭高温条件下用药　在密闭的棚室中使用除草剂、粉剂、烟雾剂等，特别是在高温条件下，这些农药会蒸发出一些有害气体熏蒸西瓜蔓叶，发生熏蒸药害。

（3）激素类毒害　在西瓜生产中，有时为了促进（弱苗）或抑制（徒长苗）植株生长或促进果实膨大、早熟等，常使用一些激素类药物。例如在西瓜果实膨大期使用“98%的细胞分裂素”，如果使用时只注意浓度，而忽略了西瓜自身膨大阶段的极限、用量过多、激素只对某一部位起刺激作用等特点，不能严格掌握使用时间、剂量和方法就易发生激素药害。

（4）瓜田附近喷药　瓜田临近果园、菜园时，当其喷药时突遇大风，在下风口的西瓜苗（植株）就很易遭受“飘逸药害”。另外，在瓜田使用除草剂不当也易发生药害。

3.药害症状

（1）剂量过大时，西瓜叶片会发生急性黑褐色烧灼斑；喷施过量杀虫剂、杀菌剂会使西瓜叶片产生白色斑点。

（2）西瓜遭受有害气体熏蒸而发生熏蒸药害时，叶片黄化上卷，叶缘尤甚。

（3）西瓜遭受激素类毒害时，瓜蔓、叶片，特别是顶端生长点均出现畸形；尚未成熟的果实突然崩裂。

（4）西瓜遭受除草剂毒害时，蔓叶发生失绿烧灼性脱水状，严重时叶片干枯瓜蔓变成黑褐色。

4.防治方法

（1）使用压力大、雾化好的喷雾器，而且使用前要洗刷干净。喷施除草剂的喷雾器最好专用。

（2）谨慎使用多种药剂混配或肥药混配，掌握好激素类生长调节剂的使用种类、剂量、时间、方法等。

（3）在棚室内喷药应及时通风换气。

（4）配药时严格称量药、水，不可估计用量。喷施中药液应摇匀、喷匀，不漏喷、不重喷。

（5）西瓜田要使用选择性除草剂，并且要先喷施除草剂后种植西瓜。育苗移栽西瓜也必须先作畦、喷施除草剂，然后再挖穴定植西瓜。棚室内使用除草剂尽量采用地膜或多层覆盖，即一层地膜一层或多层棚膜。这样地膜可有效地防止除草剂的“熏蒸药害”。对于一膜两用的栽培方式，尽量不使用除草剂。多层覆盖栽培西瓜也可防止“飘逸性药害”。

（6）对已受到药害的植株，如果症状较轻或者还未伤及到生长点，则可以加强肥水管理，促进康复生长。小面积药害（除激素药害），可喷施0.5毫克/千克赤霉素或3.4%碧护可湿性粉剂7500倍液调理，以缓解药害。

六、怎样“种”出有字西瓜？

有字西瓜是当果实发育到一定阶段通过在果面贴字的方法“晒”上去的。具体方法是首先选好贴字材料，这是带字西瓜成功与否的关键，既要考虑到瓜农操作简便，易于接受，又要考虑到剪的字能够防水防潮、防透光和在西瓜表皮上粘贴得住、不脱胶等因素。因此采用“黑色即时贴”是最佳选择，它的好处是自带粘胶、粘字牢固、纸薄、防水、防透光、弹性好、不易拉断、操作简便、也可采用上等品牌防潮香烟盒作剪字材料。材料选好后用电脑将喜、贺、福、寿、吉、发、万事如意、恭喜发财、生日快乐、祝你平安等喜庆吉祥字词打印成标准美观的字体提供给农户，农户用复写纸临摹于即时贴或香烟盒上刻（剪）字，以降低电脑刻字的成本，提高经济效益。西瓜从坐果到成熟转色前均处在膨大期，雌花开花后至成熟需30～32天，过早贴字易在西瓜膨大过程中造成字形移位，影响贴瓜的粘胶性能；过迟贴字瓜皮老化，贴后西瓜表皮字迹不明显或显现不出字迹，因此，应当掌握在西瓜未成熟转色之前的半个月进行。选瓜形好、单瓜大的贴，将剪好的贴字贴于西瓜的侧面，贴后覆盖稀薄草类用于遮阳，以防止夏季高温造成“黑色即时贴”吸热烫伤西瓜表皮。经过15～18天，西瓜成熟采摘时再揭去贴纸，西瓜表皮上就会有明显的黄白字迹，即可上市销售。

七、无籽西瓜的种子是怎样培育出来的?

生物细胞核内的染色体是遗传的物质基础，各种生物的染色体都有一定的大小、形状和数目。有性繁殖的植物，在体细胞核中都具有来自父本植物和母本植物双方的两套染色体。这是因为，植物的体细胞在一分为二时，其染色体也分裂开，数量各为原细胞的一半，所以叫减数分裂。待雌雄生殖细胞结合在一起时，其染色体又恢复到原来的数量，就这样保持了染色体数量代代不变。西瓜的染色体基数是11条，体细胞内的染色体为基数的2倍，所以普通西瓜是二倍体西瓜，即体细胞内的染色体是11对=22条。

（一）四倍体西瓜的诱变

用一定浓度的秋水仙碱溶液处理二倍体西瓜的种子或幼苗后，可使体细胞内的染色体加倍成为22对=44条。经选择、稳定，就是四倍体西瓜。具体处理方法有以下几种：

1.浸种法

种子消毒后，浸入0.4%秋水仙碱溶液中，放在25℃左右条件下，经36小时取出，清水冲洗，用湿纱布包起，放在25℃条件下催芽。

2.滴苗法

普通西瓜出苗后，在子叶尚未展开至真叶破心前，用滴管将0.2%～0.4%秋水仙碱溶液滴在西瓜幼苗顶端的生长点上。每天上午7～9时（没有露水）和下午4～6时各滴一次，每次1～2滴，连续4～5天。为使药液保持时间长些，可在西瓜幼苗生长点放一个小棉球，将药滴在棉球上。

3.涂抹法

用1%秋水仙碱溶液4～6毫升、羊毛脂膏10克，充分混匀，制成秋水仙碱羊毛脂膏。当西瓜幼苗子叶尚未充分展开、真叶未出现时，取少许秋水仙碱羊毛脂膏抹在生长点上。抹时动作要轻缓，只要能与生长点密切接触就行。每棵子叶苗只抹一次。

4.种芽倒浸法

先将西瓜种子消毒、浸种、催芽，待胚根长0.5～1厘米时，使胚根向上，把子叶连同种皮倒着浸入0.2%～0.4%秋水仙碱溶液中，上面盖湿纱布，防止胚根失水。放在30℃条件下，浸15～17小时。然后用清水冲洗2次即可播种。

（二）用秋水仙碱溶液处理西瓜种子或幼苗时应注意的问题

1.掌握好处理部位和时机

秋水仙碱只在西瓜体细胞减数分裂时才能发挥作用，使正在分裂的体细胞加倍，即由二倍体变为四倍体，而对处于静止状态的体细胞没有作用。因此，除浸种法外，采用其他方法一定要把药液及早置于生长点上。因为西瓜幼苗生长点细胞分裂活跃，诱变的可能性最大，时间过晚或部位不当都不起作用。

2.重复处理

单用一种方法处理种苗，得到合乎要求的四倍体西瓜较少。最好在采用浸种法后，再用滴苗法或涂抹法处理一次，以争取获得更多的四倍体西瓜。

3.防止药害和注意安全

要严格掌握秋水仙碱的浓度及浸种时间，浓度过高或时间过长，都可能发生药害。种子或种芽处理后一定要用清水冲洗，洗净药液后再播种。秋水仙碱有剧毒，操作时一定要注意安全，人体任何部位都不要直接与药液接触。

4.提前播种

经秋水仙碱溶液处理过的西瓜种子，幼苗的生长点受到抑制，苗期生长缓慢。所以播种期应比一般西瓜提前10～15天。特别是在没有保护设施的条件下，开花结果延迟，遇到雨季或低温就会影响授粉和坐瓜，即使已经诱变成四倍体的西瓜，也很难收到种子，将会前功尽弃。

（三）怎样鉴定四倍体西瓜？

四倍体西瓜的鉴定方法有直接鉴定（细胞鉴定）和间接鉴定。直接鉴定，就是在显微镜下检查根尖细胞或花粉母细胞，直接计算细胞内染色体数目，即可确定被诱变植株是否变成四倍体。这种方法复杂，而且需要高倍显微镜等设备，一般不常用。生产上多采用间接鉴定法。间接鉴定法又可分为形态鉴定和交配鉴定。

1.形态鉴定

四倍体西瓜在形态方面与二倍体西瓜从幼苗、花蕾、果实到种子方面都有明显的区别。鉴定时，首先看幼苗的蔓、叶、节间、分枝等。凡是诱变成四倍体的西瓜，其蔓短而粗，而且生长缓慢；叶片宽厚、缺刻浅、裂片宽、先端较圆、叶缘锯齿细长而密、叶色深绿，特别是第7～8片真叶后的叶片，在形态上与二倍体西瓜的区别更为明显；节间变短；分枝少且短。再从花蕾上看，与诱变前的二倍体西瓜相比，凡是变成四倍体的西瓜，雌、雄花蕾都明显变大，花冠也变大。雄蕾花冠和花粉粒要增大0.5～1倍，雌花花冠和子房也明显增大。对这样明显变异的植株，应及早在花蕾上套袋，进行人工自交授粉。最后从果实和种子上看，凡是变成四倍体的西瓜果实，果形变短圆、发育缓慢、瓜皮变厚、甜度增加；种子变得较大较圆、种皮变厚、种脐宽而厚，种子数量明显减少（如果诱变前单瓜种子为300～500粒，那么，变成四倍体后仅30～50粒）。经过以上幼苗、蔓叶、花蕾、果实、种子的区别鉴定，凡是发生明显变异特征的，可以初步确定为准四倍体西瓜。

2.交配鉴定

就是借用已知的四倍体西瓜和二倍体西瓜为标准，与被诱变并初步确定的准四倍体西瓜进行人工授粉杂交，然后再根据杂交果实和种子特征来判断其植株为几倍体。办法是：对“准四倍体”，每株选留二个雌花留瓜，其中一个进行套袋自交，以便进行果实和种子鉴定，生产四倍体西瓜种子；另一个雌花用已知的，例如“四倍体一号”为父本进行杂交，如果所结的果实中只有发育较好的空壳种子，而没有种胚时，就可以确定被鉴定的植株是二倍体西瓜，即尚未变成四倍体；如果所结的果实中只有未发育的种胎（泡状，比嫩黄瓜种还小）时，就可以确定被鉴定的植株是三倍体西瓜，即无籽西瓜；如果所结的果实中有发育完全、形状较大、脐部宽厚的种子时，就可以确定被鉴定的植株是四倍体西瓜了。经鉴定诱变成四倍体的西瓜，还要经过多次选择，才能培育成优良的四倍体西瓜品种。

（四）无籽西瓜的形成

以四倍体西瓜为母本，普通二倍体西瓜为父本进行杂交，所结的西瓜种子就是无籽西瓜种子。由无籽西瓜种子所长成的植株，它的体细胞内的染色体是33条，所以也叫三倍体西瓜。

八、怎样采收和保存无籽西瓜的种子?

生产无籽西瓜的种子与普通西瓜的种子不同，为争取收到更多、发芽率高的优良种子，采种时应做到以下几点：

（一）掌握成熟程度

无籽西瓜种子的种胚发育不充实，种瓜必须充分成熟才能采收。采收时，应选择生长健壮、无病虫害植株上的果实留种，腐烂瓜不能选留；未充分成熟的果实，采摘后应放置阴凉干燥的室内，后熟5天左右，方可破瓜取籽，以提高种子发芽率。

（二）破瓜取籽

无籽西瓜种子产量低，破瓜取籽时，必须先将瓜切成小瓣，用清洁的小竹签把种子一粒一粒地取出。破瓜取籽需要在晴天进行，取籽后及时搓洗净和晒干。切勿在阴雨天破瓜取籽，否则种子不能及时晒干，容易霉变影响发芽率。

（三）晒种

种子摊晒时，应每隔1～2小时翻动一次。如果阳光过于强烈，种子需用纱罩盖上，防止烈日暴晒。不能将种子直接放在水泥地或者铁板上摊晒，以免烫伤种子。

（四）种子存放

种子晒干后装入布袋中，放在通风干燥处贮藏。采用混合制种的种子，还需进行种子分类。分类时，除将三倍体无籽西瓜种子、四倍体种子分开外，还应把杂籽、劣籽拣出。种子贮藏过程中，要由专人负责，单独存放，防止种子受潮发霉、机械混杂及鼠害虫害，确保种子质量。

九、引进推广西瓜良种时应注意哪些问题?

随着西瓜生产的不断发展，对优良品种的需要量也越来越多。尤其是一些新瓜区，品种大多从外地引进。即便是老瓜区，由于更新品种的需要，也常常引进外地新品种。在引进推广西瓜良种时，应注意以下几个问题：

（一）要了解品种特性

任何优良品种都有其一定的适应范围和特殊要求，不同的自然条件和生产条件下，品种的优良性状发挥得也就不同，有时甚至还会造成减产。因此，对所要引进的西瓜良种，首先要了解清它是旱瓜生态型，还是水瓜生态型、耐空气干燥生态型，它对温度、光照等环境条件的要求，生育期的长短等，以便根据当地情况确定是否引进，引进后如何试验等。

（二）进行小面积品种比较试验

对引进的西瓜品种，在正式生产栽培之前，先要进行小面积试种。具体做法是，在当地栽培条件下，将引进品种与当地生产上推广的品种，分行排列种植在同一试验田里，以当地推广的品种为对照（标准），观察、比较它们的优劣，这种试验叫做品种比较试验。经过2～3年的品种比较试验，如某个（或几个）品种的综合经济性状确实比当地推广品种优良，就可以大量引进、推广，大面积种植。应该注意的是，切不可只根据一年的比较试验结果，就轻率地作出能否大面积推广的结论。

（三）提出推广意见

通过品种比较试验后，要及时进行总结，提出该品种的适应范围和栽培技术要点，以便尽快地发挥优良品种的经济效益和社会效益。有条件的单位，还可以将引进的品种作为育种原始材料，进一步培育成更加完美的新品种。

（四）调运种子时应经有关部门检疫

对引进的西瓜种子首先要有当地检疫部门的检疫证书，以免检疫对象（例如病毒、镰刀菌及某些危险性病虫害、杂草种子等）传染危害。种子调回后，最好再经本县（市）检疫部门进行复检。

十、怎样生产西瓜杂交一代种子?

西瓜杂交一代具有明显优势，可以提高植株的生长势和抗病性，增加产量、改善品质，一般可增产20% ～ 30%。配制杂交一代种子的方法可以采用自然授粉和人工授粉两种方法。自然授粉时按母本4、父本1的比例隔畦种植在一个隔离区内，待母本雌花开放时，摘除母本植株上的所有雄花，迫使母本接受父本的雄花花粉结成果实，采得的种子即为杂种一代的种子。此法不必人工授粉，但必须彻底摘除母本雄花，否则会产生假杂种，影响种子的质量。采用人工授粉时，母本可成片栽植，有条件的可设隔离区同时繁殖母本种子；父本按母本的1/10单独种植。在母本主蔓上第二、三朵雌花开放时，是留种授粉的适宜时间，要求能提供大量父本的雄花，因此父本要比母本提前1周播种，或同期播种后用塑料薄膜早期覆盖，促进发枝开花，使父母本花期相遇。人工授粉的，清晨采摘当天开放的雄花花蕾置铝盒内，待其自然开放；雌花开放的前一天傍晚或当天清晨开放前，用长4 ～ 5厘米、宽2厘米顶部封好的小纸箱套住花蕾，待早晨6点至9点半时授以父本的雄花花粉，授粉后仍套上纸筒，并挂授粉牌或做上标志。人工授粉结成的果实就是杂种一代的留种瓜，成熟时单独采种。人工授粉的制种关键：一是要掌握好授粉时期，如授粉时期推迟，植株自然坐果，杂交率明显降低。在这种情况下，应摘除基部自然坐果的幼果，提高人工授粉的坐果率；二是开始授粉时父本的花期相遇，就是说，这时父本的雄花也开始开花。人工控制授粉在晴天气温高的情况下，结实率可达30% ～ 40%，如连续进行10 ～ 15天，争取每株能结1 ～ 2个瓜，则每667平方米的制种量可达15千克以上。

十一、怎样进行加代繁育西瓜良种?

加代繁育就是增加一年中的繁殖世代，这是加速良种繁育的一种有效方法。西瓜每年只能繁殖一代，现采取措施改为每年繁殖两代，就是加代繁育。西瓜种子加代繁育，目前有两种方法：一种是春种秋繁法，一种是南繁加代法。

（一）春种秋繁法

即早春播种，6月底至7月初采种，然后立即再播种，9月下旬10月上旬又可采种。这样一年可栽种和采种两次。对生育期长的品种，或在无霜期短的地区，可以在种瓜生长后期用塑料拱棚覆盖保温。

（二）南繁加代法

就是在冬季去海南岛栽植制种西瓜，将采得的种子拿回当地种植。用这种方法采种可靠，种子产量较高，但费用较高。地点一般选择在三亚市陵水县和乐东县。去海南岛繁育种子应注意以下几点：

1.要求严格的播种期

以10月20日至11月5日播种最为适宜，如播种期晚于11月10日则效果显著不好。

2.增施肥料

播种前施入足够的有机肥料作基肥，生产期中多次适时追肥是获得西瓜种子高产的关键。崖县一般土地瘠薄，最好每667平方米施有机肥料1500～2500千克，以后根据需要在定苗、伸蔓、坐瓜及膨瓜期施追肥。追肥原则上应多次追施，每次用量要少。

3.适时浇水

这是促进西瓜良好生育的保证。浇水方式以在棵后开沟、在沟中浇水为宜，不要进行大水漫灌。一般应浇水4～6次。

4.及时松土除草

自幼苗出土后就要及时多次松土、除草，以保证瓜苗健壮、迅速生长。同时加强其他田间管理工作，以促进早长。

5.要避免连作，及时防治病虫害

6.采种时要做到瓜不熟不收，种子不熟不采。采种时最好实行破瓜掏籽及切薄片挑籽的方法

十二、阳台上能种西瓜吗？

正如阳台上能种某些蔬菜和花卉一样，也可以种某些品种的西瓜。现将双星种业提供的栽培要点介绍如下：

（1）用直径30厘米以上的花盆或废旧保温箱装入30～40厘米营养土，以备播种或栽苗。

（2）买小型西瓜品种种子，如红小玉、黑美人、黄小玉、秀玉、春蜜等，大型西瓜在阳台上很难长好。

（3）种子用水浸3～4个小时，然后播种到浇透水的土壤里，盖上干土（盖土后不要马上浇水，不然土壤板结，苗很难出来）。

（4）小苗出土后，按正常管理浇水，水不可太多，防止烂根。

（5）瓜苗长大后，需进行整枝理蔓，让瓜蔓沿着一个方向，或者用一条竹竿或者绳子拉起来，让卷须盘在竹竿或绳子上，这样瓜苗就可以向上生长了。

（6）施肥。用市售复合肥比较好，平时也可以浇些淘米水。

（7）授粉。西瓜花有雌花和雄花两种。下面有小瓜的是雌花。西瓜开花后用当天开放的雄花在当天开放的雌花上涂抹，让雄花的花粉散在雌花的柱头上，即辅助授粉。这点非常重要。在阳台上种瓜，不授粉是不能结瓜的。

（8）西瓜开始长大时，如果是用竹竿或者绳子把蔓拉起来的，就要用网兜挂起，否则瓜长大了藤拉不住就会断掉。

（9）等瓜充分长大，皮上花纹开始变得清晰时就可以收获了。

第九章 西瓜的采收与运输

第一节　西瓜的采收

一、采收适期

采收过早过晚，都会直接影响西瓜的产量和质量，特别是对含糖量以及各种糖分的含量比例影响更大。用折光仪只能测定出可溶性固形物的浓度，一般称为全糖量。但是西瓜所含的糖，有葡萄糖、果糖和蔗糖等，其甜度各不相同，若以蔗糖甜度为100%，则葡萄糖甜度为74%，而果糖甜度则为173%，麦芽糖甜度仅为33%。成熟度不同的西瓜，各种糖类的含量不同，最初葡萄糖含量较高，以后葡萄糖含量相对降低，果糖含量逐渐增加，至西瓜十成熟时，果糖含量最高，蔗糖含量最低。但是西瓜十成熟之后，葡萄糖和果糖的含量相继减少，而蔗糖的含量则显著增加。因此，不熟的西瓜固然不甜，过熟的西瓜甜度也会降低。所以正确判定西瓜的成熟度，在其果糖含量最高时采收是保持西瓜优良品质的重要一环。

二、西瓜的成熟度

根据用途和产销运程、西瓜的成熟度可分为远运成熟度、食用成熟度、生理成熟度。

远运成熟度可根据运输工具和运程确定。如用普通货车运程在5～7天者，可采收八成半至九成熟的瓜；运程在5天以下者，可于九成时采收。当地销售者可于九成半至十成熟时采收。食用成熟度要求果实完全成熟，充分表现出本品种应有的形状、皮色、瓤质和风味，含糖量和营养价值达到最高点，也就是所说的达到十分成熟。生理成熟度就是瓜的发育达到最后阶段，这时种子充分成熟、种胚干物质含量高、胎座组织解离、种子周围形成较大空隙。由于大量营养物质由瓜瓤流入种子，而使瓜瓤的含糖量和营养价值大大降低。所以，只有供采种用的西瓜才在达到生理成熟度时采收。

三、判断西瓜成熟度的方法

西瓜生熟的程度叫做成熟度。判断西瓜成熟度的方法有几种，可灵活掌握，综合运用。

（一）目测法

根据西瓜或植株形态特征，树标对比。首先是看瓜皮颜色的变化，由鲜变浑，由暗变亮，显出老化状态。这是因为当西瓜成熟时，叶绿素渐渐分解，原来被它遮盖的色素如胡萝卜素、叶黄素等渐渐显现出来。不同品种在成熟时，都会显出其品种固有的皮色、网纹或条纹。有些品种（如黑蜜二号、蜜宝、核桃纹、大青皮等）成熟时的果皮变得粗糙，有的还会出现棱起、挑筋、花痕处不凹陷、瓜把处略有收缩、坐瓜节卷须枯萎1/2以上等。此外，瓜面茸毛消失、发出较强光泽，以及瓜底部不见阳光处变成橘黄色等均可作为成熟度的参考。

（二）计日定熟法

也叫标记法。西瓜自开花至成熟，在同一环境条件下大致都有一定的天数。如庆农5号32天、京欣八号35天、庆农6号33天、京欣七号32天、京欣二号28天。一般极早熟品种从开花到成熟（果实发育期，下同）需24～28天，早熟品种需28～30天，中熟品种需30～35天，晚熟品种需35～40天。同一品种，早春西瓜头茬瓜较二茬瓜晚熟3～5天。对同一时期内坐的瓜纽立一标记，可参照上述品种所列时间计日收瓜，漏立标记者可参考坐瓜节位和瓜的形态采收。这种方法对生产单位收瓜十分可靠。但由于不同年份气候有差异，使瓜的生长期略有不同，如果按积温计算更为可靠，如蜜宝的发育积温约为1000℃。

（三）物理法

主要通过音感和密度鉴定西瓜成熟度。当西瓜达到成熟时，由于营养物质的转化，细胞中胶层开始解离，细胞间隔隙增大，接近种子处胎座组织的空隙更大。所以当用手拍击西瓜外部时，便发出浊音。细胞空隙大小不同，发出的浊音程度也不同，借以可判定其成熟度。或者一手托瓜，一手拍瓜，托瓜之手感到颤动时，根据其颤动程度可判定成熟度。一般说来，当敲瓜时，声音沉实清脆多表示瓜尚未成熟；当声音低浊时则多表示接近成熟，当发出闷哑或“嗡嗡”声时，多表示瓜已熟过。但只限于同一品种间相对比较，不同品种常因含水量、瓜皮厚度及皮“紧”、皮“软”等不同，其声差别很大。

当西瓜成熟后，密度通常下降。因此，同品种同体积的西瓜，不熟者比成熟者重，熟过（倒瓤）者比成熟者轻。应用本法时，可先选好“标”（对照），同体积的瓜以手托瓜衡量其轻重。

四、采收方法

准备贮藏保鲜的西瓜，宜从瓜形圆整、色泽鲜亮、瓜蔓和果皮上均无病虫害的果实中挑选。采收时间最好在无雨的上午进行。因为西瓜经过夜间的冷凉之后，散发出了大部分的田间热，瓜体温度较低，采收后不致因瓜温过高而加速呼吸。如果采收时间不能集中在上午进行，也应尽量避开中午的烈日，到傍晚时再进行采收。准备贮藏的西瓜达到成熟要求时，若遇连阴雨而来不及采收时，可将整个植株从土中拔起，放在田间，待天晴时再将西瓜割下，否则西瓜因含水量过大而引起崩裂。用于贮藏的西瓜至少应在采摘前1周停止灌水。采摘时应连同一段瓜蔓用剪刀或镰刀割下，瓜梗保留长度往往影响贮藏寿命（表9-1）。这可能是与瓜蔓中存在着抑制西瓜衰老的物质及伤口感染距离有关。另外，采收后应防止日晒、雨淋，而且要及时运送到冷凉的地方进行预冷。采下的西瓜应轻拿轻放，用铺有瓜蔓或木屑的筐搬运，并尽量避免摩擦。

表9-1　瓜梗保留长度与贮藏的关系

处理	10天后发病率/%	20天后发病率/%	30天后发病率/%
基部撕下	16	36	82
保留3厘米	0	4	18
保留8厘米	0	6	14
两端各带半节瓜蔓	0	0	8
两端各带一节瓜蔓	0	0	12

第二节　西瓜的包装及运输

采收后的西瓜在运往贮藏场所时，应进行包装（图9-1）。西瓜的包装最好用木箱和纸箱，木箱用板条钉成，体积为60厘米×60厘米×25厘米，箱的容量为20～25千克，每箱装瓜4个。近年来，为了节省木材，已逐步发展成采用硬纸箱包装。西瓜装箱时，每个瓜用一张包装纸包好，然后在箱底放一层木屑或纸屑，把包好纸的西瓜放入箱内。若采用西瓜不包纸而直接放入箱内的方法时，每个瓜之间应用瓦楞纸隔开，并在瓜上再放少许纸屑或木屑衬好，防止磨损，之后盖上盖子，用钉子钉好，或用打包机捆扎结实，以备装运。贮藏用瓜运输时要特别注意避免任何机械损伤。异地贮藏时，必须用上述包装方法轻装、轻卸，及时运往贮藏地点。途中尽量避免剧烈震荡。近距离运输时可以采用直接装车的方法，但车厢内先铺上20厘米厚的软麦草或纸屑，再分层装瓜。装车时大瓜装在下面，小瓜装在上面，减少压伤，每层瓜之间再用麦草隔开，这样可装6～8层。

图9-1　西瓜包装上市

第十章 西瓜病虫草害防治

第一节 病害防治

一、西瓜叶枯病

西瓜叶枯病，多在西瓜生长中后期发生，一旦发生，如不及时防治，常造成叶片大量枯死，严重影响西瓜产量和品质。近几年有蔓延发展的趋，在全国各西瓜产区均有发生。

（一）发病征状

初期叶片上出现褐色小斑点，周围有黄色晕，开始多在叶脉之间或叶缘发生，病斑近圆形，直径0.1～0.5厘米，略呈轮纹状，很快形成大片病斑，叶片枯死（图10-1）。瓜蔓无病斑，不枯萎。

图10-1　叶枯病

（二）发病规律

以菌丝体和分生孢子在土壤中或病株残体上、种子上越冬，成为次年（季）初侵染来源。分生孢子借气流传播，形成再侵染，病害会很快进行传染。病菌在10～35℃条件下均能生长发育。一般多发生在西瓜生长中期。西瓜果实膨大期，若遇到连阴天最易发病。

（三）防治方法

在发病初期，选用“70%安泰生”600倍液，或“20%噻唑锌”500倍液，或“40%施佳乐”600～800倍液，或“50%扑海因”1500倍液喷雾防治，10天喷1次，连喷2～3次。此外，还有10%苯醚甲环唑乳剂、20%丙环唑乳剂或20%科献乳剂等。施用剂量因不同厂家、不同规格与含量而有所不同，请参阅该包装上的使用说明进行施用。

二、西瓜蔓枯病

西瓜蔓枯病又叫黑腐病、斑点病。西瓜的蔓、叶和果实都能受其为害，而以蔓、叶受害最重。

（一）为害症状

叶子受害时，最初出现黑褐色小斑点，以后成为直径1～2厘米的病斑。病斑圆形或不正圆形，黑褐色或有同心轮纹。发生在叶缘上的病斑，一般呈弧形。老病斑出现小黑点。病叶干枯时病斑呈星状破裂。

连续阴雨天气，病斑迅速发展可遍及全叶，叶片变黑而枯死。蔓受害时，最初产生水浸状病斑，中央变为褐色枯死，以后褐色部分呈星状干裂，内部呈木栓状干腐。

蔓枯病与炭疽病在症状上的主要区别是，蔓枯病病斑上不产生粉红色黏物质，而是生有黑色小点状物（图10-2、图10-3）。

■图10-2　蔓枯病西瓜蔓

■图10-3　蔓枯病西瓜叶

（二）发病规律

西瓜蔓枯病是一种子囊菌侵染而成的。病菌以分生孢子器及子囊壳附着于被害部混入土中越冬。来年温湿度适合时，散出孢子，经风吹、雨溅传播为害。种子表面也可以带菌。病菌主要经伤口侵入西瓜植株内部引起发病。病菌在5～35℃的温度范围内都可侵染为害，20～30℃为发育适宜温度，在55℃温度条件下，10分钟即死亡。高温多湿、通风透光不良、施肥不足而植株生长衰弱时，容易发病。

（三）防治方法

（1）播种前用“60%高巧”0.5～1倍拌种，阴干后播种，防止种子传病。

（2）加强栽培管理　创造比较干燥、通风良好的环境条件，并注意合理施肥，使西瓜植株生长健壮，提高抗病能力。要选地势较高、排水良好、肥沃的沙质壤土地种植。防止大水漫灌，雨后要注意排水防涝。及时进行植株调整，使之通风透光良好。施足基肥，增施有机肥料，注意氮、磷、钾肥的配合施用，防止偏施氮肥。发现病株要立即拔掉烧毁，并喷药防治，防止继续蔓延为害。

（3）药剂防治　瓜苗定植后，及时穴浇“20%噻唑锌”500倍液，或“72%农用链霉素”等药液，每株50～100毫升，每10～15天1次，连续浇灌2～3次。西瓜坐瓜以后，在发病初期选用“20%噻唑锌”500倍液+“43%富力库”3000～4000倍液喷雾根部，可停止发病，植株恢复健壮，保证西瓜生长。

三、西瓜炭疽病

西瓜炭疽病俗称黑斑病、洒墨水。炭疽病是瓜类作物的常见病，主要为害西瓜和甜瓜，也为害黄瓜、冬瓜等。此病除在生长季节发生外，在贮藏运输中也可发病，使西瓜大量腐烂。

（一）为害症状

炭疽病主要为害西瓜叶片及果实，也为害幼苗及瓜蔓；主要在西瓜生长的中、后期发生。幼苗期发病，茎基部病斑黑褐色，缢缩，以致幼苗突然倒伏死亡。子叶受害时，多在边缘出现圆形或半圆形病斑，呈褐色，上边长出黑色小点及淡红色黏稠物。这是病菌的分生孢子盘及黏孢子团。叶片发病，最初呈水浸状圆形淡黄色斑点，很快变为黑色或紫黑色的圆斑，外围有一紫黑色晕圈，有的出现同心轮纹。病斑干燥时容易破碎。严重时病斑汇合成大斑，叶片干枯死亡（图10-4、图10-5）。蔓、叶柄、果实均可发病，病斑圆形或纺锤形，黑色，稍凹陷。病果上着生许多小黑点，呈环状排列（图10-6）。潮湿时，病斑上生出粉红色的黏物质。幼果受害后，发育不正常，多呈畸形。

■ 图10-4　嫩叶炭疽病斑

（二）发病规律

西瓜炭疽病是由半知菌黑盆孢科炭疽菌属真菌侵害引起的。病菌在土壤中的病残体上或在种子上越冬。种子带菌可侵入子叶。病菌的分生孢子，主要靠风吹、雨溅、水冲及整枝压蔓等农事活动传播。湿度大是诱发此病的主要因素，在温度适宜、空气相对湿度87%～95%时，病菌的潜育期只有3天，相对湿度低于54%时，此病不能发生，温度在10～30℃范围都可以发病，最适温度为20～24℃。湿度越大，发病越重，高温低湿发病轻或不发病，另外，酸性土壤（pH 5～6）、偏施氮肥、排水不良、通风不佳、西瓜植株生长衰弱，以及重茬地发病均严重。

■ 图10-5　西瓜炭疽病病果

■ 图10-6　老叶炭疽病斑

西瓜果实贮藏运输中亦可发病，

并随果实成熟度而发展，果实越老熟，越易感染发病，果皮上的病菌是从田间带来的，雨后或浇水后马上收获，再放在潮湿的地方，发病更甚。

（三）防治方法

1.选用无病种子或种子消毒

要从无病植株、健康瓜内采种。如种子可能带有病菌，应进行浸种消毒。

2.加强栽培管理

曾发生过西瓜炭疽病的地，要隔3～4年再种西瓜，也不要种其他瓜类作物。西瓜要适当密植和及时进行植株调整，使之通风透光良好。不要用瓜类蔓叶沤肥，要施用不带菌的净肥，注意增施磷、钾肥，使西瓜生长健壮，不要大水漫灌，雨后注意排水防涝，果实下部要铺草垫高。随时清除病株、病叶，并烧毁。

3.防止运输和贮藏中发病

要适时采摘，严格挑选，剔除病伤瓜，用40%福尔马林水剂100倍液喷布瓜面消毒。贮运中要保持阴凉，并注意通风除湿。

4.药剂防治

在发病初期可选用：80%炭疽·福美可湿性粉剂800倍液，70%代森锰锌可湿性粉剂500倍液，40%多·福·溴菌可湿性粉剂800倍液，50%咪鲜胺锰络合物可湿性粉剂1000倍液，50%福美双可湿性粉剂500倍液，10%恶醚唑水分散粒剂800倍液等中的任何一种药液喷雾，每隔7～10天一次，连喷3～4次。为防产生耐药性，以上药剂应交替使用。

四、西瓜枯萎病

枯萎病俗叫蔓割病、萎凋病，是瓜类作物的主要病害之一。全国各地都有发生，以黄瓜、西瓜受害最重，冬瓜、甜瓜次之，南瓜、瓠瓜、葫芦等抗病。

（一）为害症状

西瓜整个生长期都能发病，但以抽蔓期到结瓜期发病最重。苗期发病，幼茎基部缢缩，子叶、幼叶萎蔫下垂，突然倒伏（图10-7）。

■图10-7　枯萎病幼苗

成株发病，病株生长缓慢，下部叶片发黄，逐渐向上发展。发病初期，白天萎蔫，早晚恢复，数天后，全株萎蔫枯死（图10-8），枯萎植株茎基部的表皮粗糙，根茎部纵裂（图10-9）。潮湿时，茎部呈水浸状腐烂，出现白色至粉红色霉物，即病菌的分生孢子座和分生孢子。病部常流出胶质物，茎部维管束变成褐色。病株的根，部分或全部变成暗褐色、腐烂，很容易拔起来。

■图10-8　枯萎病蔓叶果症状

（二）发病规律

西瓜枯萎病菌为半知菌丛梗孢目镰刀菌属中的真菌。病菌在土或粪肥中的病残体上越冬，也可附着在种子表面越冬。病菌的生活能力很强，可在土中存活5～6年，通过牲畜的消化道后依然可以存活。种子、粪肥和水流等都能带菌传播。病菌从根部伤口侵入，也可直接从根毛顶端侵入。病菌在导管内发育，分泌毒素，堵塞导管，影响水分运输，引起植株萎蔫死亡。病菌在8～34℃均能繁殖。在pH 4.6～6.0的土壤中，发病较重。另外，地势低洼、排水不良、磷钾肥不足、氮肥过量、大水漫灌和连作地，都会引起或加重枯萎病的发生。

■图10-9　西瓜枯萎病根部

（三）防治方法

1. 实行轮作及时拔除病株

病菌在土壤中存活时间长，连作地发病重，在生茬地发病轻或不发病。因此，发过西瓜枯萎病的地，最好隔8～10年再种西瓜。发现病株应立即拔掉烧毁，并在病株穴中灌入20%的新鲜石灰乳，每平方米灌药液3～5千克。

2.选用抗病品种和培育无病幼苗

注意选用高抗病品种。育苗时，苗床应选用未种过瓜类作物的无菌土作为床土。如床土可能带有病菌，可用50%代森铵水剂400倍液浇灌消毒，每平方米床土用配好的上述药液3～5千克。也可用50%多菌灵可湿性粉剂或70%甲基托布津可湿性粉剂或70%敌克松原粉，每平方米用药10克，与床土充分混匀后播种。

要从健康无病的植株上留种，要用无病种子播种。如种子可能带有病菌，应浸种消毒。

3.加强栽培管理

瓜地要选地势较高、排水良好、肥沃的沙质壤土地。雨后要注意排水，防止积水成涝。浇水最好沟浇，要防止大水漫灌。施足底肥，注意氮、磷、钾肥配合施用，防止偏施氮肥，特别是结瓜期更要控制氮肥的用量，以免引起蔓叶徒长，诱发枯萎病。不要用瓜类作物的蔓叶沤肥，避免施用带菌的堆肥和厩肥。新鲜的有机肥，必须充分发酵腐熟后才可施用。酸性土壤应施入适量石灰进行改良后才可种西瓜。

4.嫁接换根

用葫芦、瓠瓜、新土佐等西瓜砧木进行嫁接，可有效地防止枯萎病的发生。

5.药剂防治

（1）种子消毒　如种子可能带有病菌，应进行种子消毒。

（2）土壤消毒　播种或定植前，用50%多菌灵可湿性粉剂1份加细干土200份充分拌匀，结合施用沟肥或穴肥时掺入沟、穴内，每667平方米使用原药1.3～1.5千克。

（3）零星灌根　发病初期对首先发病的零星植株用70%敌磺钠可湿性粉剂500～700倍液灌根或10%双效灵水剂200倍液，或50%苯菌灵可湿性粉剂800～1000倍液，或36%甲基硫菌灵悬浮剂400～500倍液，或50%多菌灵可湿性粉剂600倍液加15%三唑酮可湿性粉剂

4000倍液灌根，每株病苗灌兑好的药液200～250毫升，隔4～6天灌1次，连灌2～3次。每次灌药应在晴天下午。

（4）全面防治　对轮作年限短或往年发病较重的地块，除采用以上措施外，还需进行全面防治。从西瓜伸蔓开始，特别当坐瓜后，可用50%多菌灵可湿性粉剂500倍液、50%立枯净可湿性粉剂800倍液、20%甲基立枯磷1000倍液、36%甲基硫菌灵悬浮剂500倍液等交替喷施，5～7天1次，连续4～5次。此外，还可结合根外追肥喷施0.3%聚能双酶水溶肥或0.3%磷酸二氢钾或0.3%黄腐酸钾水溶肥。对出现典型症状的单株，可用20%三唑酮乳油500倍液灌根，每株每次250毫升，连续3～4次。

（5）以水冲菌　对沙质土或透水性好的地块，可采用以水冲菌的方法防治枯萎病。老瓜区采用“水旱轮作”栽培西瓜和防止“水重茬”的做法，就充分证明了水对枯萎病菌的冲洗作用和菌随水走的真实性。山东省昌乐县的老瓜农当发现有枯萎病植株时，立刻将这一病株根部周围用土围起一圈，随即浇满水，等水刚渗下去接着再灌。每天反复灌3～4次，非常有效，但仅限于沙土或透水性好的土地，黏性土效果差。

五、西瓜疫病

西瓜疫病又叫疫霉病，除为害西瓜外，甜瓜、南瓜、西葫芦、冬瓜等也能感病。

（一）为害症状

疫病主要侵害西瓜茎叶及果实。苗期发病，子叶上出现圆形水浸状暗绿色病斑，然后中部变成红褐色，近地面缢缩倒伏枯死。叶片被侵害时，初期生暗绿色水浸状圆形或不正形病斑。湿度大时，软腐似水煮，干时易破碎（图10-10）。果实被侵害，产生纺锤形凹陷暗绿

图10-10　西瓜疫病蔓叶症状

■图10-11　西瓜疫病病果

色水浸状病斑，扩展到全果软腐，表面密生绵毛状白色菌丝（图10-11）。

（二）发病规律

西瓜疫病的病原菌是藻状菌。病菌以卵孢子等在土中的病残组织内越冬。次年条件适宜时，病菌借风吹、雨溅、水冲等由西瓜植株伤口侵入引起发病。发病适宜温度为28～32℃，最高温度为37℃，最低温度为5℃。排水不良或通风不佳的过湿地块发病重。降雨时病菌随飞溅的水滴附于果实上蔓延为害。

（三）防治方法

1.种子消毒

详见本书“西瓜育苗中种子处理”部分。

2.注意雨后及时排水，勿使瓜田积水，可防止或减轻此病。

3.药剂防治

可用58%甲霜·锰锌可湿性粉剂700倍液或75%百菌清可湿性粉剂600倍液喷洒。

六、西瓜霜霉病

霜霉病俗名烘叶、火烘、跑马干，除为害西瓜外，也为害黄瓜。

（一）为害症状

西瓜霜霉病仅为害西瓜叶片，一般是先从基部叶片开始发病，逐步向前端叶片上发展。发病初期，叶片上呈现水浸状淡黄绿色小斑点，随着病斑的扩大，逐渐变为黄绿色至褐色。因叶脉的限制，病斑扩大后呈多角形，而且变为淡褐色。空气潮湿时，叶背面长出灰褐色至紫黑色霉层，即病菌的孢囊梗及孢子囊。严重时，病斑连成片，全叶像被火烧烤过一样枯黄、脆裂、死亡。连阴雨天气，病叶会腐烂（图10-12、图10-13）。

■图10-12　坐瓜前霜霉病病叶

■图10-13　坐瓜后霜霉病病叶

（二）发病规律

西瓜霜霉病菌为真菌中的藻状菌。病菌以卵孢子在土壤中的病叶残体上越冬，来年温湿度合适时，经风吹传播为害。病菌的卵孢子在气温5～30℃、湿度适宜时都可萌发侵染为害，而以15～25℃、湿度又大时发病最快。

另外，地热低洼、排水不良、种植过密、生长衰弱时都易发病。病菌还可在温室黄瓜上越冬，以后从黄瓜传播到西瓜上，所以靠近黄瓜的西瓜往往容易发病。

（三）防治方法

1.农业防治措施

培育选栽壮苗。要选择地势高、排水良好的肥沃沙质壤土地种植，而且要远离黄瓜地。在温室或大棚等保护地栽培，应严格控制温湿度，注意通风透光，适当控制浇水，切忌阴天灌水。在拉秧拔园时，要把棚内的残枝、落叶、杂草等上茬残留物都清扫干净，运到棚外烧毁。然后选择连续晴朗的天气，严封大棚6～7天，使晴日中午棚内气温升高到60～70℃，以这样的高温杀灭病菌，以减少下茬侵染病害的菌源。

2.熏烟

在苗期或在发病初期，每667平方米用45%百菌清安全型烟剂200～250克熏烟。傍晚闭棚后，将烟剂分4～5份，均匀置于棚室中间，用暗火点燃，从棚室一头点起，着烟后关闭棚室，熏1夜，次日早晨通风，隔7日熏1次，视病情决定熏烟次数，一般熏3～6次。

3.药剂喷施

发现中心病株立即喷洒雾剂，用58%雷金·锰锌可湿性粉剂700倍液、58%甲霜锰锌可湿性粉剂700倍液、70%乙磷锰锌可湿性粉剂700倍液，或用72.2%霜霉威（普力克）水剂800倍液、75%百菌清可湿性粉剂600倍液、72%霜脲锰锌（克露）可湿性粉剂700倍液、64%噁霜·锰锌（杀毒矾）可湿性粉剂500倍液交替喷施，每6～7天喷一次，连续喷雾3～4次。若霜霉病和细菌性角斑病混合发生时，为兼防两病，可用铜制剂配药防治，用50%琥胶肥酸铜可湿性粉剂500倍液加40%三乙磷铝可湿性粉剂250倍液，或60%琥·乙磷铝可湿性粉剂600倍液，或用50%琥胶肥酸铜可湿性粉剂500倍液加25%甲霜灵可湿性粉剂1000倍液，或用100万单位硫酸链霉素150毫克/千克加40%三乙磷铝可湿性粉剂250倍液等喷施。若霜霉病与炭疽病混发时，可选用40%三乙磷铝可湿性粉剂200倍液加25%多菌灵可湿性粉剂500倍液喷施。若霜霉病与白粉病混发时，可选用40%三乙磷铝可湿性粉剂200倍加15%三唑酮（粉锈宁）可湿性粉剂2000倍液喷施。

七、西瓜白粉病

白粉病俗叫白毛，是瓜类作物的严重病害之一，能为害西瓜、甜瓜、黄瓜、西葫芦、南瓜、冬瓜等。

（一）为害症状

■图10-14　西瓜白粉病

西瓜白粉病可发生在西瓜的蔓、叶、果等部分，但以叶片上为最多。发病初期，叶正面或叶背面出现白色近圆形小粉斑，以叶正面最多。以后病斑扩大，成为边缘不明显的大片白粉区（图10-14）。严重时，叶片枯黄停止生长。以后，白粉状物（病菌的分子孢子梗和分生孢子）逐渐变成灰白色或黄褐色，叶片枯黄变脆，一般不脱落（图10-15）。

■图10-15　病叶枯黄变脆

（二）发病规律

西瓜白粉病为子囊菌侵染发病。病菌附于植株残体上在土表越冬，也可在温室西瓜上越冬。病菌主要由空气和流水传播。白粉病菌发育要求较高的湿度和温度，但病菌分生孢子在大气相对湿度低至25%时也能萌发，叶片上有水滴时，反而萌发不利。分生孢子在10～30℃内都能萌发，而以20～25℃为最适宜。田间湿度较大、温度在16～24℃时，发病严重。植株徒长、蔓叶过密、通风不良、光照不足，均有利于发病。

（三）防治方法

1.农业防治措施

选用抗病品种；加强栽培管理，注意氮、磷、钾肥的配合施用，防止偏施氮肥；培养健壮植株；注意及时进行植株调整，防止叶蔓过密，影响通风透光；及时剪掉病叶烧毁，防止蔓延。

2.药土防治

定植时在栽植穴内撒施药土，还可兼治枯萎病。药土配方：每公顷用50%多菌灵可湿性粉剂1250～1500克，按1份药、50份细干土的比例，将药土混合均匀就可使用。

3.喷药防治

用15%三唑酮可湿性粉剂2000倍液、50%苯醚甲环唑水分散粒剂600倍液、70%甲基硫菌灵可湿性粉剂1000倍液、40%氟硅唑乳油600倍液交替喷施，7天1次，连续3～4次。发病重时，用50%可湿性硫黄粉与80%代森锌可湿性粉剂等量混匀，然后兑水700倍喷雾；还可兼治炭疽病、霜霉病。

八、猝倒病

猝倒病为西瓜苗期的一种主要病害。

■图10-16 西瓜幼苗猝倒病

（一）为害症状

发病后先在瓜苗茎部出现水渍状，维管束缢缩似线，后倒折，病部表皮极易脱落，病株在短期内仍呈绿色（图10-16）。

（二）发病规律

猝倒病菌活动要求较低的温度和较高的湿度，在15～16℃、土壤相对湿度85%以上时发育最快。苗床温度低、湿度高；夜间冷凉、白天阴雨时发病严重。

（三）防治方法

1.农业防治

加强苗床管理，培育壮苗，增强幼苗抗病力。苗床及时通风，控制适宜的温、湿度，可防猝倒病发生。对已发病的幼苗，应及时拔除烧掉。

2.药剂防治

（1）苗床土药剂处理　每100千克床土加入70%敌磺钠可湿性粉剂50克充分混合均匀装钵（育苗盘）或作育苗土。

（2）药土覆盖种子　直播时，用50%多菌灵可湿性粉剂50克，加细干土100千克配成药土，当播种后作覆盖种子用土（厚度一般为1厘米）。

（3）苗期喷药　出苗后发病可用25%瑞毒霉可湿性粉剂600倍液或64%杀毒矾可湿性粉剂500倍液喷施根茎部。幼苗发病可用58%甲霜·锰锌可湿性粉剂800倍液，72%霜脲·锰锌可湿性粉剂800倍液，70%敌磺钠可湿性粉剂500倍液，69%烯酰.锰锌可湿性粉剂1000倍液交替喷施，6～7天1次，连续2～3次。

（4）兼治用药　如果有立枯病同时发生，可用75%百菌清可湿性粉剂加绿亨3号800倍液或72%普力克加50%福美双可湿性粉剂800倍液喷雾。7～10天1次，连续3～4次。

九、立枯病

（一）为害症状

幼苗自出土至移栽定植都可以受害。早期病苗白天萎蔫，晚上可恢复。主要被害部位是幼苗茎基部或地下根部，初在茎基部出现暗褐色椭圆形病斑，并逐渐向里凹陷，边缘较明显，扩展后绕茎一周，致茎部萎缩干枯后，瓜苗死亡，但不折倒，潮湿时病斑处长有灰褐色菌丝。根部染病多在近地表根茎处，皮层变褐色或腐烂。开始发病时苗床内仅个别苗在白天萎蔫，夜间恢复，经数日反复后，病株不猝倒，死亡的植株是立枯不倒伏，故称为立枯病。另外，病部具轮纹或不十分明显的淡褐色蛛丝状霉，即病菌的菌丝体或菌核，且病程进展较缓慢，这也别于猝倒病（图10-17）。

图10-17　西瓜幼苗立枯病

（二）发病规律

立枯病由半知菌丝核菌属浸染所致。该菌生育适温为17～28℃，湿度大有利于菌丝生长蔓延。病菌腐生性强，以菌核和菌丝在土壤中可存活4～5年。湿度大是诱发立枯病的重要条件。苗床保温差、湿度过大、幼苗过密、通风不良等均可加重病害。

（三）防治方法

宜采取栽培技术防治与药剂防治相配合。

1.种子消毒

用种子重量0.2%的40%拌种双拌种，即每1000克种子用40%拌种双5克拌种。

2. 土壤消毒

播种前、后分别铺、盖药土，可用40%拌种双粉剂，或40%根腐灵粉剂，按每平方米苗床用药8克兑细土，施法同防治猝倒病。

3. 加强管理

直播后加强田间管理；育苗时，加强苗床管理，注意科学放风调节温、湿度，防止苗床温度和湿度过高。

4. 药剂防治

发病初期喷淋20%甲基立枯磷乳油（利克菌）1200倍液，或36%甲基硫菌灵悬浮600倍液，或15%恶霉灵水剂450倍液，或5%井冈霉素水剂1500倍液。立枯病与猝倒病混发时，可用72.2%普力克水剂1000倍液加50%福美双可湿性粉剂1000倍液喷淋。每平方米苗床喷药水2～3升，7～10天喷1次，连续2次。

十、西瓜白绢病

西瓜白绢病在长江以南地区发生较多，除西瓜外，甜瓜、黄瓜等类作物也常发生。

（一）为害症状

病菌主要侵害近地部的瓜蔓和果实。发病初期，病部呈水渍状小斑，病斑扩大后由浅褐色变黑褐色，其上生出白色丝状菌丝体，多数呈辐射状，边缘特别明显。后期在病斑部可产生许多茶褐色油菜籽开头的小菌核。病情进一步发展，可造成近地部瓜蔓基部腐烂，叶片萎蔫，直至枯死（图10-18、图10-19）。

■图10-18　白绢病瓜叶

■图10-19　白绢病病果

（二）发病规律

病菌以菌核在土壤中越冬，次年萌发生出菌丝而侵染西瓜基部茎蔓。病菌借流水、压蔓整枝等传播引起侵染。菌核在土壤中可存活5～6年。病菌发育最适温度为32～33℃，适温范围为8～40℃，但在高湿高温条件下发病较重。酸性土壤和棚室连作发病严重。

（三）防治方法

1.农业防治

（1）轮作，在南方可进行水旱轮作。

（2）施用腐熟有机肥。

（3）酸性土壤施用石灰。

（4）早期发病株及时拔除并深埋。

（5）西瓜采收后，彻底清理田间残株，集中深埋或烧毁。

2.药剂防治

（1）喷药防治　可用50%腐霉利可湿性粉剂1000倍液，或50%代森铵可湿性粉剂1000倍，或50%异菌脲可湿性粉剂1000倍液，或50%甲基硫菌灵可湿性粉剂500倍液在西瓜茎蔓基部浇灌，每株每次250毫升，5～7天1次，连续2～3次。

（2）药剂灌根　可用以下药剂之一灌根：72%霜脲锰锌（克露）可湿性粉剂700倍液，50%多菌灵可湿性粉剂500倍液，58%甲霜·锰锌可湿性粉剂500倍液，64%噁霜·锰锌可湿性粉剂500倍液浇灌西瓜茎基部，隔7～10天再灌1次，每株灌药液250毫升。

十一、西瓜灰霉病

西瓜灰霉病是西瓜常见多发病，全国各地均有发生。

（一）为害病状

苗期发病幼叶易受害，造成“龙头”（瓜蔓顶端）枯萎，进一步发展，全株枯死，病部出现灰色霉层（图10-20）。果实发病，多发生在花蒂部，初为水浸状软腐，以后变为黄褐色并腐烂、脱落。受害部位表面均密生灰色霉层（图10-21）。

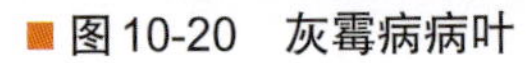

■ 图10-20 灰霉病病叶

■ 图10-21 灰霉病病果

（二）发病规律

病菌以菌丝体和菌核随病残体在土壤中越冬，次年春天菌丝体产生分生孢子、菌核萌发产生分生孢子盘，并散布分生孢子，借气流和雨水传播，危害西瓜幼苗、花及幼果，引起初侵染，并在病部产生霉层，进一步产生大量分生孢子。再次侵染西瓜扩大蔓延。入秋气温低时，又产生菌核潜入土壤越冬。病菌生长适宜温度为22～25℃，存活温度为–2～33℃，分生孢子形成的相对湿度为95%。所以在高温高湿条件下，病害发生较重。

（三）防治方法

1.农业防治

（1）轮作　实行3年以上的轮作换茬。

（2）苗土消毒　育苗床或定植穴用70%敌克松原粉1000倍液，每平方米育苗床或定植穴浇灌药液4～5千克。

（3）施用充分腐熟的有机肥。

（4）棚室消毒　用百菌清烟剂或扑海因烟剂熏棚，每棚用药0.25千克，8～10天熏1次，连熏2～3次。

2.药剂防治

（1）生物制剂　可选用1%武夷菌素（B0-10）200倍液，每667平方米喷洒20～30升，每隔7天左右喷1次，连续喷2～3次。

（2）化学农药　可用25%三唑酮可湿性粉剂3000倍液、50%腐霉利可湿性粉剂1000倍液、3%多抗霉素可湿性粉剂800倍液、1%武夷霉素水剂200倍液、25%嘧菌酯悬浮剂1500～2000倍液、50%多菌灵可湿性粉剂500倍液、70%甲基硫菌灵可湿性粉剂800倍液，交替喷施，7～10天1次，连续2～3次。

十二、西瓜果腐病

西瓜果腐病是一种毁灭性细菌病害，主要侵染西瓜果实，有时也侵染叶片和幼苗。该病菌由国外传入，近年来，我国东北、西北等地时有发生。

（一）为害症状

发病初期，果实表现出现水渍状斑点，后逐渐发展扩大为边缘不规则的深绿色水浸状大斑。果面病斑连片后可致使西瓜表皮溃烂变黄而开裂，最后造成果实腐烂（图10-22）。其症状与坏腐病不同（图10-23）。叶片感病后，瓜叶背面初为水浸状小斑点，后变成黄色晕圈斑点。西瓜幼苗一旦感病，整株出现水浸状圆斑，迅速扩大后使全株溃烂死苗。

■图10-22　果腐病病果（一）

■图10-23　果腐病病果（二）

（二）发病规律

潮湿多雨或高温是本病发生的有利条件。该菌在土壤中存活时间很短，只有8～12天，其传染途径主要为种子带菌。

（三）防治方法

（1）加强种子检疫，要特别防止进口种子带菌。

（2）发现病株应及时拔掉带出瓜田深埋。

（3）药剂防治　发病初期可用72%农用链霉素可湿性粉剂4000倍液、50%琥胶肥酸铜可湿性粉剂500倍液、14%络氨铜水剂300倍液、20%噻唑锌悬浮剂600倍液·47%春.氧氯化铜可湿性粉剂700倍液交替喷施，7～10天1次，连续2～3次。

十三、细菌性角斑病

细菌性角斑病，是西瓜大田生产中后期和棚室生产前期多发、常见的细菌病害，控制不好，危害较大。

（一）为害症状

主要侵染叶片、叶柄、茎蔓，卷须和果实上也可发病，但不常见。在子叶上病斑呈水浸状圆形或近圆形凹陷小斑，后期病斑变为淡黄褐色，并逐渐干枯。在真叶上，病斑初为透明水浸状小斑点，以后发展成沿叶脉走向的多角形黄褐斑（图10-24）。潮湿时，叶背病斑处可见白色菌液，后变为淡黄色，形成黄色晕圈。干燥时，病斑中央呈灰白色，严重时呈褐色，质脆易破呈多角状。茎蔓、叶柄、果实发病时，初为水浸状圆斑，以后逐渐变成灰白色。潮湿时，病斑处有白色菌液溢出。干燥时，病斑变为灰色而干裂（图10-25）。

■ 图10-24　西瓜角斑病病叶

■ 图10-25　西瓜角斑病病果

（二）发病规律

种子带菌，发芽后细菌侵入子叶；土壤带菌，细菌随雨水或浇水溅到蔓叶上均可造成初次侵染。病斑所产生的菌液，可通过风雨、昆虫、整枝打杈等进行传播。细菌通过叶片上的气孔或伤口侵入植株。开始先在细胞间繁殖，后侵入组织细胞内扩大繁殖，直至侵入蔓叶的维管束中。果实发病时，细菌沿导管进入种子表皮。在高温高湿的条件下，有利于病菌的繁殖，所以发病较重。

（三）防治方法

1.种子消毒

用50～55℃温水浸种20分钟或用200毫克/升的新植霉素或硫酸链霉素浸种2小时。

2.农业防治

控制苗床或棚室适宜西瓜生长的温湿度，特别应适当降低湿度，提高地温，整枝打杈时，遇到病株，在摘除病叶、病蔓后，要远离瓜田深埋，并用肥皂充分洗手后或用75%酒精擦手后再到瓜田继续进行整枝打杈等管理工作。

3.农药防治

（1）种子消毒　首先避免从疫区引种或从病株上采种。种子消毒的方法是：可用55℃温水浸种15分钟或用50%代森铵600倍液浸种1小时，或用40%甲醛150倍液浸种1小时半，清水洗净后催芽，或用100万单位硫酸链霉素500倍液浸种2小时后催芽，或用氯霉素500倍液浸种2小时后催芽播种。

（2）药剂防治　发病初期用50%琥胶肥酸铜可湿性粉剂600倍液、50%甲霜铜可湿性粉剂600倍液、72%硫酸链霉素可溶性粉剂3000倍液、72%氢氧化铜水分散粒剂400倍液交替喷施，6～7天1次，连续2～3次。

十四、细菌性叶斑病

（一）为害症状

该病害可为害西瓜的叶片、叶柄和瓜蔓。初期病斑呈水渍状针头大小斑，后病斑扩大，呈圆形或多角形，病斑周边有黄晕，背面不易

■图10-26 细菌性叶斑病

见到菌脓，对光可见病斑呈透明状（图10-26）。病害一般从西瓜下部向上发展，几天后造成整株西瓜干枯，严重时连片西瓜死亡。

（二）发病规律

该病害病菌主要通过种子、流水、灌溉水以及劳动工具进行传播。当高温、高湿和通风不良时，病害容易发生流行。

（三）防治方法

（1）及时做好种子消毒，播种前使用40%福尔马林150倍液浸1小时或100万单位硫酸链霉素500倍液浸种2小时。

（2）发病初期使用77%多·宁600倍液或2%佳爽1000倍液+20%叶枯唑600倍液或2%春雷霉素1000倍液+20%叶枯唑600倍液进行叶面喷施1～2次。

十五、细菌性青枯病

西瓜细菌性青枯病又称西瓜凋萎病。过去只发生在我国南方局部地区，近年来，随着棚室等保护地栽培技术的发展，北方如河北、山东、河南等西瓜老产区也不断发现细菌性青枯病，且发病面积有逐年扩大、发病程度有逐年严重的趋势。

■图10-27 青枯病

（一）为害症状

西瓜茎蔓发病时，受害处初为水浸状不规则病斑，后蔓延扩展，可环绕茎蔓一周，病部变细，两端仍呈水浸状，茎蔓前端叶片出现萎蔫，自上而下萎蔫程度逐渐加重（图10-27）。剖视病蔓，维管束不变色，但用手挤压病斑严重处，可见有乳白色黏液自维管束断面溢出。此病不侵染根系，故根部不变色、不腐烂。以上特点也是与西瓜枯萎病相鉴别的特征。

（二）发病规律

细菌从伤口侵入植株，引起初次侵染。细菌在25～30℃条件下，迅速繁殖，其浓度可阻塞、破坏西瓜蔓叶的维管束，从而引起蔓叶萎蔫甚至凋枯而死。只要温度适宜细菌繁殖，西瓜整个生育季节均可发病。病菌传播媒介主要为某些食叶甲虫类害虫，如黄跳甲象甲（象鼻虫）等。当瓜田甲虫发生越严重或管理越粗放时，青枯病发生就越严重。此外，当温度在18℃以下或33℃以上时，也不发生青枯病。

（三）防治方法

1.农业防治

结合虫害防治，检查田间或棚室内食叶甲虫类害虫的发生发展情况，一旦发现及时扑杀或喷药专防（详见虫害防治部分）。发现有萎蔫病株，要立即拔除，并将其带出棚室深埋。

2.土壤消毒

育苗土用2%福尔马林液喷施消毒。

3.药剂灌根

发病植株可用20%噻菌铜悬浮剂1000倍液或72%硫酸链霉素可湿性粉剂3000倍液灌根，每次每株0.25～0.5升，5～7天1次，连续2～3次。

4.叶面喷施

发病前后用78%波·锰锌可湿性粉剂500倍液或25%琥胶酸铜可湿性粉剂600倍液，或47%春·氧氯化铜可湿性粉剂700倍液交替喷施，7～10天1次，连续2～3次。

十六、病毒病

西瓜病毒病也叫毒素病、花叶病，俗称疯秧子、青花。近年来，西瓜病毒病有发展趋势，已成为西瓜生产中的一种主要病害。

（一）为害症状

西瓜病毒病分花叶型和蕨叶型两种类型。花叶型的症状，主要是叶子上有黄绿相间的花斑，叶面凹凸不平，新生出的叶子畸形，蔓的顶端节间缩短（图10-28）。蕨叶型（即矮化型）的症状，主要表现为新生出的叶子狭长、皱缩、扭曲（图10-29）。病株的花发育不良，难以坐瓜，即使坐瓜也发育不良，而成为畸形瓜（图10-30）。

■ 图10-28　黄斑花叶病毒病

■ 图10-29　西瓜蕨叶病毒病

■ 图10-30　病毒病病果

（二）发病规律

西瓜病毒病主要是由甜瓜花叶病毒侵染引起。本病毒还可侵染西葫芦。西瓜种子可以带病毒传播。春季在甜瓜上最先发病，可由蚜虫带毒传染给西瓜。春西瓜多在中后期发病。天气干热、干旱无雨、阳光强烈，是主要的发病条件。西瓜植株缺肥，生长势弱，容易感病。在西瓜生长期间，病毒主要靠蚜虫带毒传播。另外，进行整枝、打杈等田间管理工作时，也可将病毒从病株传至健康株，病毒从伤口侵入而发病。

（三）防治方法

1.农业防治措施

选用抗病品种，建立无病留种田。如种子可能带有病毒，应进行浸种消毒。种植西瓜的地块要远离菜园，也不要靠近甜瓜地块；有西瓜地里带种甜瓜习惯的应改掉，防止甜瓜、西葫芦上的病毒经蚜虫传给西瓜，发现病株要立即拔除烧掉。在进行整枝、授粉等田间管理工作时，要注意减少损伤，打杈时要在晴天阳光下进行，使伤口迅速干缩，而且要对健康植株和可疑病株（如病株附近的植株）分别进行打杈，防止接触传病。

2.药剂防治

（1）种子消毒　10%磷酸三钠液浸种20～30分钟，冲洗净药液后催芽播种。

（2）土壤消毒　育苗土可用福尔马林消毒。每立方米育苗土用40%福尔马林液400毫升充分拌匀堆积覆膜，经2～3天堆闷后再装钵（育苗盘）。棚室栽培西瓜，可用闷棚熏蒸土壤消毒。每平方米用溴甲烷50克，放药后密闭棚室48～72小时。

（3）喷施药剂　可用20%病毒A可湿性粉剂500倍液、40%病毒灵可溶性粉剂1000倍液、2%宁南霉水剂200倍液、7.5%菌毒·吗啉呱水剂500倍液、3.85%三氮唑·铜·锌水乳剂600倍液、1.5%植病灵水剂1000倍液交替喷施，发生花叶病毒病时，可用45%吡虫啉微乳剂3000倍液+6%乙基多杀菌悬浮液800倍液+10%盐酸吗啉胍可湿性粉剂1000倍液喷施，5～7天1次，连续3～4次。

十七、锈根病和烧根

锈根病也叫沤根、烂根毛病。在苗床或移栽定植后，遇到低温、阴雨天时易发生这种病。

（一）为害症状

幼苗生长极慢，以致叶片萎蔫。根部最初呈黄锈色，以后变黏腐烂，

■图10-31 沤根锈根病

而且迟迟生不出新根（图10-31）。

（二）发病规律

西瓜锈根病是一种生理病害。苗床管理不当，或阴雨天、气温下降、苗床无法通风晒床、土壤低温高湿、根系生长发育受到抑制或根毛死亡等，均可诱发锈根病。

土壤温度过低、湿度过大是诱发锈根病的根本原因。在土壤低温高湿条件下，根系发育受阻，根部的再生能力、吸收机能和呼吸作用遭到严重抑制，根毛大批死亡，进而使地上部萎蔫。

（三）防治方法

以综合措施为主，如多施有机肥料作基肥、选择晴朗天气定植、定植不要过深、灌水量不要过大、勤中耕松土以及培育大苗、移栽多带土（营养钵、营养纸袋或割大土坨）等，可避免或减少锈根病的发生。

烧根也是一种生理病害。发生烧根时，根系发黄，不发新根，但不烂根，地上部生长缓慢，植株矮小脆硬，形成小老苗。烧根主要是施肥过多及土壤干燥造成的。苗床土中施用没有充分腐熟的有机肥，或者有机肥、化肥不与床土充分混合，都易发生烧根。因此，配制苗床土时，用肥量要适当，特别是不要施用化肥过多，一定要用充分腐熟的有机肥；各种肥料要与床土充分拌匀。苗床浇水要适宜，注意保持土壤湿润，勿使苗子因床土缺水而烧根。已经发生烧根时要适当增加浇水量，降低土壤溶液浓度。浇水后应十分重视苗床的温度变化，晴天白天尽量加大通风量，以降低苗床内湿度；夜间则应当以保温为主，适当提高床温有利于根系恢复生长，促发新根。浇水以湿透床土为宜，防止浇水过多和床土长期过湿。因这时苗根已十分衰弱，如果浇水过多或床土长期过湿，有可能导致幼苗发生沤根而无法救治。

十八、僵苗

（一）为害症状

植株生长处于停滞状态，生长量小，展叶慢，子叶、真叶变黄，根变褐，新生根少。这是西瓜苗期和定植前期的主要生理病害。

（二）发病原因

（1）土壤温度偏低，不能满足根系生长的温度要求。

（2）土壤含水量高、湿度大、通气差，发根困难。

（3）定植时苗龄过大，损伤根系较多，或整地、定植时操作粗放，根部架空，影响发根。

（4）施用未充分腐熟的农家肥，造成发热烧根，或施用化肥较多，土壤中的化肥溶液浓度过高而伤根。

（5）地下害虫危害根部。

（三）防治措施

（1）改善育苗环境，保证育苗适温，可采用地膜覆盖增温、保湿、防雨，改善根系生长条件。

（2）加强中耕松土，定植时高畦深沟，加强排水，改善根系的呼吸环境。

（3）适时定植，尽量避免对根系造成伤害。

（4）适当增施腐熟农家肥，施用化肥时应勤施、薄施。

（5）及时防治蚂蚁等害虫的为害。

十九、疯秧

（一）症状

植株生长过于旺盛，出现徒长，表现为节间伸长、叶柄和叶身变长、叶色淡绿、叶质较薄、不易坐果。

（二）病因

（1）氮素营养过高，促进了茎叶的过快生长，造成坐果困难，空棵率增加，即使坐果，也常是果型小、产量低、成熟迟。

（2）苗床或大棚的温度过高，光照不足，土壤和空气湿度过大。

（三）防治措施

（1）控制基肥的施用量，前期少施氮肥，注意磷、钾肥的配合，是防治疯秧的最根本措施。

（2）苗床或大棚要适时通风、增加光照，避免温度过高、湿度过大。

（3）对于疯长植株，可采取整枝、打顶、人工辅助授粉促进坐果等措施抑制营养生长，促进生殖生长。

二十、急性凋萎

（一）症状

初期中午地上部萎蔫，傍晚时尚能恢复，经3～4天反复以后枯死，根颈部略膨大。与枯萎病的区别在于根颈维管束不发生褐变。这是西瓜嫁接栽培中经常发生的一种生理性凋萎，发生时期大多在坐果前后。

（二）病因

直接原因尚不清楚，如果嫁接栽培或棚室栽培西瓜时，可能有以下几方面的原因：

（1）与砧木种类有关，葫芦砧木发生较多，南瓜砧木很少发生。砧木根系吸收的水分不能及时补充叶面的蒸腾失水。

（2）整枝过度，抑制了根系的生长，加剧了吸水与蒸腾的矛盾，导致凋萎。

（3）光照弱会加剧急性凋萎病的发生。

（三）防治措施

目前主要是选择适宜的砧木，加强栽培管理，增强根系的吸收能力。

二十一、叶片白化

（一）症状

子叶、真叶的边缘失绿，幼苗停止生长，严重时子叶、真叶、生长点全部受冻致死。

（二）病因

西瓜苗期通风不当，急剧降温所致。

（三）防治措施

适时播种，改进苗床的保温措施，白天温度为20℃，夜间不低于15℃，早晨通风不宜过早，通风量应逐步增加，避免苗床温度急剧降低。

二十二、西瓜叶白枯病

西瓜叶白枯病是一种生理性病害，多在西瓜生长中后期发生。

（一）症状

发病初期由基部叶片、叶柄表皮老化、粗糙开始，且叶色变淡，逆光透视叶片可见叶脉间有淡黄色斑点。发展后，病斑叶肉由黄变褐，数日后叶面形成一层似盐斑的凹凸不平的白斑。

（二）发病规律

此病发生与根冠比失调有关，特别与强整枝、晚整枝有关。侧蔓摘除越多，且摘除越晚或节位越高时，发病越重。

（三）防治方法

（1）及时整枝，低节位打杈。

（2）叶面喷施光合微肥或0.3%～0.4%磷酸二氢钾水液，每667平方米每次60升水液，3～5天1次，连续2～3次。

二十三、西瓜卷叶病

西瓜卷叶病为生理性病害。当土壤中缺镁或植株坐瓜过多、生长势过弱时，坐果节及附近节位的叶片易发生该病。

（一）症状

发病时叶脉间出现黑褐色斑点，发展后扩大遍及全叶，最后叶片上卷而枯死。坐果节位及相邻高节位叶片易发病，严重时基部节位叶片也会发病。

（二）发病规律

不坐瓜或徒长植株不发病。土壤缺镁易发病。嫁接栽培者，葫芦砧比南瓜砧易发病。土壤水分波动过大（忽涝忽旱）时易发病。整枝不当（过早、过重、摘心不当），使植株内的磷酸在局部叶片累积，从而使其老化、卷曲。

（三）防治方法

（1）培育壮苗，适时、适当整枝。合理灌水，勿使土壤忽干忽湿，波动剧烈。

（2）增施有机肥料，特别注意适当增施磷、钾和微量元素肥。提高植株长势，合理留瓜（勿使坐果过多）。

（3）叶面喷施0.5%硫酸镁或复合微肥，5～7天1次，连续2～3次。

第二节　西瓜虫害的防治

一、瓜地蛆

瓜地蛆又叫根蛆，是种蝇的幼虫。

（一）形态和习性

瓜地蛆的成虫，是一种淡灰黑色的小苍蝇，体长4～6毫米（雄成虫较小，雌成虫较大），复眼、赤褐色，腹背面中央有一条灰黑色纵线，第三、四节腹背板中央有较明显的长三角形黑色条纹，全身生有黑色刚毛，而以胸背部的刚毛最明显。幼虫即瓜地蛆，蛆状，体长6～7毫米，白色，头咽骨黑色，体末臀节斜切状，周缘有5对三角形小突起，各突起的末端都不分叉，肾为纺锤形，尾端略细，长4.5～4.8毫米，淡黄褐色，尾端灰黑色，外壳很薄，半透明（图10-32）。

种蝇一年发生3～4代，以蛹在粪土内越冬，4月份开始在田间活动。成虫喜在潮湿的土面产卵，每只雌蝇可产卵150粒左右。卵期在10℃以上7～8天，老熟幼虫在土内化蛹。

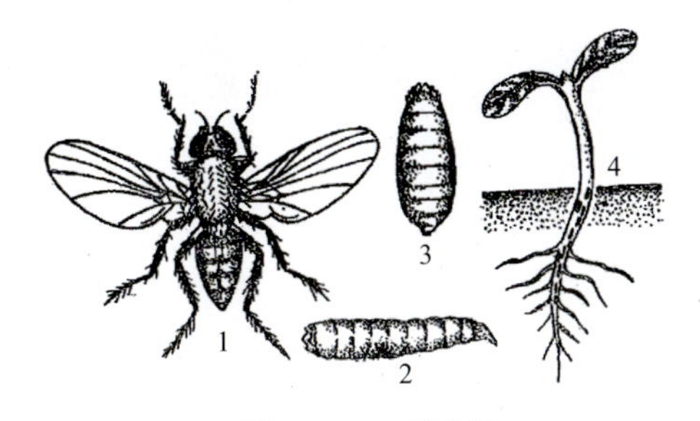

■图10-32　瓜地蛆

1—瓜种蝇（成虫）；2—瓜地蛆（幼虫）；3—蛹；4—西瓜子叶苗被害状

（二）为害状况

瓜地蛆除为害西瓜外，还为害甜瓜、黄瓜等其他瓜类、豆类等多种蔬菜及玉米、棉花等作物，是一种主要的地下害虫。瓜地蛆常常三五成群地为害瓜苗表土下的幼茎（即下胚轴），使已发芽的种子不能正常出土，或从幼苗根部钻入，顺着幼茎向上为害，使下胚轴中空、腐烂，地上部凋萎死亡，引起严重缺苗。

（三）防治方法

1.农业防治措施

要施用充分腐熟的有机肥。人粪尿、圈肥在堆积发酵期间要用泥封严，防止成虫聚集产卵。种植西瓜时最好不用大田直播法，而采用大田移栽法，以防止种蝇聚集在播种穴上产卵。

2.药剂防治

（1）苗床灌根　用1.8%阿维菌素乳油2000倍液、5%除虫菊素乳油1500倍液、90%敌百虫晶体800倍液交替灌根，每次每穴200～250毫升。

（2）苗期喷药　可用21%灭杀毗乳油6000倍液、2.5%溴氰菊酯乳油3000倍液、90%敌百虫晶体800倍液交替喷施，5～7天1次，连续2～3次。

二、地老虎

（一）形态和习性

1.小地老虎

成虫体长19～23毫米，翅展开40～50毫米，灰黑色以至棕褐色，

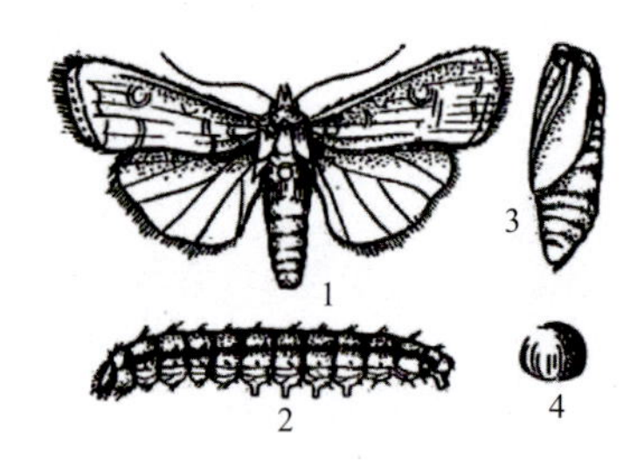

■ 图10-33 小地老虎

1—成虫；2—幼虫；3—蛹；4—卵

所以又叫黑地老虎。小地老虎成虫的主要特征在前翅，翅窄长，呈船桨形，有内外横线、楔形纹、环形纹及肾形纹；肾形纹外侧有一条黑色的“一”字纹。幼虫体长可达50毫米。幼虫背部淡灰褐色，两侧颜色较深，体表有明显的大小颗粒状突起，臀板上有“][”形褐色斑纹。卵半球形，橘子状。蛹体长26～30毫米，淡红褐色（图10-33）。

小地老虎每年可发生3～5代，在山东省和华北地区通常只发生3代。大部分地区第一代幼虫于5月下旬至6月上旬为害西瓜主蔓或侧蔓，特别在阴雨天为害较重。1只雌蛾可产卵千粒左右，卵散产在地面或西瓜蔓叶上。第一代卵期5～6天，孵出的幼虫先在嫩叶上啃食，3龄后转入土内，昼伏夜出为害。幼虫有伪死习性。幼虫共6龄，4龄以后危害最重，以蛹越冬。

2.黄地老虎

成虫体长14～20毫米，翅展32～44毫米，土褐色或暗黄色。前翅略窄而短，表面斑纹变化较大，有的内外横线、环形纹、肾形纹、楔形纹都比较明显（多为雄成虫），有的前翅为灰黑色，只是肾形纹较清楚（多为雌成虫）。

黄地老虎每年可发生3代。第一代幼虫5～6月发生危害（图10-34），第二代幼虫8～9月发生危害。幼虫6龄后成蛹（图10-35）。

■ 图10-34 黄地老虎

■ 图10-35 黄地老虎蛹

（二）为害状况

小地老虎和黄地老虎对西瓜的危害状况基本相同。在3龄以前，多聚集在嫩叶或嫩茎上咬食，3龄以后转入土中，昼伏夜出，常将幼苗咬断并拖入土穴内咬食，造成缺苗断垄，或咬断蔓尖及叶柄，使植株不能生长。

（三）防治方法

防治地老虎一类害虫，要以防治成虫为重点。

1.用黑光灯诱杀

用这个办法，如能大面积联防效果最好。

2.清除瓜地杂草

田间杂草，特别是双子叶杂草，如小旋花、刺儿草等，是地老虎产卵的场所。因此，清除地头田边及瓜地内的杂草，是防治地老虎的重要措施。

3.人工捕杀

发现小地老虎为害时，可于每天早晨扒土捕杀。一般地老虎为害后并不远离，仍在附近表土层隐藏。亦可在灌水后及时捕杀，因为当地老虎遇水后，即很快从土内爬出，极易捕杀。

4.药剂防治

（1）毒饵诱杀　90%敌百虫晶体100克加200毫升水充分融化，拌入炒香的麦麸3千克，傍晚投放在西瓜幼苗周围，特别是与麦田、路边草地临近处，更要多投放些。每667平方米投放2～2.5千克毒饵。

（2）药土毒杀　用0.04%二氯苯醚菊酯粉或2.5%敌百虫粉1千克，加细干土8～10千克，充分拌匀，撒覆在被害处及其周围。用量根据被害面积酌情使用。

（3）植株喷施　可用50%辛硫磷可湿性粉剂1000倍液或90%敌百虫晶体1000倍液，也可用2.5%氯氟氰菊酯（功夫）乳油5000倍液、20%多灭威乳油2000倍液、10%溴氰菊酯乳油1000倍液交替喷施，6～7天1次，连续2～3次。

三、金龟子和蛴螬

金龟子又名金龟甲，俗叫瞎撞子，是蛴螬的成虫。蛴螬俗称地漏、地黄，是金龟子的幼虫。金龟子的种类很多，为害西瓜的主要是大黑金龟子、暗黑金龟子和它们的幼虫——蛴螬。

（一）形态和习性

1.大黑金龟子

又名华北大黑金龟甲、朝鲜金龟甲，各地发生比较普遍。成虫长椭圆形，体长16～21毫米，体宽8.1～11毫米，黑褐色，有光泽，胸部腹面有黑色长毛，鞘翅上散生小黑点，并各有3条隆起线。幼虫体长40毫米，头部黄褐色，胴部黄白色，头宽4.9～5.3毫米；头部顶毛每侧3条，后顶毛各1条，额中毛各1条（少数2条）；臀节覆毛区散生钩状刚毛，肛门三裂。大黑金龟子2年发生一代，以成虫和幼虫隔年交替在土中越冬。越冬成虫4月上、中旬开始出土。越冬幼虫4～5月开始为害，5～6月间陆续化蛹，6月下旬至7月下旬羽化，在土中越冬。成虫寿命很长，白天潜伏土内，早晚活动为害，有伪死习性，趋光性不强（图10-36）。

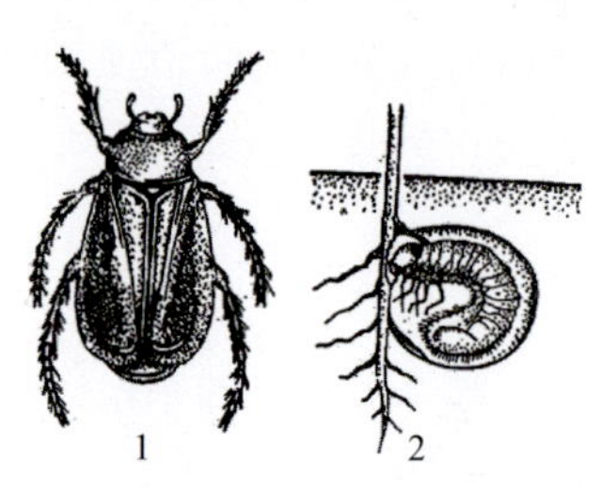

图10-36　大黑金龟子

1—成虫；2—幼虫

2.暗黑金龟子

又名黑金龟子，各地发生比较普遍。成虫长椭圆形，体长18.3～19.5毫米，初羽化为红棕色，以后逐渐变为红黑色，被有灰蓝色粉，无光泽；前胸背板前缘密生黄褐色毛，鞘翅上散生较大的黑点，并有4条隆起线。幼虫体长可达4.5毫米，头部黄褐色，胴部黄白色，头宽5.6～6.1毫米；头部前顶毛每侧1条，后顶毛各1条，额中毛名1条，臀节覆毛区形态与大黑金龟子基本相同（图10-37）。暗黑金龟子每年发生一代，以幼虫和少数成虫在土中越冬（图10-38）。越冬幼虫在第二年5月化蛹，6月中旬至7月中旬羽化，7月间发生小幼虫，一直为害到9月，以后潜入深土层越冬。成虫有伪死性和趋光性。

（二）为害状况

金龟子昼伏夜出，从傍晚一直为害到黎明，主要咬食叶片。蛴螬是西瓜的一种主要地下害虫（图10-38），它咬断幼苗根茎，造成缺苗断垄。在西瓜生长期，蛴螬继续为害，使根受损伤，吸收水、肥的能力大大降低，植株生长瘦弱，严重时会使全株枯死。

图10-37　暗黑金龟子成虫

图10-38　暗黑金龟子幼虫（蛴螬）

（三）防治方法

1.杀死成虫

金龟子多有假死性，可振动瓜蔓乘其落地装死时捕捉杀死，也可用毒饵诱杀。毒饵的做法：4%二嗪磷颗粒剂或诺达25克兑水1.5千克，洒拌于2.5千克切碎的鲜草或菜叶内。在早晨或傍晚，将毒饵撒在西瓜苗周围（特别是靠近麦田的西瓜苗周围），可引诱金龟子取食而被毒死。

2.药杀幼虫

蛴螬多在瓜苗根部附近为害，或在鸡粪、圈粪等有机肥料内生活，可在西瓜根际灌药或在粪肥内洒药杀死。根际灌药，可用90%晶体敌百虫原药800倍液，或4%二嗪磷颗粒剂等。

粪肥可用上述药液喷洒后拌匀，经堆闷后可施用。

四、黄守瓜

黄守瓜全名叫黄守瓜虫，俗叫黄萤子、瓜萤子。

（一）形态及习性

成虫长8～9毫米，身体除复眼、胸部及腹面为黑色外，其他部分皆呈橙黄色。体形前窄后宽，腹部末端较尖，露出于翅鞘之外，雌虫露出较多，雄虫露出较少。幼虫长筒形，体长可达14毫米，头灰褐色，身体黄白色，前胸背板黄色，臀板为长椭圆形，有褐色斑纹，并有纵凹纹四条（图10-39、图10-40）。蛹呈纺锤形，乳白色。

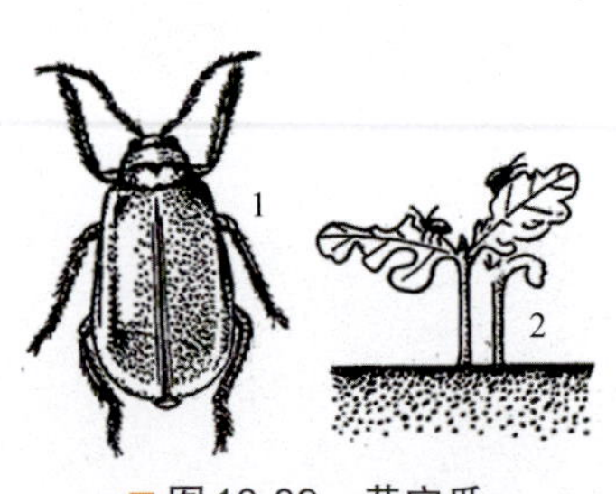

■图10-39　黄守瓜

1—成虫；2—危害西瓜苗状

■图10-40　黄守瓜成虫

（二）为害状况

黄守瓜的成虫和幼虫都能为害西瓜，成虫多为害瓜叶，以身体为半旋转咬食一周，然后取食叶肉，使叶片残留若干环形食痕或圆形孔洞。幼虫半土生，常常群集于瓜根及果实贴地面部分，蛀食为害，初期多蛀食表层，随着虫体长大，便蛀入幼嫩皮内为害。瓜根受害后，轻者植株生长不良，重者整株枯死。果实受害后，轻者果面残留疤痕，重者形成蛀孔，深入瓜瓤，常因由蛀孔灌入污水或侵入菌类而引起西瓜腐烂。黄守瓜幼虫为害重于成虫。

黄守瓜在山东省每年发生一代，以蛹在表土下越冬，少数成虫亦能在草丛、土隙中越冬。4月份开始出蛰活动，先在蔬菜田间为害，以后转移到瓜田为害。成虫白天为害，并在西瓜主根部和瓜的下面潮湿土壤中产卵，在瓜的垫草下面和土块上产卵最多。幼虫孵出后，在土中取食瓜根及近地面的茎蔓和幼果，老熟后在表土下10～15厘米处化蛹。成虫在晴天的午间活动最盛，夜晚、雨天和清晨露水未干时都不活动，有假死性，对声音和影子都很敏感。

（三）防治方法

1.防止成虫产卵

在瓜根周围30厘米内铺沙，成虫便不去产卵。也可用米糠或锯末10份，拌入煤油或废机油1份，撒在瓜苗周围（不要接触瓜苗）防止成虫产卵。

2.捕捉成虫

趁早晨露水未干前，根据被害征状在瓜叶下捕捉成虫。

3.药剂防治成虫

可用90%敌百虫晶体1000倍液、3.5%氟腈·溴乳油1500倍液、7.5%鱼藤酮乳油800倍液、10%氯氰菊酯乳油2500倍液、2.5%溴氰菊酯（敌杀死）乳油3000～4000倍液交替喷施，7～10天1次，连续2～3次。此外，结合防治炭疽病，在波尔多液中加入90%敌百虫晶体800倍液，每7～8天喷1次，连续2～3次。

4.防治幼虫

可用2.5%溴氰菊酯乳油2500倍液，或10%氯氰菊酯3000倍液喷雾。

五、蓟马

蓟马，属缨翅目蓟马科。为害西瓜的蓟马主要为烟蓟马和黄蓟马。

（一）形态和习性

1.烟蓟马

雌虫体长1.2毫米，淡棕色，触角第四、第五节末端色较浓。前胸后角有2对长鬃。前脉基鬃7或8根，端鬃4～6根，后脉鬃15或16根。

2.黄蓟马

黄蓟马的雄虫体长1～1.1毫米，黄色。头宽大于头长，短于前胸。前胸背板有弱横交线纹，前角1对短鬃，后角2对长鬃间夹有2对短鬃。前缘鬃约26根，后脉鬃15根（图10-41）。

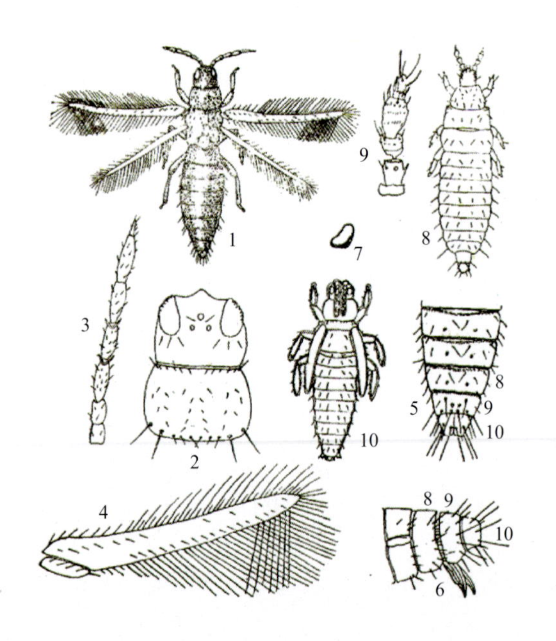

■图10-41 黄蓟马

1—成虫；2—成虫头部及前胸背面；3—成虫触角；4—成虫前翅；5—雌成虫腹部背面；6—雌成虫腹部侧面；7—卵；8—二龄若虫；9—二龄若虫触角；10—蛹

（二）危害状况

成虫和若虫均能锉吸西瓜心叶、幼芽和幼果汁液，使心叶不能舒展，顶芽生长点萎缩而侧芽丛生。幼果受害后表皮呈锈色，幼果畸形，发育迟缓，严重时化瓜。

（三）防治方法

（1）清除田园杂草，减少虫源。

（2）营养钵苗床育苗，小拱棚覆盖保护，阻挡瓜蓟马迁入苗床，培育“无虫”壮苗。覆盖苗床和棚室内可用杀蚜烟剂，每平方米苗床用烟剂0.6～0.8克，每平方米棚室地面用烟剂0.8～1.0克，进行烟熏。

（3）秋冬茬西瓜育苗期适当推迟，早春茬和春茬育苗适当提前，避开瓜蓟马为害高峰期。

（4）育苗前清洁棚室田园，喷药杀灭蓟马虫源。育苗后覆盖地膜，而且要全田地膜覆盖，使若虫不能入土化蛹和形成伪蛹，蛹不能在表土中羽化成虫。

（5）药剂防治　当单株虫口达2～5头时，即应及时喷药防治，可用2.5%多杀霉素悬浮剂1000～1500倍液、25%扑虱灵可湿性粉剂1500倍液交替喷施，7～8天1次，连续2～3次。对拟除虫菊酯类农药已产生抗性的瓜蓟马发生区，要以沙蚕毒系农药防治，如用25%杀虫双水剂400倍液喷雾，具有高效、低毒、成本低及对天敌较安全，并有增产效果。但在高温条件下施用此药时，为防止发生药害，稀释倍数不可低于400倍。

六、潜叶蝇

（一）形态特征

斑潜蝇也叫潜叶蝇，又称夹叶虫，常见为害西瓜的是豌豆潜叶蝇。是变态性害虫，每个生育周期要历经卵、幼虫、蛹、成虫这四个形态发育阶段：

（1）卵　椭圆形或梨形，大小（0.2～0.3）毫米×（0.1～0.15）毫米，乳白色，多产于植物叶片的上、下表皮以内的叶肉组织，因此在田间不易发现。但卵在孵化幼虫时变成长圆形棕色，仔细观察可发现，若用放大镜观察可见明显口沟。

（2）幼虫　在接近孵化时，幼虫在卵壳内做180度旋转后，从前面突破或咬破卵壳而出。一龄幼虫几乎是透明的，二、三龄变成鲜黄或浅橙黄色。四龄在预蛹期。幼虫蛆状，身体两侧紧缩，老熟幼虫体长达3毫米，腹末端具后气门，气门顶端有数量不等的后气门孔，可作为区别种的主要依据。

（3）蛹　圆形，腹部稍扁平，浅橙黄色，有时变暗至金黄色，大小（1.3～2.3）毫米×（0.5～0.75）毫米。

（4）成虫　是一种灰色至灰黄色的小苍蝇，体长5～6毫米，全身密生刺毛，雌雄成虫均为灰黑色（图10-42）。

■图10-42　潜叶蝇

1—成虫；2—幼虫；3—蛹

（二）防治方法

对斑潜绳的防治，应坚持综合防治策略，化学防治的适期在产卵至1龄期。

因此虫严重世代重叠，打药间隔时间要短，要连续用药次数较多。具体防治方法：

1.摘除虫害叶片

此虫寄生范围广泛，品种间抗性差异不明显，至今未发现有效的抗病品种。但在棚室保护地内或露地西瓜田发生次数少、虫量少的情况下，定期摘除有虫叶片（株），有一定的控制效果。

■图10-43　棚室前通风口设置防虫网

2.使用防虫网

可选20～25目、丝径0.18毫米、幅宽12～36米（白、黑、银灰各色任选一种）的防虫网，将棚室出入口和通风口封闭起来（图10-43）。

3.诱杀成虫

在成虫活动盛期，用“灭蝇纸”诱杀成虫。每667平方米设10～15个诱杀点，每个点放1张“灭蝇纸”，3～4天更换一次。

4.药剂喷洒

可用40%灭蝇胺可湿性粉剂4000倍液、1.8%阿维菌素乳油3000～4000倍液、10%溴虫腈悬浮剂1000倍液、50%环丙胺嗪（蝇蛆净）可湿性粉剂2000倍液、5%氟虫脲乳油2000倍液、70%吡虫啉水分散粒剂1000倍液、25%噻虫嗪水分散粒剂3000倍液交替喷施，6～7天1次，连续3～4次。

七、白粉虱

白粉虱属同翅目，粉虱科，俗称小白虫、小白蛾。原产北美西南部，20世纪70年代传入我国。近年来，随着温室大棚的发展，迅速传遍大江南北。目前，在一些西瓜主产区，已严重威胁棚室西瓜的生产。

（一）形态和习性

（1）成虫 体长1.5毫米左右，淡黄色。翅面覆盖白色蜡粉（图10-44及图10-45）。

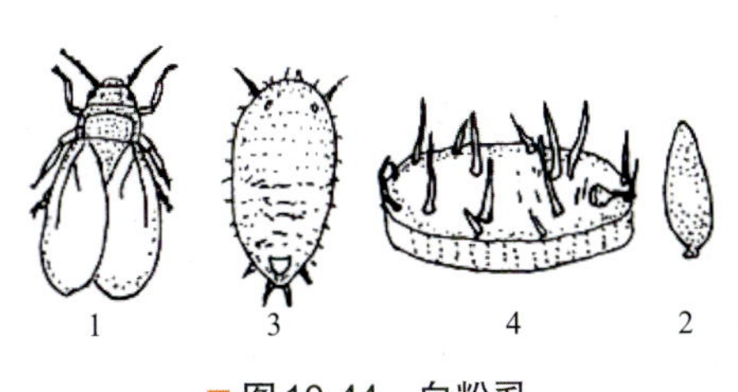

■ 图10-44 白粉虱

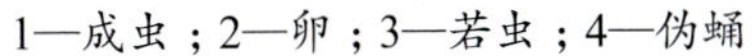
1—成虫；2—卵；3—若虫；4—伪蛹

■ 图10-45 白粉虱成虫

（2）卵 长椭圆形，0.2 ～ 0.25毫米，有短卵柄，初产时淡黄色，后变黑色。

（3）若虫 长卵圆形，扁平，淡黄绿色，体表有长短不一的蜡质丝状突起。共3龄。

（4）伪蛹 实为4龄若虫。体长0.7 ～ 0.8毫米，椭圆形，初期扁平，随发育逐渐加厚，中央略高，体背有长短不齐的8 ～ 11对蜡质刚毛状突起。

白粉虱不耐寒冷。成虫繁殖适温为18 ～ 21℃，卵的发育适温为20 ～ 28℃，在棚室生产条件下，白粉虱每24 ～ 30天可繁殖1代。其中，卵期6 ～ 8天，1龄若虫5 ～ 6天，2龄若虫2 ～ 3天，3龄若虫3 ～ 4天，伪蛹8 ～ 9天。成虫寿命12 ～ 60天，随温度升高而减少。白粉虱的繁殖方式除雌雄交配产卵外，也能进行孤雌生殖。成虫喜食西瓜幼嫩叶片，故卵多产于瓜蔓顶部嫩叶背面。

（二）为害状况

白粉虱主要以成虫和若虫刺吸西瓜的幼叶汁液，使叶片生长受阻变黄或萎缩不展。此外，因成虫和若虫分泌蜜露而污染叶片，常引起煤污病的发生，影响西瓜叶片的光合作用和呼吸作用，造成叶片或瓜苗萎蔫。还能传播病毒病，降低产量和果实品质。植株上各虫态分布形成一定规律：最上部幼叶以成虫和淡黄色的卵为主，稍下部叶面多为低龄若虫和黑卵，再下多为中、老龄若虫。基部叶片蛹最多。

（三）防治方法

1.农业防治

定植前棚室内应清除杂草密闭消毒。

■图 10-46 棚室内悬挂蓝黄板

2.黄板诱杀

棚室内设黄板诱杀成虫。可用废旧硬纸板裁成长条制作黄板，表面染成橙黄色并涂上一层由10号机油加少许黄油调成的黏着剂。将黄板置于与西瓜植株同高的行间，每667平方米棚室内可放置20～30条。如图10-46。

3.棚室熏蒸

西瓜定植前，用25%甲基克杀螨乳油1000倍液全棚喷施并连续3～5天密闭棚室。也可用10%异丙威烟雾剂烟熏（方法与防治蚜虫同）。

4.喷施药剂

可用25%噻虫嗪水分散粒剂6000倍液、25%甲基克杀螨乳油1000倍液、25%噻嗪酮（扑虱灵）乳油1000倍液、2.5%氯氟氰菊酯（功夫）乳油5000倍液、20%啶虫脒乳油2500倍、36%苦参碱水剂500倍液、2.5%联苯菊酯（天王星）乳油3000倍液交替喷施，每5～7天1次，连续3～4次。

八、叶螨

叶螨为害西瓜幼苗的生长点、嫩茎和叶片，主要有茶黄叶螨、截形叶螨、朱砂叶螨和二斑叶螨。

茶黄叶螨，又名侧多食跗线螨、茶丰跗线螨，俗名茶嫩叶螨。杂食性强，可为害茶、果树、瓜类蔬菜等30个科的70多种植物。近年来，随着大棚、温室栽培面积的增加，茶黄螨在我国南北各地均有不断扩大为害的趋势。据安徽、湖南、浙江、山东、河北、北京、黑龙江等省市的调查，茶黄螨在大棚和日光温室内，以成螨和若螨为害西瓜、甜瓜的叶片花蕾和幼果。

（一）形态和习性

（1）成螨　身体卵形，长0.19～0.21毫米，淡黄至橙黄色，半透明有光泽，足4对，背部有1条白色纵带。雌螨腹部末端平截，雄螨腹部末端呈圆锥形。

（2）卵　椭圆形，长约0.1毫米，灰白色而透明，卵面具有5～6行纵向排的瘤状突起.

（3）幼螨　椭圆形，乳白色，足3对，体背有1条白色纵带，腹部末端有1根刚毛。

（4）若螨　棱形，半透明，是发育的一个暂时静止防段，被幼螨的表皮所包围（图10-47）。

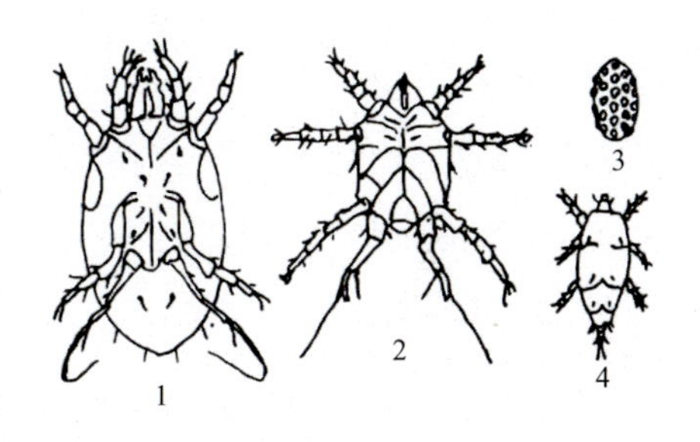

图10-47　茶黄螨

1—雌成螨；2—雄成螨；3—卵；4—幼螨

茶黄螨一年能繁殖20多代，可在棚室中全年生活。茶黄螨以两性生殖为主，也能进行孤雌生殖，但卵孵化率低。雌成螨将卵散产于西瓜叶背面、幼果或幼牙上。雌成螨寿命最长17天，最短4天，平均10.7天。在不同温度下，其发育历期不同。温暖高湿的环境有利于茶黄螨的发生为害，所以在棚室栽培西瓜时发生较重。茶黄螨主要靠爬行和风进行扩散蔓延，也可通过田间管理、衣物、农具等在棚室内传播。

截形叶螨雌螨体长0.44毫米，包括喙0.53毫米，体宽0.31毫米；椭圆形，深红色，足及颚体白色，体侧有黑斑。雄螨体长（包括喙）0.37毫米；阳具柄部宽阔，末端1/3处有一凹陷，端锤内角圆钝，外角尖利。

朱砂叶螨和二斑叶螨的雌螨体长均为0.48毫米，包括喙总长0.55毫米，体宽0.33毫米。雄螨体长（包括喙）0.36毫米，体宽0.2毫米。红叶螨的体色为锈红色或深红色；而二斑叶螨的体色为淡黄或黄绿色。红叶螨体形为椭圆形，肤纹突三角形至半圆形。二者阳具端锤较小，背缘突起，两角皆尖，长度约相等。截形叶螨的卵圆球形，直径0.13毫米，有光泽，无色至深黄色带红点。红叶螨的卵大小、色泽与截形叶螨的卵相似；但二斑叶螨的卵初产时为白色，微大于截形叶螨的卵。

以上各种叶螨的幼螨，体长0.14～0.16毫米。近圆形，足3对。若螨足3对，体形及体色似各自的成螨但个体小。

（二）为害状况

叶螨以成螨和若螨刺吸西瓜幼嫩叶片、花蕾和幼果汁液致使幼叶变小，叶片变厚而僵直，叶背呈油渍状，叶缘向背面卷曲。嫩茎表面变成茶褐色。花蕾受害后，不能正常开花或成畸形花。幼果受害后，子房及果梗表面呈灰白色或灰褐色，无绒毛，无光泽，生长停滞，幼果变硬。

（三）防治方法

1.农业防治

清除田间残株败叶，铲除田边渠旁杂草，用石灰泥封严大棚内的墙缝，可消灭部分虫源。天气干旱时注意浇水，增加棚室保护地温度，并结合浇水增施速效磷肥，可抑制叶螨发展，减轻危害。

2.药剂防治

可用20%四螨嗪悬浮剂2000倍液、1.8%阿维菌素乳油3000倍液、20%氟螨嗪悬浮剂3000倍液、5%唑螨酯（霸螨灵）悬浮剂2000倍液、20%哒螨酮可湿性粉剂2000倍液、10%溴虫腈乳油3000倍液、10%喹螨醚乳油3000倍液、10%吡虫啉可湿性粉剂1500倍液、20%灭扫利乳油2000倍液、2%氟丙菊酯乳油2000倍液交替喷施，7～10天1次，连续2～3次。

九、瓜蚜

瓜蚜亦是棉蚜。蚜虫俗称蜜虫、腻虫、油汗，是作物的一种主要害虫。

（一）形态和习性

成虫分有翅和无翅两种体型。无翅孤雌胎生蚜（不经交配即胎生小蚜虫）成虫，体长1.8毫米，夏季为淡黄绿色，秋季深绿色，复眼红褐色，全身有蜡粉，体末生有1对角状管。有翅孤雌胎生蚜成虫，黄色或浅绿色，比无翅蚜稍小，头、胸部均为黑色，有2对透明翅（图10-48）。

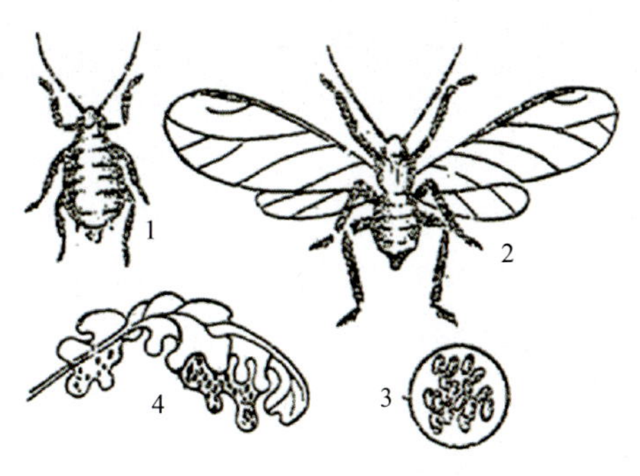

图10-48　瓜蚜

1—无翅雌蚜；2—有翅雌蚜；3—越冬卵；4—西瓜叶片被害状

瓜蚜在山东省以卵越冬。瓜蚜每年可繁殖20～30代，在适宜的温湿度条件下，每5～6天便完成一世代。成虫寿命20多天。一个雌虫一生中能胎生若蚜（小蚜虫）50余只。瓜蚜5月份由越冬寄主（某些野菜等）迁入西瓜田继续繁殖危害，形成点片发生阶段，至6月份可出现大量有翅孤雌胎生蚜，形成大面积的普遍发生。西瓜收获后，瓜蚜转移到棉花上继续为害。秋季棉株衰老时，产生有翅雌蚜和雄蚜交配，飞回越冬寄主上产卵越冬，高温干旱的天气，瓜蚜发生特别严重。

（二）危害状况

瓜蚜主要为害西瓜叶片或幼苗、嫩茎。瓜蚜以针管状的口器刺吸被害植株的汁液。叶片被害后多皱缩、畸形以至向叶背面卷缩，严重为害时，植株生长发育迟缓，甚至停滞；开花及坐瓜延迟，果实变小，含糖量降低，影响西瓜的产量和质量。瓜蚜还能传染西瓜病毒病，造成更大的危害。

（三）防治方法

1.清除杂草

在4月上旬以前，清除瓜田内外的杂草，可消灭越冬瓜蚜。

2.喷药防治

用药剂防治瓜蚜，必须及早进行，即在点片发生阶段应及时喷药。

喷药后5～6天再检查1次叶片背面，若仍有瓜蚜，应再喷一次药。由于瓜蚜繁殖数多、繁殖率高，所以在普遍发生阶段应连续多次喷药。一般应每隔5～6天喷药1次，连续喷3次即可。但喷药时须对叶片背面和幼嫩瓜蔓部分格外仔细喷洒。对为害较重、叶片向背面卷曲者，应加大喷药量，以药液在叶子背面形成药流为度。可用25%吡蚜酮可湿性粉剂3000倍液、10%吡虫啉乳油4000倍液、25%噻虫嗪水分散粒剂5000倍液、5%啶虫脒可湿性粉剂3000倍液、50%二嗪磷乳油1000倍液、50%辛硫磷乳油1500倍液、1.8%阿维菌素乳油2000倍液交替喷施，6～7天1次，连续2～3次。

3. 烟熏

棚室内密闭烟熏，可用10%异丙威烟雾剂，每667平方米0.5千克。使用方法是在傍晚先将棚室密闭好，沿棚室人行道（通常靠北墙）分5个燃点，每处点燃0.1千克烟熏剂，点燃后立即退出棚室并封好门，熏一夜。

4. 避蚜

铺放银灰色地膜或在棚室内张挂，或喷施50%避蚜雾可湿性粉剂1000倍液，或覆盖24～30目、0.18毫米丝径的银灰色防虫网。

十、跳甲

跳甲俗名地蹦子、土跳蚤。根据翅鞘形状可分为黄曲条跳甲、黄直条跳甲和黄宽条跳甲等，为害西瓜的主要是黄曲条跳甲（图10-49）。

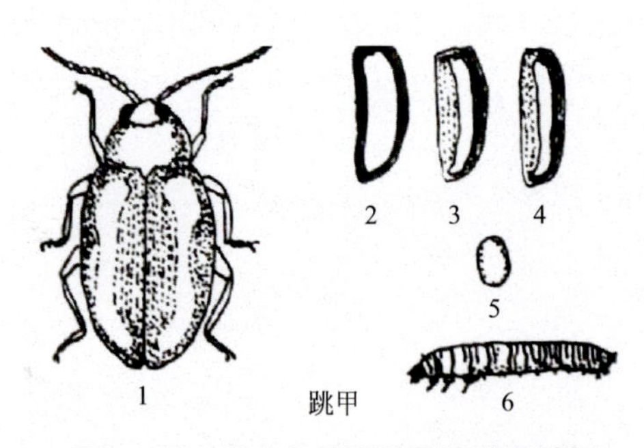

图10-49 黄曲条跳甲及其他跳甲鞘翅

1—黄曲条跳甲成虫；2—黄宽条跳甲鞘翅；3—黄狭条跳甲鞘翅；4—黄直条跳甲鞘翅；5—卵；6—幼虫

（一）形态和习性

成虫体长约2毫米，长椭圆形，黑色，有光泽，前胸背板及鞘翅上有许多的刻点，排成纵行。鞘翅中央有一黄色纵条，两端大，中部窄而弯曲（故名为黄曲条跳甲），足3对，后足腿节发达，善跳。

■图10-50　黄直条跳甲成虫（一）

卵长约0.3毫米，椭圆形，刚产下为淡黄色，后变乳白色。幼虫体长4毫米，长圆筒形，尾部稍细，头和前胸背板淡褐色，胸腹部黄白色，各节有短小肉瘤。蛹长约2毫米，椭圆形，乳白色，头部隐现于前胸下面，翅芽和足达第5腹节，腹末有1对叉状突起。

■图10-51　黄曲条跳甲成虫（二）

成虫性喜温暖，各类多在土缝、杂草或棚室内越冬，夏季半热时，则在阴凉瓜叶下或土块下潜伏。生长繁育适温为22～28℃。在我国北方每年可发生4～5代，南方7～8代。成虫趋光性较强，不但对黑光灯敏感，而且还有趋黄光和绿光的习性。常见跳甲的成虫见下图（图10-50、图10-51）。

（二）为害状况

跳甲以成虫和幼虫为害，成虫主要咬食幼嫩瓜叶，使西瓜幼苗叶片造成许多小孔。幼虫主要在瓜苗根部剥食麦皮，蛀食成许多环状虫道，可引起地上部叶片黄化。

（三）防治方法

1.按排好茬口

最好选大田作物如玉米、谷子等为前茬作物，避免以十字花科蔬菜为前茬。

2.加强中耕松土

在蔬菜幼苗期，加强菜田中耕松土，使土壤通气升温，促进根系发育，降低土壤湿度，不利于跳甲卵的孵化，可明显减轻菜苗受害。

3.药剂防治

直播或育苗，当幼苗出土至真叶出现期间，喷洒90%敌百虫晶体800倍液、5%鱼藤精可湿性粉剂160倍液、50%辛硫磷乳油1500倍液、20%氯·马乳油1500倍液、2.5%氯氟氰菊酯乳油4000倍液；幼苗团棵后，喷洒20%瓢甲敌乳油2000倍液或2.5%溴氰菊酯乳油3000倍液。以上药剂交替喷施，6～7天1次，连续2～3次。

十一、棉铃虫和菜青虫

（一）形态特征

棉铃虫、菜青虫二者是近缘种，在成虫、卵、幼虫、蛹的形态上均相似，但也有较明显的区别之处。

（1）成虫（蛾） 棉铃虫蛾体长14～18毫米，翅展30～38毫米，一般雌蛾红褐色，雄蛾灰绿色或灰褐色。前翅外缘较直，正面具褐色环状纹及肾形纹，但不清晰，肾纹前方的前缘脉上有二褐纹，纹外侧为褐色宽横带，端区各脉间有黑点，中横线由肾形斑纹下面斜伸至后缘，其末端位于环形斑纹的正下方。后翅黄白色或淡褐色，翅脉黑褐色，其外缘有一黑褐色宽带，内侧无内横线。而菜青虫蛾形体较小。雌蛾棕黄色（图10-52），雄蛾淡灰白色（图10-53）。前翅正面上的各线纹（花纹）清晰，外缘近弧形。中横线只稍倾斜，直达后缘，其末端不到环形斑的正下方。后翅棕黑色宽带中段内侧有一棕黑线，即平行的内横线，翅脉黄褐色。

■图10-52 棉铃虫雌成虫

■图10-53 棉铃虫雄成虫

（2）卵 棉铃虫的卵半球形，高大于宽，直径约0.5毫米。初产

■图 10-54　棉铃虫幼虫

卵乳白色，具纵横网络，但卵壳上纵棱达底部，有二岔或三岔。菜青虫的卵半球形稍扁，高小于宽。纵棱不到底部，不分岔，一长一短双序式。

（3）幼虫　棉铃虫幼虫，老熟的体长32～42毫米。体色变化很大，有淡绿、绿、黄白、淡红、红褐、黑紫色、但常见为绿色型及红褐色型（图10-54）。体表有许多长而尖的刺，刺尖呈灰色或褐色，体壁较为粗厚。两根前胸毛的连线与前胸气门下端相切或相交。

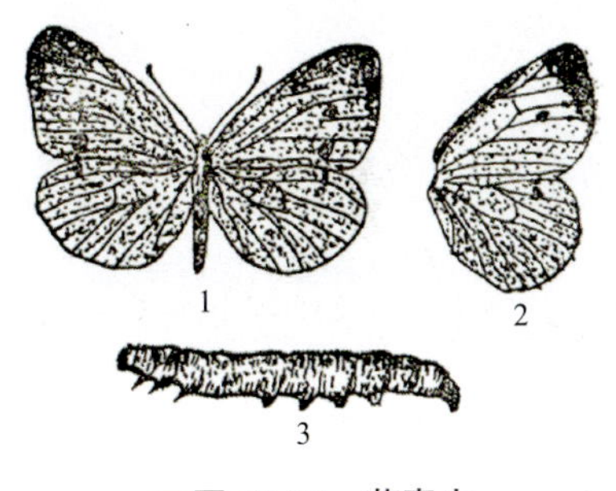

■图 10-55　菜青虫

1—成虫；2—翅；3—幼虫

（4）蛹　棉铃虫蛹5～7腹节的刻点较大，分布较稀，腹部末端的一对刺在基部分开。而菜青虫蛹5～7腹节的刻点较小，分布较密，腹部末端的一对刺在基部是相近的。

菜青虫幼虫、老熟的体长31～41毫米，体色变化与棉铃虫相似。体表的小尖刺比棉铃虫的短。体壁较薄而柔软，且较为光滑。两根前胸侧毛的边线离前胸气门下端较远（图10-55）。

（二）防治方法

要采取以防为主，露地与棚室相结合的综合防治措施。

1.农业防治

育苗前10～15天，深翻地破坏棉铃虫蛹和菜青虫蛹的土巢，然后闭棚高温烤棚，使棚室内温度达60～70℃，既灭菌，又可高温杀死棉铃虫蛹和菜青虫蛹。或深翻地后灌水淹杀越冬蛹。在棚室通风窗口处设置防虫网，避免外界的棉铃虫蛾和菜青虫蛾迁飞入棚室内产卵；采用地膜覆盖栽培，可使老熟幼虫不能入土做巢在土壤中化蛹。

2.诱杀蛾、卵

在露地栽培田，可插杨树枝把诱捕成虫，方法是剪取半米长的带叶杨树枝条，8～10根绑为一把，并绑在小木棍上，插于田间略高于蔬菜植株顶部。每亩设10把，5～10天换一次，在成虫产卵盛期内，每天清晨露水未干时，用塑料袋套住枝把，捕杀成虫。或按50亩地面积设黑光灯1盏，可大量诱杀成虫（如图10-56）。其中雌蛾约占半数，未产卵和正在产卵的占雌蛾数的80%以上，因此，灯光诱杀区内产卵量明显大降。在番茄、青椒田中间作少量胡萝卜、芹菜留种株或玉米等对棉铃虫蛾和菜青虫蛾诱引力强的作物，以诱蛾产卵，集中灭卵，可显著减少虫量。

■ 图10-56　棚室内设置杀虫灯

3.生物防治

在主要为害世代产卵高峰后3～4天及6～8天，喷2次Bt乳剂（每克含活孢子100亿个）250～300倍液，对3龄前幼虫有较好的防治效果，尤其对棚室蔬菜上的3龄以前幼虫的防治效果更加明显。

4.药剂防治

掌握在棉铃虫和菜青虫产卵高峰期至2龄幼虫期喷药，以上午施药为宜，重点喷洒植株中、上部，可选用下列药剂之一：50%克蚜宁乳油1500倍液，2.5%联苯菊酯（天王星、虫螨灵）乳油或5.7%氟氯氰菊酯（百树菊酯、百树得）乳油2000～3000倍液；2.5%三氟氯氰菊酯（功夫、pp321）乳油或5%顺式氯氰菊酯（高效氯菊酯、高效灭百克、高效安绿玉、奋斗呐）乳油2000～3000倍液；2.5%溴氰菊酯（敌杀死、凯素灵、凯安保）乳油1500～2000倍液；20%甲氰菊酯（灭扫利）乳油或20%氟胺氰菊酯（马朴立克）乳油2000～3000倍液喷雾。

十二、西瓜根结线虫

根结线虫侵入并寄生西瓜根系，引起根部变形膨大，形成许多瘤状结节，对西瓜产量和品质影响很大。

■图 10-57 根结线虫病

（一）为害症状

根系寄生线虫后，首先在须根和侧根上产生瘤状结节，反复侵染寄生时，则形成根结状肿瘤或呈串球状，鸡爪状根系（图10-57）。严重时，植株发育不良，瓜蔓细短，不易坐瓜。

（二）生活习性

根结线虫主要在土壤中生活，以2龄幼虫侵入西瓜根系，刺激根部细胞增生，形成根结或瘤状物。根结线虫在土温25～30℃、含水量40%左右时发育最快，10℃以下幼虫不活动。连作地块严重，前茬为蔬菜、果树苗木时，虫害也严重。

（三）防治方法

1.轮作

最好与禾本科作物进行3年以上轮作。

2.灌水灭虫

线虫需土壤通气良好，若土壤长期积水时，线虫会因缺氧时间过长而死亡。

3.土壤消毒

用石灰氮每667平方米75～100千克原液施入瓜沟内，覆盖地膜熏蒸7～10天。利用此法的最佳时间是高温、休闲季节。也可在定植前每平方米定植沟内用1.8%阿维菌素乳油3000倍液喷施，并划锄一遍，使药液与土混匀。还可在定植前每667平方米沟施10%噻唑磷4～5千克。

4.药剂防治

（1）结合施肥用50%克线磷颗粒剂，每667平方米300～400克，与有机肥充分混匀使用。

（2）用1.8%阿维菌素乳油5000倍液灌根，每株150～200毫升，或用70%辛硫磷乳油1000～1500倍液灌根，每株300～400毫升，7～10天1次，连续2～3次。

十三、沟金针虫

（一）形态和习性

成虫体栗褐色，虫体及翅鞘表面密生一层短绒毛；雌、雄成虫形态不同。雌成虫体扁圆，体长14～17毫米，宽4～5毫米；触角11节，比虫体短，略长于前胸；前胸发达，背中央隆起较高；翅鞘表面有数条纵隆起线，后翅退化；足符节短小。雄虫体细长，体长16～19毫米，宽3.5～4毫米；触角12节，几乎与虫体等长；前胸背及翅鞘平直，后翅发达。

幼虫成长后体长20～30毫米，宽4毫米，黄色有光泽；体略扁，体缘有黄褐色细毛。背中央有纵沟一条。臀节背板硬化，扁平且凹陷，表面有较粗的刻点，边缘成棱角，侧缘各有3个齿突（图10-58）。

沟金针虫每年中有两次主要危害期：一是春季，二是秋季。成虫活动习性是昼伏夜出，雄性成虫活泼，飞翔力较强，对黑光灯有强的趋性，但不上灯而在灯下静止。雌成虫不活跃，多在发生基地附近的土面和植株上爬行，等待雄成虫前来交配，产卵入表土内（图10-59）。幼虫在土中垂直活动性强，水平活动性略差；活动深浅度依土壤温、湿度变化而上下移动。

■图10-58　沟金针虫幼虫

■图10-59　沟金针虫雌成虫

（二）为害状况

金针虫是叩头虫的总称，是重要的地下害虫。幼虫在植株根部串行截食，西瓜直播或育子叶苗时，往往会造成缺苗断垄。

（三）防治方法

1.诱杀成虫

毒饵诱杀。方法：4%二嗪磷颗粒剂或诺达25克兑水1.5升，洒拌于2.5千克切碎的鲜草或菜叶中。在早晨或傍晚，将毒饵撒在西瓜苗周围。

2.药杀幼虫

基肥用药或定植穴灌药。可用90%敌百虫晶体800倍液，或4%二嗪磷颗粒剂灌根。有机肥可用上述药剂喷洒拌匀后使用。

第三节　草害防治

一、西瓜地杂草的防治特点

西瓜由于行距较宽、封垄迟，加之肥水充足，因此草害也相对严重。杂草发生规律基本与棉花、夏玉米相似。主要出两批杂草：第一批，在西瓜出苗后，杂草也随之陆续出土，此间杂草的发生率约占全生育期出草总数的60%；第二批，在瓜蔓长到50～100厘米时，后续杂草相续出苗。根据杂草的发生规律，瓜田的化学除草有三个施药期：

一是，在播前或移栽前用氟乐灵、二甲戊灵、地乐胺、敌草胺和杀草净等混土处理。例如敌草胺，播前每公顷用50%敌草胺可湿性粉剂3～4.5千克喷施，混土5～7厘米深，然后播种（也可用于播后苗前）。氟乐灵，瓜秧移栽前，每公顷用48%氟乐灵乳油1.5～3升喷施，在2小时内混土5～7厘米深，3天后移栽瓜。

二是，播后苗前用异丙草胺、扑草净、禾草丹、地乐胺、杀草净、草克死等对土壤封闭处理。例如异丙草胺露地施药，可在播后苗前每公顷用72%异丙草胺乳油1.5～2.25升喷施地表。

三是，瓜苗放蔓后浇第二水前，杂草2～5叶期间用烯草酮、高效氟吡甲禾灵、精吡氟禾草灵、精喹禾灵、烯禾啶、禾草灵等。例如，西瓜苗后杂草2～5叶期，每公顷可用15%精吡氟禾草灵乳剂0.6～0.75升或20%烯禾啶乳油1.2～1.5升作叶面喷雾。

二、西瓜田除草剂的使用

（一）土壤处理剂

这类除草剂品种较多，若使用不当，极易对西瓜苗产生伤害。

1.露地直播

于播种后、西瓜苗出土前可施用敌草胺、大惠利、都尔等除草剂处理土表。其中敌草胺、大惠利对土壤墒情要求较高，若土壤干旱、喷水量正常，田间反映效果较差。若想使用此类农药，必须加大用水量。这2种农药对西瓜非常安全，对禾本可杂草防效很好，但对少部分阔叶草如马齿苋、藜防效较差，制剂每667平方米用量在120～180克。以阔叶杂草为主的瓜田不要选择这类除草剂。都尔或金都尔（异丙甲草胺）对西瓜杂草防效很好，但在实际应用中，用药量稍大，药害就很明显。

2.保护地直播

西瓜露地栽培越来越少，大棚、拱棚、地膜等反季节西瓜栽培发展迅速，人工锄草很困难，而保护地墒情都不错，除草剂正好大施拳脚。但在品种选择上要格外慎重。在用量上，不管使用哪种农药，按实际使用面积（667平方米土地，保护地面积350～400平方米）认真核算使用量，绝不能随意加大用量。

3.地膜栽培

在西瓜播后苗前用药，因膜下墒情较好，可选择推荐用药的低限。综合其安全性和防效，敌草胺、大惠利最好。

4.大棚、拱棚栽培

多年筛选试验表明，在大棚、拱棚西瓜田，敌草胺、大惠利是最合适的土壤处理剂。仲丁灵（地乐胺）、氟乐灵、施田补（二甲戊乐灵）、都尔或金都尔（异丙甲草胺）都不能使用。地乐胺、氟乐灵、施田补（二甲戊乐灵）等对西瓜均有回流药害，西瓜播种后，如使用上述除草剂，因田间小气候气温较高，喷在土壤表面的药液蒸发，遇见拱棚的膜面形成伴有药液的水滴，水滴滴落下来，若滴到生长点上，生长点坏死。敌草胺、大惠利没有回流药害，既安全又高效，用量掌握在150克/667平方米。

5. 西瓜移栽田

西瓜移栽田使用除草剂，要掌握在移栽以前半天或一天进行土壤处理。不同种植方式所选用的除草剂品种基本同直播田相同种植方式所选用的品种。地乐胺、都尔或金都尔（异丙甲草胺）、氟乐灵、施田补（二甲戊乐灵）都不能直接喷施在西瓜苗上。敌草胺、大惠利在正常使用情况下可以移栽后使用，但如果单位面积内药量高，且浇活棵水不及时，西瓜苗生长易受抑制。

（二）茎叶处理剂

这一类除草剂适宜于西瓜生长期内使用，对西瓜不会造成药害。如：高效盖草能，可防除一年生和少数多年生禾本科杂草，于禾本科杂草2～5叶期用药。防除一年生禾草，每667平方米用10.8%高效盖草能乳油50～60毫升茎叶喷雾处理；防除多年生禾草，用药量要加倍。精稳杀得，对一年生和多年生禾草防除效果均佳，但对阔叶杂草无防效，在禾本科杂草2～5叶期，每667平方米用35%或15%的精稳杀得乳油70～130毫升，进行茎叶喷雾。精禾草克，在禾本科杂草2～5叶期进行茎叶喷雾，药效快，效果好。防除一年生杂草每667平方米用8.8%精禾草克乳油60～80毫升，防除多年生杂草用8.8%乳油150～250克。喷药3小时后遇雨不影响药效。

（三）地膜覆盖西瓜的除草

1. 覆膜移栽田

首先应选择具有除草作用的杀草膜覆盖，可全生育期控制膜下杂草。其余裸地部分进行人工除草。人工除草，锄过草死，并有疏松土壤和增温、抗旱作用。如果要用除草剂，可用72%都尔浮油，按每667平方米地用100～200毫升，兑水600～750升在移栽覆膜前均匀喷洒地面，进行土壤封闭灭草。也可以选用48%地乐胺乳油，每667平方米150毫升兑水600～750升喷洒地面封闭。

2.不覆膜直播田

选用上述两种除草剂，在播种前按相同剂量和方法喷洒畦面，封闭灭草。

3.对瓜秧爬蔓后发生的禾本科杂草

可选用盖草能、禾草克、稳杀得、收乐通、威霸等喷洒防除。这几种除草剂，只对已出苗的禾本科草有防除作用，对田间发生阔叶杂草无效。目前，尚没有可喷在西瓜上的防除阔叶草除草剂，应结合田间管理，进行人工除草或手工拔出。

（四）棚室内杂草防除实例

山东昌乐尧沟镇西瓜大棚利用敌草胺每667平方米150克效果非常好（图10-60、图10-61）。

图10-60　大棚内除草效果

图10-61　技术员在配药

第四节　病虫草综合防治

一、综合防治的主要措施

（一）选用抗病虫品种

不同品种对病虫害的抵抗力不同。例如蜜宝西瓜甚易感染炭疽病、疫病等，而西农8号、美抗9号、华西7号、西农10号、豫星15、郑抗1号、丰乐旭龙等品种，则对炭疽病抵抗力较强。多数品种对枯萎病缺乏抵抗力，而高抗3号、墨丰、重茬王、新先锋和四倍体西瓜则对枯萎病抵抗力较强。德州喇嘛瓜对蚜虫有一定抗性（也可能由于产生某种特殊气味，而形成对蚜虫的忌避作用）。在一般情况下，一代杂交种比常规固定品种具有较强的抗逆性；多倍体西瓜比普通二倍体西瓜具有较强的抗病虫能力。

（二）实行轮作

不同作物发生不同的病虫害，实行轮作可以减少土壤中的病虫害；特别是对西瓜枯萎病，轮作是防病的最好方法。

（三）冬季深翻

许多病菌和害虫在土壤中越冬，冬季深翻西瓜沟可以冻死大量病菌和害虫。

（四）清洁田园

瓜田中病株、病叶是继续发病的传染源，应及时清除烧毁。田间杂草则是许多害虫的藏身之所，因而清除杂草是防止虫害的重要措施。

（五）合理施肥

施用腐熟粪肥可减少瓜地蛆、蛴螬等地下害虫；氮、磷、钾肥配合适当，适当控制氮肥和增施磷、钾肥，可以促进植株健壮成长，提高抗病能力。

（六）加强苗期管理

苗期病虫防治十分重要。苗期治虫彻底，可以大大减轻某些病害。苗床中常易发生立枯病、猝倒病和沤根等。做好苗床和苗期管理工作，如合理浇水、松土、铺沙以及通风调温、调湿等，能减轻这些病害的发生。同时，苗子生长健壮，也会提高抗病虫的能力。

（七）人工捕杀害虫

有些害虫，如金龟子、黄守瓜等有假死习性，可以人工捕捉；小地老虎等为害征状明显，可以人工捕杀。

（八）控制病虫传播

在进行田间管理，如理蔓、整枝和摘心等工作时，应避免将病菌、虫体无意间由病虫处带至无病虫处。例如病毒病可因整枝、摘心时不注意手的消毒，而由病株传至健株；蚜虫也可因整枝由甲地传至乙地。

二、药剂防治西瓜病虫害时应注意的问题

（一）早发现，早防治

有些病虫害，在普遍发生之前，一般先在田间部分植株上为害，这些部位或植株称为发病（虫）中心或中心病株。如西瓜病毒、白粉病等，往往首先在个别生长衰弱的植株上发生。因此经常检查瓜田，要特别注意弱苗、衰株和老叶，一旦发现中心病（虫）株，要及时用药。这样可以缩小中心病（虫）区，把病虫消灭在初发生阶段，防止扩大蔓延，还可以缩小药剂可能的污染面积，节约用药和保护害虫天敌等。

（二）连续用药，维持药效

任何药物施用后都有一定的有效时间，称为残效期。西瓜农药的残效期一般为7～10天。果实生长后期施用的多为5～7天，但是病菌和害虫却是在不断地传播和繁殖，所以喷药应根据所用药剂的残效期和病虫为害情况，连续交替使用，就可以避免病虫产生耐药性。

（三）轮换用药，避免抗性

防治同一种病虫害，经常使用一种药剂，防治效果会逐渐降低，这种现象称为病虫害的耐药性。如果不同药剂轮换交替使用，就可以避免病虫产生耐药性。

（四）经济有效地选择农药

选择农药时，应注意性价比和广谱性（兼治性）。根据其有效成分含量、使用浓度（倍数）和价格可计算出性价比；根据其广谱性可得知兼治性。

（五）发挥药效，减少药害

药剂喷雾应在露水退去后进行，以免药液变稀或流失。喷粉剂应在早晨有露水时进行，有利于粘着药粉，以便充分发挥药效。气温较高的中午或风雨天不可喷药。用药量和用药浓度一定要严格控制，防止因用药过多过浓而发生药害。

（六）安全用药，防止中毒

由于西瓜的生长期较短，又是生食瓜果，所以禁止使用剧毒农药；结果期禁止使用药效长的农药，以免发生中毒事故。喷药人员应戴口罩、手套、风镜等防护用具，并应顺风喷药。配药、用药等都要严格按照要求去做，防止发生中毒事故。

（七）综合防治，重点用药

防治病虫害的措施有农业防治、生物防治、物理和机械防治、化学防治等，只有各种防治措施综合运用，才能收到最大的防治效果，使用农药防治病虫害是化学防治，它虽然有吸收快、作用大、使用方便、不受地区和季节限制等特点，但是不少农药能污染环境，可能发生药害和中毒事故，病虫还会产生耐性等，应尽量用在发病（虫）中心和病虫迅速蔓延之时；一般情况下用其他措施有效时，应尽量少用农药。

参考文献

[1] 贾文海，李晶晶主编. 西瓜生产百事通. 北京：化学工业出版社，2019.

[2] 贾文海，贾智超主编. 西瓜生产技术手册. 北京：金盾出版社，2016.

[3] 贾文海主编. 西瓜栽培新技术. 北京：金盾出版社，2010.

[4] 贾文海，贾智超主编. 蔬菜育苗百事通. 北京：中国农业出版社，2011.